Acetylsalicylsäure

Mit freundlicher Empfehlung:

Geschäftsbereich
Selbstmedikation

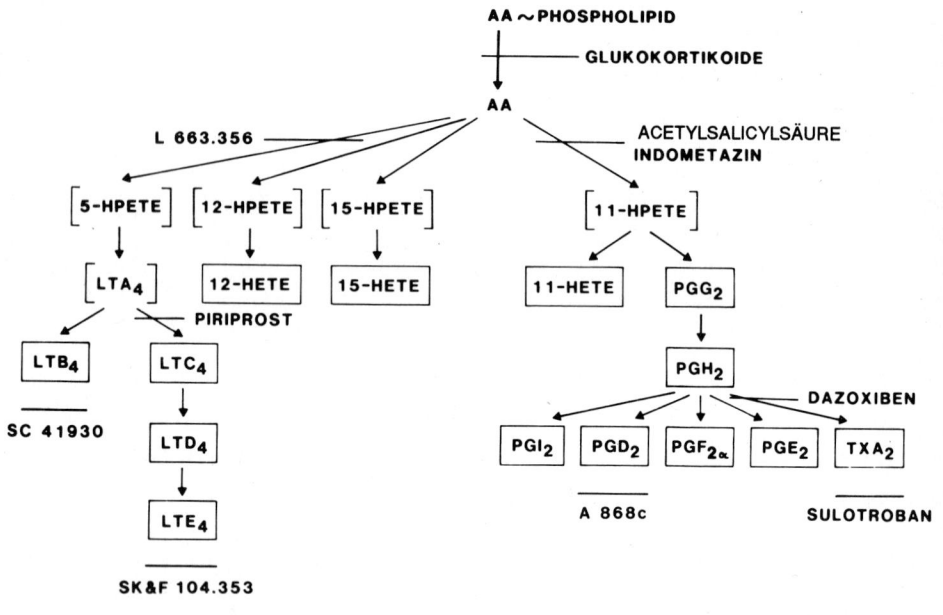

LIPOXYGENASEWEG **ZYKLOOXYGENASEWEG**

Metabolisierung von Arachidonsäure über den Zyklooxygenase- und Lipoxygenaseweg und ihre pharmakologische Beeinflussung.
AA: Arachidonsäure; HPETE: Hydroperoxy-Eikosatetraensäure; HETE: Hydroxy-Eikosatetraensäure; LT: Leukotrien; PG: Prostaglandin; TX: Thromboxan.
Acetylsalicylsäure (ASS) und Indometazin hemmen die Prostaglandinendoperoxidbildung über den Zyklooxygenaseweg, während Glukokortikoide über die Hemmung der Phospholipase A_2 die Bereitstellung von freier AA hemmen. Dazoxiben ist ein selektiver Inhibitor der Thromboxansynthese, MK-886 hemmt die 5-Lipoxygenase, Piriprost die Peptidleukotriensynthese. SC 41930, SK&F 104.353, A 868c und Sulotroban sind selektive Antagonisten von LTB_4-, Peptidleukotrien-, PGD_2- und Thromboxanrezeptoren.

Acetylsalicylsäure

Karsten Schrör

22 Abbildungen, 15 Tabellen

1992
Georg Thieme Verlag Stuttgart · New York

Prof. Dr. med. Karsten Schrör
Direktor des Institutes für Pharmakologie der Heinrich-Heine-Universität
Düsseldorf
Moorenstraße 5, 4000 Düsseldorf

Die Deutsche Bibliothek — CIP-Einheitsaufnahme

Schrör, Karsten:
Acetylsalicylsäure : 15 Tabellen / Karsten Schrör. — Stuttgart ;
New York : Thieme, 1992

Wichtiger Hinweis: Wie jede Wissenschaft ist die Medizin ständigen Entwicklungen unterworfen. Forschung und klinische Erfahrung erweitern unsere Erkenntnisse, insbesondere was Behandlung und medikamentöse Therapie anbelangt. Soweit in diesem Werk eine Dosierung oder eine Applikation erwähnt wird, darf der Leser zwar darauf vertrauen, daß Autoren, Herausgeber und Verlag große Sorgfalt darauf verwandt haben, daß diese Angabe dem Wissensstand bei Fertigstellung des Werkes entspricht.
Für Angaben über Dosierungsanweisungen und Applikationsformen kann vom Verlag jedoch keine Gewähr übernommen werden. Jeder Benutzer ist angehalten, durch sorgfältige Prüfung der Beipackzettel der verwendeten Präparate und gegebenenfalls nach Konsultation eines Spezialisten festzustellen, ob die dort gegebene Empfehlung für Dosierungen oder die Beachtung von Kontraindikationen gegenüber der Angabe in diesem Buch abweicht. Eine solche Prüfung ist besonders wichtig bei selten verwendeten Präparaten oder solchen, die neu auf den Markt gebracht worden sind. Jede Dosierung oder Applikation erfolgt auf eigene Gefahr des Benutzers. Autoren und Verlag appellieren an jeden Benutzer, ihm etwa auffallende Ungenauigkeiten dem Verlag mitzuteilen.

Geschützte Warennamen (Warenzeichen) werden *nicht* besonders kenntlich gemacht. Aus dem Fehlen eines solchen Hinweises kann also nicht geschlossen werden, daß es sich um einen freien Warennamen handele.

Das Werk, einschließlich aller seiner Teile, ist urheberrechtlich geschützt. Jede Verwertung außerhalb der engen Grenzen des Urheberrechtsgesetzes ist ohne Zustimmung des Verlages unzulässig und strafbar. Das gilt insbesondere für die Vervielfältigungen, Übersetzungen, Mikroverfilmungen und die Einspeicherung und Verarbeitung in elektronischen Systemen.

© 1992 Georg Thieme Verlag, Rüdigerstraße 14, D-7000 Stuttgart 30
Printed in Germany
Satz: primustype R. Hurler GmbH, D-7311 Notzingen (Linotronic 300)
Druck: Gulde-Druck, 7400 Tübingen

ISBN 3-13-791801-4   1 2 3 4 5 6

Vorwort

Acetylsalicylsäure gehört zumindest unter dem Handelsnamen Aspirin zu jener kleinen und ständig abnehmenden Anzahl von Pharmaka, die Medizinern und Laien in gleichem Maße vertraut sind – und bei beiden einen guten Klang besitzen. Acetylsalicylsäure (ASS) kann für sich in Anspruch nehmen, nicht nur eines der am besten untersuchten, sondern auch mit Abstand am meisten verwendeten und billigsten Medikamente zu sein. Die Jahresproduktion allein in den USA übersteigt 13000 Tonnen. Und das, obwohl sich der erste klinische Untersucher nur „mit Mißtrauen" an die Substanz heranwagte und befürchtete, daß man „schon nach kurzer Zeit nichts mehr von ihr hört". Dies liegt heute fast 100 Jahre zurück.
Was sind die Gründe für eine solche Entwicklung? Zum einen sicher der allgemeine Bedarf nach einem verläßlich wirkenden und, gemessen an den verfügbaren Standards, gut verträglichen antipyretischen Analgetikum. Dies hatte besonderes Gewicht zu Zeiten, in denen man über die Mechanismen von Fieber- und Schmerzentstehung noch wenig wußte. Ein weiterer Stimulus war ohne Frage die Beschreibung eines Wirkungsmechanismus – Hemmung der Prostaglandinsynthese – und die im Jahre 1982 auch dafür erfolgte Verleihung des Nobelpreises. Schließlich haben die neuen Erkenntnisse der Thromboseforschung und die positiven Ergebnisse mit ASS bei der Prävention des Herzinfarktes zusätzlich dazu beigetragen, daß die Substanz auch im Bewußtsein einer breiten Öffentlichkeit ihren Platz als (nahezu) universell verwendbares „Hausmittel" behalten hat. Nach Aufklärung der Reaktionskinetik der Zyklooxygenasehemmung durch ASS mittels moderner molekularbiologischer Methoden zeichnet sich nun ein neuer Schwerpunkt der ASS-Forschung im Bereich der Zytokine ab. Es wäre erstaunlich und ist eigentlich nicht anzunehmen, daß dies der letzte ist.
Bei all diesen bemerkenswerten Daten überrascht es um so mehr, daß offenbar bisher keine einzige zusammenfassende Monographie über Acetylsalicylsäure verfügbar ist. Vielleicht liegt dies an der Vielfalt interessanter Substanzeigenschaften im klinischen und experimentellen Bereich, vielleicht am derzeit raschen Erkenntniszuwachs über zellbiologische Wirkungsmechanismen antipyretischer Analgetika oder anderem. Unabhängig von der Beantwortung dieser Frage erscheint es aber zweckmäßig, die heute bekannten Befunde zu ASS zusammenzufassen und unter einem einheitlichen Aspekt zu diskutieren. Dieses Buch ist der Versuch einer solchen Synopsis zellbiologischer, tierexperimenteller, klinisch-pharmakologischer und toxikologischer Daten. Sie werden hier unter vier thematischen Schwerpunkten zusammengefaßt. Ausgewählte Literatur findet sich nach jedem Unterkapitel. Auf die Aktualität der Darstellung wurde besonderer Wert gelegt. Das Literaturverzeichnis beinhaltet eine Auswahl relevanter Spezialliteratur bis Mitte 1992.
Beim Versuch einer solchen zusammenfassenden Darstellung sind sicher noch Unzulänglichkeiten vorhanden. Der Autor ist sich dessen bewußt und für eine konstruktive Kritik jederzeit dankbar.
Entstehung und Gestaltung dieses Buches wurde durch zahlreiche Diskussionen mit Freunden und Kollegen gefördert. Ihnen allen ist an dieser Stelle zu danken. Zu besonderem Dank verpflichtet bin ich Frau Erika Lohmann für eine sorgfältige Durchsicht des Textes und die Anfertigung der Reinschrift sowie Frau Marie Palmér für

die Anfertigung der Zeichenvorlagen. Mein Dank gilt auch dem Georg Thieme Verlag für die rasche redaktionelle Bearbeitung von Text und Abbildungen. Schließlich danke ich auch – unbekannterweise – Herrn Prof. Heinrich Dreser, dem Begründer des Faches Pharmakologie an der Medizinischen Akademie Düsseldorf, für seine ersten pharmakologischen Untersuchungen dieser Substanz und die daraus resultierenden innovativen Impulse.

Düsseldorf, 3. Mai 1992   Karsten Schrör

Inhaltsverzeichnis

1.	**Generelle Aspekte**	1
1.1.	*Geschichte*	1
1.2.	*Chemie*	11
2.	**Pharmakologie**	15
2.1.	*Pharmakokinetik*	15
2.1.1.	Absorption und Verteilung	15
2.1.2.	Biotransformation und Exkretion	22
2.2.	*Zelluläre Grundlagen der ASS-Wirkung*	27
2.2.1.	Hemmung der Prostaglandin- und Thromboxansynthese	27
2.2.2.	Weitere Wirkungen von Salicylaten auf den Arachidonsäurestoffwechsel	41
2.2.3.	Eikosanoid-unabhängige Wirkungen von ASS und Salicylsäure auf Zellfunktionen	43
2.3.	*Wirkungen von ASS auf Gewebe und Organe*	47
2.3.1.	Hämostase	47
2.3.2.	Entzündungsreaktionen und Schmerz	56
3.	**Klinische Anwendung von Acetylsalicylsäure**	62
3.1.	*Entzündliche Erkrankungen, Schmerzen und Fieber*	62
3.1.1.	Schmerzhafte Zustände	63
3.1.2.	Kawasaki-Syndrom	68
3.2.	*Thrombembolische Erkrankungen*	70
3.2.1.	Primäre Prävention kardiovaskulärer Erkrankungen	71
3.2.2.	Chronisch-ischämische Herzkrankheit	77
3.2.3.	Zerebrovaskuläre Erkrankungen	94
3.2.4.	Periphere Gefäßverschlüsse (PAOD und DVT)	100
3.2.5.	Präeklampsie	103
3.2.6.	Diabetes	107
3.3.	*Weitere Anwendungen*	110
3.3.1.	Tumortherapie	110
4.	**Toxikologie und Arzneimittelinteraktionen**	113
4.1.	*Systemische unerwünschte Wirkungen*	113
4.1.1.	Systemische Intoxikation	113
4.1.2.	Systemische Nebenwirkungen von ASS bei wiederholter und/oder Langzeitanwendung	117
4.2.	*Nicht-dosisabhängige (pseudo-allergische) Reaktionen auf ASS*	122
4.2.1.	Analgetika-Asthma	122

4.2.2. Angioödem, Urtikaria und Lyell-Syndrom 127
4.2.3. Reye-Syndrom 128

4.3.   Organtoxizität 131
4.3.1. Magen-Darm-Trakt 131
4.3.2. Niere 137
4.3.3. Hör- und Gleichgewichtssinn 141

4.4.   Interaktionen mit Arzneimitteln und Alkohol 145
4.4.1. Interaktionen von ASS mit anderen Arzneimitteln 145
4.4.2. ASS und Alkohol 146

Sachverzeichnis 148

1. Generelle Aspekte

1.1. Geschichte

Die Behandlung von Krankheiten durch Wirkstoffe aus der Natur ist wahrscheinlich so alt wie die Menschheit. Dies gilt besonders für Fieber und Schmerzen, zwei häufig auftretende Krankheitssymptome. Schon bei *Hippokrates* ist zu lesen, daß „Präparate" aus der Rinde verschiedener Bäume und Sträucher, insbesondere verschiedener Weidenarten zu diesem Zweck und offenbar mit Erfolg eingesetzt wurden. Die erste Mitteilung über die therapeutische Anwendung eines Weidenrindenextraktes in der Neuzeit verdanken wir dem englischen Geistlichen *Edward Stone*. Im Jahre 1763 behandelte er 50 Patienten mit fieberhaften Infekten. In einem Brief an die Royal Society berichtet er über das positive Ergebnis und faßt seine Meinung über diese Behandlungsmethode wie folgt zusammen:

...I have no other motives for publishing this valuable specific than that it may have a fair and full trial in all its variety of circumstances and situations, and that the world may reap the benefits accruing from it ....(zit. nach Mills, 1991).

Als erster Wirkstoff wurde 1828 Salicin aus einem gereinigten Extrakt der Rinde der Salweide (Salix alba) vom Pharmazeuten *Buchner* isoliert und als fiebersenkendes Mittel empfohlen. Allerdings limitierten der bittere Geschmack und besonders die Reizwirkung auf die Magenschleimhaut den therapeutischen Gebrauch. Bei Hydrolyse zerfällt Salicin in Glukose und Salicylalkohol (Saligenin). Letzterer läßt sich oxidativ zu Salicylsäure umsetzen. Salicylsäure war bereits 1839 von *Piria* als Bestandteil von Salicin nachgewiesen worden. 1859 wurde Salicylsäure durch *Kolbe* erstmals vollsynthetisch hergestellt. Nachdem *von Heyden* eine brauchbare Technologie zur industriellen Herstellung entwickelt hatte, stand der breiteren klinischen Anwendung der Substanz nichts mehr im Wege. Natriumsalicylat wurde 1876 von *Stricker* an der Charité in Berlin als Antipyretikum und Antirheumatikum eingeführt. Im gleichen Jahr wurde von *Ebstein* u. *Müller* die blutzuckersenkende Wirkung von Salicylsäure beschrieben und kurz danach die urikosurische Wirkung der Substanz entdeckt. Damit empfahlen sich Salicylate auch zur Therapie des Diabetes mellitus und der Gicht.

Naheliegend, aber bisher wenig beachtet, ist die Frage nach der biologischen Bedeutung einer endogenen Salicylsäuresynthese für die Pflanze. Kürzlich durchgeführte Untersuchungen an Tabakpflanzen (Nicotiana tabacum) haben gezeigt, daß Inokulation von Tabakmosaikviren zu einem 20-fachen Anstieg des Salicylsäuregehalts im infizierten Blatt und einem 5-fachen Anstieg in nicht-infizierten Blättern der gleichen Pflanze führte (Malamy u. Mitarb.). Die Reaktion ist temperaturabhängig (Malamy u. Mitarb.). Untersuchungen an Gurken (Cucumis sativus) erbrachten ähnliche Ergebnisse (Metraux u. Mitarb.) und führten insgesamt zur Hypothese, daß eine Salicylsäuresynthese durch Infektionen induziert wird und damit für die systemisch erworbene Resistenz bei diesen Pflanzen erforderlich ist.
In Übereinstimmung mit dieser Auffassung wurde in Tabakblättern ein lösliches Protein (Rezeptor) isoliert, das Salicylsäure (und ASS), aber nicht eine Reihe anderer stereoisomerer Dihydroxybenzoesäuren spezifisch bindet. Bindung von Salicylsäure an diesen Rezeptor induziert „pathogene-related" Gene und letztlich die systemische, erworbene Resistenz (Chen u.

Klessig). Damit scheint Salicylsäure selbst oder ein die Salicylsäuresynthese induzierendes mobiles Signalmolekül (Enyedi u. Mitarb.) ein bedeutsamer endogener Abwehrmechanismus und Infektionsschutz für Pflanzen zu sein (Malamy u. Mitarb., 1990; Metraux u. Mitarb., 1990; Chen u. Klessig, 1991; Enyedi u. Mitarb., 1992; Malamy u. Mitarb., 1992).

Synthese von Acetylsalicylsäure (ASS) und erste Untersuchungen: Auch Salicylsäure war wie schon Salicin, insbesondere in höherer Dosierung, schlecht (magen)verträglich. Nachdem effiziente Synthesewege zur Verfügung standen, wurde daher schon bald der Versuch unternommen, durch geeignete chemische Veränderung des Moleküls dessen Wirkungsstärke zu erhöhen, um dadurch die erforderliche Dosierung sowie Inzidenz und Schweregrad von Nebenwirkungen herabzusetzen. Mehrere Wissenschaftler(gruppen) verfolgten dieses Konzept mit unterschiedlichem Erfolg (Hangarter, 1974; Schadewaldt, 1990). Unbestritten ist jedoch, daß *Felix Hoffmann* in den Bayer-Werken 1897 erstmals Acetylsalicylsäure in chemisch reiner Form herstellte. Die erste pharmakologische Untersuchung der Substanz erfolgte 1899 durch *Heinrich Dreser* (Abb. 1), der vor seinem Wechsel zu den Bayer-Werken der erste Lehrbeauftragte für Pharmakologie an der neugegründeten Medizinischen Akademie in Düsseldorf war. Im gleichen Jahre wurde ASS unter dem Handelsnamen Aspirin in die Therapie eingeführt.

> (Aus dem pharm. Laboratorium der Farbenfabriken vorm. Friedr. Bayer & Co., Elberfeld.)
>
> ## Pharmakologisches über Aspirin (Acetylsalicylsäure).[1])
>
> Von
>
> Professor Dr. med. **H. Dreser.**
>
> Bei vielen auf „Erkältung" zurückgeführten Krankheitszuständen wäre der Gebrauch des salicylsauren Natrons sicher viel populärer, wenn es nicht durch seinen widerlich süsslichen Geschmack, der sich nur schlecht corrigiren lässt, solche Abneigung hervorriefe. Hier vermag die pharmaceutische Chemie auf synthetischem Wege ein Präparat vielleicht herzustellen, das die unliebsamen Erscheinungen in den „ersten Wegen" vermeidet, wozu ausser dem widerlichen Geschmack auch die Belästigung des Magens zählt. Nach der Resorption müsste sich die wirksame Salicylsäure möglichst rasch aus dem neuen Producte abspalten.

Abb. 1 Ausschnitt aus der Titelseite der Originalarbeit von Heinrich Dreser über die pharmakologischen Eigenschaften von Acetylsalicylsäure

1899 erfolgte auch die erste klinische Prüfung der Substanz als antipyretisches Analgetikum durch *Kurt Witthauer*, einen Internisten im Diakonissenkrankenhaus in Halle an der Saale. In der Zeitschrift „Die Heilkunde" äußert er sich zu dieser Untersuchung wie folgt:

„Heutzutage gehört schon ein gewisser Muth dazu, ein neues Mittel zu empfehlen. Beinahe täglich werden solche auf den Markt geworfen, und man müßte schon ein großartiges Gedächtnis besitzen, wenn man alle die neuen Namen behalten wollte. Viele tauchen auf, werden von einzelnen Autoren und besonders von Firmen gerühmt und empfohlen und nach kurzer Zeit hört man nichts mehr von ihnen." (Witthauer, 1899).

Der Autor versäumt auch nicht darauf hinzuweisen, daß er an diese Untersuchung „mit nicht geringem Mißtrauen" ging. Trotzdem war sein Eindruck von den Ergebnissen dieser Untersuchung insgesamt so positiv, daß einer breiteren praktischen Anwendung von ASS nun nichts mehr im Wege stand.

Acetylsalicylsäure (ASS) als Hausmittel gegen Schmerzen und Unwohlsein: Durch die Arbeiten von *Witthauer* und *Dreser* sowie ihren Nachfolgern wurde Acetylsalicylsäure sehr bald ein äußerst populäres Präparat zur Behandlung von Fieber und entzündlichen Schmerzzuständen unterschiedlichster Genese. Der „Kölner Stadtanzeiger" vom 6. März 1924 empfahl seinen Lesern folgendes Rezept zur Prophylaxe einer Grippeerkrankung:

„Sobald man sich krank fühlt, lege man sich ins Bett mit einer Wärmflasche an den Füßen, trinke brühheißen Kamillentee oder auch Grog, um tüchtig zu schwitzen und nehme täglich drei Aspirin-Tabletten. Befolgt man diese Regel, so wird man in den meisten Fällen nach wenigen Tagen wieder gesund sein."

Zweierlei ist an diesem Zitat bemerkenswert: ASS war in den dazwischenliegenden 25 Jahren praktischer Anwendung offensichtlich zu einem Medikament geworden, dessen Name nicht nur der medizinischen Fachwelt, sondern auch einer breiten Öffentlichkeit gut vertraut war. Dazu trugen die großen Grippeepidemien zu Beginn des Jahrhunderts sicher nicht unwesentlich bei. Außerdem ist beachtlich, daß die Substanz als fiebersenkendes, entzündungslinderndes und schmerzstillendes „Hausmittel" allgemein empfohlen und akzeptiert wurde, obwohl der diesen vielfältigen Effekten zugrundeliegende Wirkungsmechanismus völlig unbekannt war.

ASS und Prostaglandine: Im Jahre 1971 erschienen in der Zeitschrift „Nature" drei Arbeiten aus der Forschergruppe um *John Vane* im Royal College of Surgeons of England in London. Sie postulierten erstmals einen Wirkungsmechanismus für ASS, der eine allgemein verständliche Erklärung der beobachteten vielfältigen klinischen Wirkungen dieser Substanz bot: Eine Hemmung der Prostaglandinsynthese.

Prostaglandine (und alle anderen Eikosanoide) sind eine Gruppe körpereigener Lipidmediatoren, die aus einer inaktiven Vorstufe, der Arachidonsäure, entstehen. Sie werden heute gemeinsam mit anderen biologisch aktiven Arachidonsäuremetaboliten (Thromboxane, Leukotriene u.a.) unter dem Oberbegriff „Eikosanoide" zusammengefaßt. „Eikos" (griechisch für „zwanzig") beschreibt die allen Substanzen gemeinsame Anzahl von 20 C-Atomen. Heute sind über 150 Eikosanoide bekannt und in ihrer Struktur aufgeklärt. Arachidonsäure, die Vorläuferfettsäure, ist Bestandteil der Phospholipide der Zellmembran und wird von dort nach Zellstimulation freigesetzt. Aus Arachidonsäure entstehen in Gegenwart von Sauerstoff auf enzymatischem Wege die Eikosanoide als biologisch hochaktive Mediatoren. Geschwindigkeitsbestimmend für die Bildung dieser Produkte und damit auch für ihre biologische Wirkung

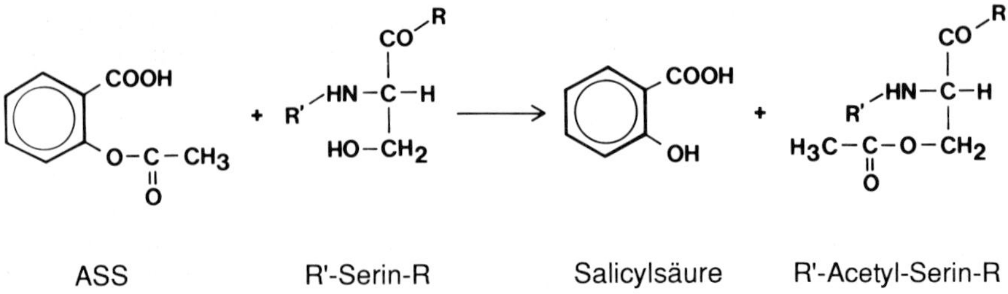

Generelle Aspekte

ASS + R'-Serin-R → Salicylsäure + R'-Acetyl-Serin-R

Abb. 2 Chemischer Reaktionsablauf bei der Zyklooxygenasehemmung durch Acetylsalicylsäure: Azetylierung einer Aminosäure (Serin) eines Proteins mit gleichzeitiger Bildung von Salicylsäure

ist unter physiologischen Bedingungen die Konzentration an freier Arachidonsäure. Menge und Zusammensetzung der gebildeten Eikosanoide ist von der Art der Zelle abhängig.

Eine Übersicht wichtiger Stoffwechselwege der Arachidonsäure und ihre pharmakologische Beeinflussung enthält die Abb. auf der 2. Umschlagseite.

ASS blockiert die Biosynthese von Prostaglandinen und Thromboxan A_2 auf der Stufe der Endoperoxide durch irreversible Hemmung (Azetylierung) des Enzyms Zyklooxygenase (Roth u. Majerus, 1975) (s. 2.2.1.) (Abb. 2). Hierbei bindet der Essigsäurerest des Moleküls an eine reaktive Gruppe der Zyklooxygenase. Damit wird der „Zutritt" des Substrats Arachidonsäure zum Enzym irreversibel verhindert (DeWitt u. Mitarb., 1990). Diese ursprünglich am Enzym aus der Schafssamenblase erhaltenen Befunde wurden auch für die klonierte Zyklooxygenase aus Humanthrombozyten bestätigt (Funk u. Mitarb., 1991). Damit wurde die ursprünglich vertretene Hypothese, daß ASS eine für die Enzymwirkung wichtige spezifische Aminosäure im aktiven Zentrum des Enzyms blockiert zugunsten einer Theorie der (unspezifischen) sterischen Hinderung der Enzym-Substrat-Interaktion durch ASS verlassen (s. 2.2.1.1.). Dieser Mechanismus ist in allen Zellen des Körpers prinzipiell gleich und Grundlage aller, d. h. auch unerwünschter, prostaglandinbezogener Wirkungen von ASS.

Für die Pharmakologie war diese Entdeckung die erste plausible Erklärung eines offensichtlich ubiquitären Wirkungsmechanismus von ASS über die Beeinflussung einer ebenso ubiquitär im Organismus vorkommenden Stoffklasse körpereigener Verbindungen, der Prostaglandine und Thromboxane. Allerdings werden heute, nachdem die komplexe Struktur dieser Stoffklasse wesentlich besser bekannt ist, einige Details dieser Befunde anders interpretiert (s. 2.3.2.). Obwohl die ASS-induzierte Hemmung der Thrombozytenfunktion sicher durch Azetylierung des Enzyms ausgelöst wird (s. 2.2.1.2.), gibt es ebenso unbestritten davon unabhängige Eigenwirkungen von Salicylsäure auf die Prostaglandinsynthese und andere Stoffwechselfunktionen in kernhaltigen Zellen. Letztere tragen insbesondere zur entzündungshemmenden Wirkung der Salicylate bei (s. 2.2.1.). Die Gruppe um Vane vertritt daher heute die Auffassung, daß die entzündungshemmende Wirkung von ASS letztlich durch Salicylsäure vermittelt wird und ASS selbst hierfür nur „Prodrug" ist (Higgs u. Mitarb., 1987). Eine ähnliche Vermutung hatte bereits Dreser (1899) in seinen ersten pharmakologischen Untersuchungen zu ASS geäußert.

Prostaglandinsynthesehemmung und antiphlogistische Therapie: Konsequenzen dieses postulierten Kausalzusammenhanges zwischen Prostaglandinsynthesehemmung und entzündungshemmender Wirkung von ASS zeigten sich bald. Im Vordergrund stand die Entwicklung neuer symptomatischer Antirheumatika mit dem gemeinsamen Wirkungsmechanismus der Prostaglandinsynthesehemmung, aber besserer Verträglichkeit als ASS (Shen, 1980). Die Rote Liste von 1992 weist unter der Rubrik Analgetika/Antirheumatika allein für die Gruppe der Arylalkylsäuren nicht weniger als 16 Monosubstanzen auf, die den gemeinsamen Wirkungsmechanismus der Prostaglandinsynthesehemmung aufweisen und als Antirheumatika klinisch angewendet werden. Von einer dieser Substanzen, dem Ibuprofen, verzeichnet die Rote Liste nicht weniger als 40 (!) unterschiedliche Handelspräparate zur oralen Anwendung. Weitere 30 Monopräparate enthalten den Wirkstoff Diclofenac und 12 den Wirkstoff Indometazin. Dem gegenüber steht eine (vergleichsweise) geringe Zahl von 20 ASS-Monopräparaten zur oralen Anwendung.

Damit hat die Entdeckung der Prostaglandinsynthesehemmung für ASS unsere heutige antiphlogistische Therapie mit symptomatischen Antirheumatika entscheidend geprägt, allerdings auch mit der Konsequenz, daß ASS als Antirheumatikum – die erste klinische Indikation – heute nur eine untergeordnete Rolle spielt und weitgehend durch diese besser verträglichen und nebenwirkungsärmeren Präparate ersetzt worden ist.

ASS und Thrombozyten: ASS war bereits fast ein halbes Jahrhundert in klinischem Gebrauch, ehe die erste Mitteilung über eine Beeinflussung der Hämostase durch die Substanz erschien. *Singer* (1945) berichtete über Spätblutungen nach Tonsillektomien, die er mit Einnahme von ASS als Analgetikum in Zusammenhang brachte. Bei Verzicht auf ASS bzw. Ersatz durch Metamizol traten solche Blutungen praktisch nicht mehr auf. Ähnliche Zusammenhänge wurden später für Blutungen nach Zahnextraktionen (Smith u. Mackinnon, 1951) sowie Hämaturie (Wising, 1952) und Nasenbluten vermutet. 1968 veröffentlichten *O'Brien* sowie *Weiss* u. Mitarb. erste systematische Studien über die Beeinflussung der Thrombozytenfunktion durch ASS an gesunden Probanden. Aufgrund seiner Ergebnisse empfahl *O'Brien* ASS als Antithrombotikum und hielt für diesen Zweck eine Tagesdosis von 175 mg für ausreichend.

Die Aufklärung des Wirkungsmechanismus von ASS als Inhibitor der Thrombozytenfunktion beginnt mit einer Arbeit von Bryan *Smith* und Jim *Willis* (1971). Diese Autoren zeigten erstmals, daß die Hemmung der Thrombozytenfunktion durch ASS mit einer Hemmung der Prostaglandinsynthese einhergeht. Daraus schlossen sie, daß eine Hemmung der Prostaglandinbildung auch der Wirkungsmechanismus für die Thrombozytenfunktionshemmung durch ASS sei. 4 Jahre später zeigten *Roth* und *Majerus* (1975), daß ASS die Thrombozyten-Zyklooxygenase irreversibel azetyliert. Die Gruppe um Garret *FitzGerald* (Funk u. Mitarb., 1991) bestätigte diesen Befund für das klonierte Enzym aus menschlichen Thrombozyten. Diese Arbeiten sind Grundlage der heutigen Anwendung von ASS als Antithrombotikum zur Prophylaxe von Myokardinfarkt, Schlaganfall und anderen Formen eines erhöhten thrombembolischen Risikos bei Gefäßerkrankungen.

ASS und Myokardinfarkt: Die erste Mitteilung über eine erfolgreiche Ausnutzung der blutungszeitverlängernden Wirkung von ASS zur Infarktprophylaxe wurde 1950 veröffentlicht und liest sich im Originalbericht von *Dr. Craven* wie folgt:

Generelle Aspekte

... During the past two years, I have advised all of my male patients between the ages of 40 and 65 to take from 10−30 grains [250−750 mg] of acetyl salicylic acid daily as a possible preventive of coronary thrombosis. More than 400 have done so, and of these, none has suffered a coronary thrombosis. From past experience, I should have expected at least a few thrombotic episodes among this group.
There would appear to be enough evidence of the antithrombotic action of acetyl salicylic acid to warrant further study under more carefully controlled conditions... (Craven, 1950).

Die Studie von *Craven* war in mehrfacher Hinsicht ein Glücksfall: Er behandelte ausschließlich Männer im Risikolebensalter, die nach heutigem Wissen am meisten von einer medikamentösen Prophylaxe mit ASS profitieren (s. 3.2.2.). Er verwendete eine ASS-Dosierung, die nach heutigem Kenntnisstand maximal antithrombotisch wirksam ist, ohne zu große Compliance-Probleme wegen schlechter Verträglichkeit zu verursachen. Schließlich bereitete die Statistik auch keine Probleme, da keine Myokardinfarkte eintraten.

Leider wurden diese Ergebnisse, vor allem hinsichtlich der Dosierung, in den darauffolgenden 20 Jahren wenig beachtet: An über 15000 Patienten wurde bis 1988 in 7 plazebokontrollierten Studien die Wirksamkeit von ASS hinsichtlich sekundärer Prävention von Myokardinfarkten mit einem finanziellen Dollar- Aufwand in mehrstelliger Millionenhöhe untersucht. Keine der Studien war für sich allein gesehen signifikant, was zumindest teilweise auf unzureichenden Eingangs- und Bewertungskriterien, deutlich unterschiedlicher Dosierung mit fraglicher Patientencompliance (300−1500 mg/die) sowie Zeitpunkt des Therapiebeginns nach Erstinfarkt beruhte (Reilly u. FitzGerald, 1988). Allerdings ergab eine Meta-Analyse unter Zusammenfassung aller kontrollierten Studien einen signifikant positiven Befund zugunsten von ASS mit einer Senkung des Risikos eines thrombotischen Ereignisses (Myokardinfarkt, Schlaganfall, kardiovaskuläre Todesfälle) um jeweils etwa 25−30% (s. 3.2.1.) (Antiplatelet Trialist Collaboration, 1988). Bei der ASS-Anwendung zur primären Prävention ist das individuelle Nutzen-Risiko-Verhältnis entscheidend (*Manson* u. Mitarb., 1992) (s. 3.2.1).

Heutige Forschungsschwerpunkte für ASS: Ein Schwerpunkt der heutigen klinischen ASS-Forschung liegt im kardiovaskulären Bereich. Hier interessiert vor allem die Frage nach der optimalen Dosierung von ASS bei der Thromboseprophylaxe und in diesem Zusammenhang die Nutzen/Risiko-Abwägung bei der Prophylaxe kardiovaskulärer Erkrankungen. Die Wirksamkeit von ASS in Dosierungen um oder unter 100 mg/die für die sekundäre Prophylaxe von Myokardinfarkt (s. 3.2.2.) und (ischämischem) Schlaganfall (s. 3.2.3.) sowie Präklampsie (s. 3.2.5.) ist gut belegt. Dagegen sind die Ergebnisse bei peripherer arterieller Verschlußkrankheit und tiefer Venenthrombose eher negativ (s. 3.2.4.). Dies gilt auch für Restenosen nach Bypassoperationen (s. 3.2.2.4.) oder PTCA (s. 3.2.2.5.). Hier sind weitere Arbeiten erforderlich, um die Gründe für diese differenten Ergebnisse beim letztlich gleichen Krankheitssymptom eines thrombembolischen Gefäßverschlusses aufzuklären.

Ein Forschungsschwerpunkt der Pharmakologie ist die Frage, ob und in welchem Umfang die Zyklooxygenasehemmung durch ASS an den verschiedenen klinischen Wirkungen der Substanz beteiligt ist. Dies ist für die antithrombotische Wirkung unbestritten, allerdings für die antiinflammatorische, analgetische und antipyretische Wirkung der Substanz weit weniger klar (McCormack u. Brune, 1991). Auch wird durch Salicylsäure die Funktion wichtiger Entzündungszellen, wie neutrophiler Granulozyten, gehemmt, ohne daß Veränderungen im Prostaglandinstoffwechsel eintreten (s. 2.3.2.3.). Ein interessanter neuer Befund der molekularpharmakologischen Grundlagenforschung ist die Hemmung der Zytokin-induzierten Genexpression für die Prostaglandin-Zyklooxygenase in Endothelzellen durch ASS und Salicylsäure (Wu u. Mitarb., 1991) (s. 2.2.3.). Eine Hemmung der Zytokin- (z. B. Interleukin-1) -induzierten Synthese des Enzyms Zyklooxygenase wäre ein alternativer Mechanismus der Prostaglandinsynthesehemmung durch ASS, der unabhängig von einer Azetylierung des Enzyms wäre.

ASS in der Zukunft: ASS ist mit einer Jahresproduktion von 13600 (metrischen) Tonnen allein in den USA (Weissmann, 1991) das auch quantitativ mit Abstand am meisten verwendete Arzneimittel der Welt. Die Entscheidung der WHO (1988), ASS von der Liste der essentiellen Pharmaka zu streichen (zit. nach Mills, 1991), hat an dieser Situation nichts geändert. Es bleibt abzuwarten, ob die neuen, überzeugenden klinischen Befunde bei der Thromboseprophylaxe eine Revision dieser Entscheidung durch die WHO bewirken.

Niedrige Herstellungskosten aufgrund der Massenproduktion und weltweite Akzeptanz durch die „Verbraucher" haben die systematische Forschung nach pharmakotherapeutischen Alternativen zu ASS erheblich erschwert. Dies gilt besonders für die Plättchenfunktionshemmung, obwohl gerade für dieses Indikationsgebiet pharmakologische Alternativen denkbar wären. Langwirksame Antagonisten von Thromboxansynthese und/oder -rezeptoren sind tierexperimentell erprobt und zum Teil auch schon in der klinischen Prüfung (Schrör, 1991). Sie könnten theoretisch aufgrund ihres Wirkungsmechanismus Vorteile gegenüber ASS aufweisen (s. 2.3.1.1.). Die einzige derzeit verfügbare Antiplättchensubstanz mit einer vergleichbar langdauernden Plättchenfunktionshemmung, aber einem noch nicht ausreichend definierten Nutzen-Risiko-Verhältnis, ist Ticlopidin. In beiden Fällen ist jedoch ASS der „golden standard", an dem sich diese Präparate messen lassen müssen.

Eine Übersicht ausgewählter historischer Daten zur ASS zeigt Tab. 1.

Zusammenfassung: Acetylsalicylsäure (ASS) wurde ursprünglich als besser magenverträgliche Alternative zu Salicylsäure entwickelt und als antipyretisches Analgetikum 1899 unter dem Handelsnamen Aspirin klinisch eingeführt. Die Substanz erlangte rasch große Beliebtheit und fand schon bald als „Hausmittel" breite Anwendung zur Behandlung fieberhafter Schmerzzustände. Eine wissenschaftliche Basis erhielten die vielfältigen Substanzwirkungen durch die Entdeckung der Prostaglandinsynthesehemmung im Jahre 1971. Dieser Mechanismus und die (relative) Selektivität von ASS für diesen Stoffwechselweg in Thrombozyten sind Grundlage der antithrombotischen Wirkung der Substanz. Für diese Indikation findet ASS heute breite Anwendung zur Prophylaxe von Herzinfarkt und Schlaganfall bei Patienten mit erhöhtem vaskulären Risiko. Dagegen wurde bei der antiphlogistisch-antirheumatischen Therapie ASS heute weitgehend durch besser magenverträgliche Zyklooxygenasehemmer ersetzt.

Tabelle 1 Zeittafel wichtiger Entdeckungen und Veröffentlichungen zur Wirkung und klinischen Anwendung von Acetylsalicylsäure

Zeit	Ereignis
Antike	**Hippokrates** empfiehlt Extrakte aus der Weidenrinde (Salix alba) zur Therapie von Schmerzen und Fieber. Diese Empfehlung wird in die Pharmakopöen von **Dioskurides** und **Plinius** übernommen.
1763	Edward **Stones** berichtet in einem Brief an die Royal Society über erfolgreiche wissenschaftliche Untersuchungen von Extrakten der Weidenrinde bei 50 Patienten mit fieberhaften Erkrankungen.
1828–1829	**Buchner** isoliert Salicin in konzentrierter Form aus Weidenrindenextrakten. **Lerolux** gelingt ein Jahr später die Herstellung von Salicin in kristalliner Form.
1838	**Piria** entdeckt die Glykosidnatur von Salicin und gewinnt aus Salicin durch verschiedene chemische Eingriffe Salicylsäure.
1835–1843	Spiersäure aus der Spierstaude (Spiraea ulmaria) und Wintergrünöl aus der amerikanischen Teebeere (Gautheria procumbens) erweisen sich als ergiebige natürliche Salicylsäurequellen und ermöglichen eine klinische Anwendung der Substanz in größerem Umfang.
1859	**Kolbe** klärt die chemische Struktur von Salicylsäure auf und stellt die Substanz erstmals vollsynthetisch her. Einige Jahre später entwickelt sein Schüler **von Heyden** ein großtechnisches Produktionsverfahren für Salicylsäure.
1876	**Stricker** führt Salicylsäure zur Behandlung des akuten Gelenkrheumatismus ein.
1897	**Hoffmann** stellt in den Pharmakologischen Laboratorien der Bayerwerke in Elberfeld erstmals ASS in reiner Form her.
1899	Veröffentlichung der ersten umfassenden pharmakologischen Untersuchung von ASS durch **Dreser**. Dieser hält die Substanz für ein Prodrug und Salicylsäure für den eigentlichen Wirkstoff.
1899	Veröffentlichung der ersten klinischen Untersuchungen von ASS durch **Witthauer**.
1899	Einführung von Aspirin als erstem ASS-Präparat zur Behandlung von Schmerzen und Fieber.
seit 1899	Weltweite Anwendung von ASS als Standardmedikament zur Behandlung von Entzündungen, Fieber und Schmerzen.
1945–1952	Ausgehend von einer Beobachtung von **Singer** wiederholte Beschreibungen einer erhöhten Blutungstendenz unter ASS nach operativen Eingriffen. **Singer** erklärt diesen Befund durch eine Reduktion des Prothrombinspiegels.
1950	**Craven** publiziert die erste Mitteilung über einen antithrombotischen Effekt von ASS (ca. 250–750 mg/die) bei Männern mit erhöhtem kardiovaskulären Risiko.
1968	**O'Brien** sowie **Weiss u. Mitarb.** veröffentlichen die ersten systematischen Untersuchungen zur thrombozytenfunktionshemmenden Wirkung von ASS beim Menschen. **O'Brien** empfiehlt aufgrund seiner Befunde eine Tagesdosis von 175 mg.
1971	**Vane** beschreibt die Hemmung der Prostaglandinsynthese als Mechanismus der entzündungshemmenden Wirkung von ASS.
1971	**Smith** und **Willis** entdecken die Hemmung der Prostaglandinbildung durch ASS im Thrombozyten und erklären damit die thrombozytenfunktionshemmende Wirkung der Substanz.

Tabelle 1 (Fortsetzung)

Zeit	Ereignis
seit 1971	Gezielte Synthese von Zyklooxygenaseinhibitoren mit prospektiver Anwendung als Analgetika mit antiphlogistischer und antipyretischer Wirkung.
1975	Die Gruppe um **Majerus** weist die Acetylierung der Thrombozytenzyklooxygenase durch ASS nach und erklärt damit die Hemmung der Thromboxanbildung von Thrombozyten.
1983	Veröffentlichung der ersten plazebokontrollierten Doppelblindstudie (Veterans Administration Study) mit 50%iger Reduktion des Infarktrisikos durch ASS (324 mg/die) bei Männern mit instabiler Angina pectoris und/oder Herzinfarkt.
1988	Veröffentlichung der ersten beiden kontrollierten Langzeitstudien zur Anwendung von ASS zur primären Prävention des Herzinfarktes mit kontroversem Ergebnis.
1989	Die ISIS-II Studie belegt eine positive Wirkung von ASS auf Re-Okklusionen bei frischem Myokardinfarkt und Fibrinolysetherapie.
1988–1990	**Smith, DeWitt u. Mitarb.** zeigen mit molekularbiologischen Methoden, daß der Wirkungsmechanismus von ASS auf einer sterischen Hinderung der Enzym-(Zyklooxygenase)/Substrat-(Arachidonsäure-)Reaktion beruht und nicht auf einer chemischen Inaktivierung des Enzyms.
1990	Die RISC-Studie ergibt eine 50%ige Reduktion des Infarktrisikos bei Patienten mit instabiler Angina pectoris über einen Beobachtungszeitraum von 3 Monaten durch 75 mg ASS. Sie belegt erstmals die klinische Wirksamkeit von <100 mg ASS bei dieser Indikation in einer kontrollierten Studie.
1991	Die „SALT"-Studie zeigt die klinische Wirksamkeit von 75 mg ASS bei Patienten mit transienten ischämischen Attacken. Sie belegt erstmals die klinische Wirksamkeit von <100 mg ASS bei dieser Indikation in einer kontrollierten Studie.
1991	**Wu u. Mitarb.** zeigen, daß ASS die Zytokin-induzierte Expression der Prostaglandin-H-Synthase in Endothelzellen hemmt. Diese Wirkung ist salicylatspezifisch und tritt nach Indometazin nicht auf.
1992	Erste zusammenfassende Monographie über zellbiologische, pharmakologisch-toxikologische und klinische Aspekte von ASS.

Literatur 1.1.

Antiplatelet trialists' collaboration: Secondary prevention of vascular disease by prolonged antiplatelet treatment. Br. Med. J. 296 (1988) 320

Aspirin ein Jahrhundertpharmakon. Daten, Fakten, Perspektiven. Bayer AG (1983)

Chen, Z.X., D.F. Klessig: Identification of a soluble salicylic acid-binding protein that may function in signal transduction in the plant disease-resistance response. Proc. Natl. Acad. Sci. (USA) 88 (1991) 8179

Craven, L.L.: Acetylsalicylic acid, possible prevention of coronary thrombosis. Ann. West. Med. Surg. 4 (1950) 95

Dreser, H.: Pharmakologisches über Aspirin (Acetylsalicylsäure). Arch. Physiol. 76 (1899) 306

DeWitt, D.L., E.A. El-Harith, S.A. Kraemer, M.J. Andrews, E.F. Yao, R.L. Armstrong, W.L. Smith: The aspirin- and heme-binding sites of ovine and murine prostaglandin endoperoxide synthases. J. Biol. Chem. 265 (1990) 5192

Ebstein, W., J. Müller: Weitere Mitteilungen über die Behandlung des Diabetes mellitus mit Carbolsäure nebst Bemerkungen über die Anwendung der Salicylsäure bei dieser Krankheit. Berl. Klin. Wschr. 13 (1876) 53

Enyedi, A.J., N. Yalpani, P. Silverman, I. Raskin: Localization, conjugation, and function of salicylic acid in tobacco during the hypersensitive reaction to tobacco mosaic virus. Proc. Natl. Acad. Sci. (USA) 89 (1992) 2480

Funk, C.D., L.B. Funk, M.E. Kennedy, A.S. Pong, G.A. FitzGerald: Human platelet/erythroleukemia cell prostaglandin G/H synthase: cDNA cloning, expression, and gene chromosomal assignment. FASEB J 5 (1991) 2304

Hangarter, W.: Herkommen, Geschichte, Anwendung und weitere Entwicklung der Salizylsäure. In: Hangarter, W.: Die Salizylsäure und ihre Abkömmlinge, F.K. Schattauer, Stuttgart, 1974, pp. 3–11

Higgs, G.A., J.A. Salmon, B. Henderson, J.R. Vane: Pharmacokinetics of aspirin and salicylate in relation to inhibition of arachidonate cyclooxygenase and antiinflammatory activity. Proc. Natl. Acad. Sci. (USA) 84 (1987) 1417

Malamy, J., J.P. Carr, D.F. Klessig, I. Raskin: Salicylic acid: A likely endogenous signal in the resistance response of tobacco to viral infection. Science 250 (1990) 1002

Malamy, J., J, Hennig, D.F. Klessig: Temperature-dependent induction of salicylic acid and its conjugates during the resistance response to tobacco mosaic virus infection. Plant Cell 4 (1992) 359

Manson, J.E., H. Tosteson, P.M. Ridker, S. Satterfield, P. Hebert, G.T. O'Connor, J.E. Buring, Ch.H. Hennekens: The primary prevention of myocardial infarction. New Engl. J. Med. 326 (1992) 1406.

McCormack, K., K. Brune: Dissociation between the antinociceptive and antiinflammatory effects of the nonsteroidal antiinflammatory drugs. A survey of their analgesic efficacy. Drugs 41 (1991) 533

Métraux, J.P., H. Signer, J. Ryals, E. Ward, M. Wyss-Benz, J. Gaudin, K. Raschdorf, E. Schmid, W. Blum, B. Inverardi: Increase in salicylic acid at the onset of systemic aquired resistance in cumumber. Science 250 (1990) 1004

Mills, J.A.: Aspirin, the ageless remedy? New Engl. J. Med. 325 (1991) 1303

O'Brien, J.R.: Effects of salicylates on human platelets. Lancet I (1968) 779

Reilly, I.A.G., G.A. FitzGerald: Aspirin in cardiovascular disease. Drugs 35 (1988) 154

Roth, R.G., P.W. Majerus: The mechanism of the effect of aspirin on platelets. I. Acetylation of a particulate fraction protein. J. Clin. Invest. 56 (1975) 624

Schadewaldt, H.: Historical aspects of pharmacological research at Bayer. Stroke 21, Suppl. IV (1990) IV–5

Schrör, K.: Thromboxanantagonismus in Thrombozyten – Pathophysiologie, Pharmakologie und mögliche klinische Bedeutung. Wien. Klin. Wochenschr. 103 (1991) 543

Shen, T.Y.: Towards more selective antiarthritic therapy. J. Med. Chem. 24 (1980) 1

Singer, R.: Acetylsalicylic acid, probable cause for secondary post-tonsillectomy hemorrhage. Preliminary report. Arch. Otolaryng. 42 (1945) 19

Smith, J.M., J. Mackinnon: Aetiology of aspirin bleeding. Lancet II (1951) 569

Smith, J.B., A.L. Willis: Aspirin selectively inhibits prostaglandin production in human platelets. Nature New Biol. 231 (1971) 235

Vane, J.R.: Inhibition of prostaglandin biosynthesis as a mechanism of action of aspirin-like drugs. Nature New Biol. 231 (1971) 232

Wallentin, L.: Risk of myocardial infarction and death during treatment with low dose aspirin and intravenous heparin in men with unstable coronary artery disease. The risk group. Lancet 336 (1990) 827

Weiss, H.J., L.M. Aledort, S. Kochwa: The effects of salicylates on the hemostatic properties of platelets in man. J. Clin. Invest. 47 (1968) 2169

Weissmann, G.: Aspirin. Scientific American 264 (1991) 84

Wising, P.: Haematuria, hypoprothrombinemia and salicylate medication. Acta Med. Scand. 141 (1952) 256

Witthauer, K.: Aspirin, ein neues Salicylpräparat. Heilkunde 3 (1899) 396

Wu, K.W., R. Sanduja, A.L. Tsai, B. Ferhanoglu, D.S. Loose- Mitchell: Aspirin inhibits interleukin 1-induced prostaglandin H synthase expression in cultured endothelial cells. Proc. Natl. Acad. Sci. (USA) 88 (1991) 2384

1.2. Chemie

Salicylsäureverbindungen: Acetylsalicylsäure ist der Essigsäureester der Salicylsäure (o-Hydroxybenzoesäure). Letztere wird aufgrund ihrer gewebereizenden und -zerstörenden Wirkung ausschließlich äußerlich angewandt, z. B. zur Keratolyse. Salicylate zur systemischen Anwendung sind entweder Ester mit Substitution in der Carboxylgruppe (z. B. Methylsalicyl-Salicysalicylat) oder Ester organischer Säuren mit Substitution in der o-Hydroxylgruppe, z. B. Salsalat (Abb. 3). Methylsalicylat entspricht dem Wirkstoff des Wintergrünöls, einer bereits Mitte des 19. Jahrhunderts genutzten natürlichen Quelle zur Salicylsäuregewinnung. Die Substanz ist Bestandteil zahlreicher Kombinationspräparate zur äußerlichen Anwendung bei rheumatischen Erkrankungen (Blume u. Siewert, 1986).

Die biologischen Wirkungen der nicht-azetylierten Salicylatverbindungen beruhen auf ihrem Salicylsäureanteil. Dabei ist die o-Position der Hydroxylgruppe für die Wirkung wichtig. Acetylsalicylsäure besitzt zusätzlich die Eigenschaft, Proteine zu azetylieren. Ursache hierfür ist eine rasche Abspaltung der Acetylgruppe durch eine Vielzahl von Esterasen, vorzugsweise im Plasma und Erythrozyten (s. 2.1.2.). Diese Deazetylierung beginnt bereits in der Mukosa des Magen-Darm-Traktes.

Acetylsalicylsäure ist ein weißes Pulver mit einem (angenehm) säuerlichen Geschmack. Die Substanz ist schlecht in Wasser (0,3%) und mäßig in Alkohol (20%) löslich. Die Löslichkeit in wäßrigen Medien ist pH-abhängig. Sie beträgt bei pH 2 nur 60 µg/l, steigt aber mit zunehmenden pH-Wert drastisch an.

ASS-Zubereitungen: Verschiedene Zubereitungen von ASS befinden sich in klinischem Gebrauch. Hierzu gehören neben „konventioneller" ASS in Tablettenform (z. B. Aspirin), Formulierungen mit modifizierter Wirkstofffreisetzung (Colfarit) sowie als injizierbare Form das Lysinsalz von ASS (Aspisol) neben zahlreichen anderen.

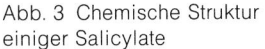

Abb. 3 Chemische Struktur einiger Salicylate

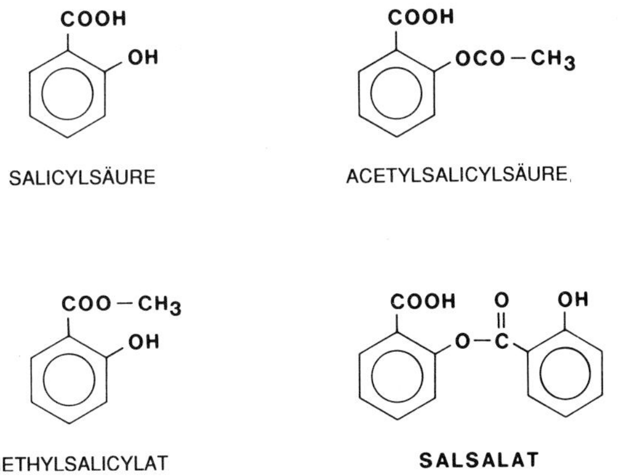

Blume u. Siewert vom Zentrallaboratorium Deutscher Apotheker verglichen in einer 1986 durchgeführten Untersuchung alle in der Roten Liste dieses Jahres unter der Indikation Analgetikum/Antipyretikum aufgeführten Monopräparate in Tablettenform sowie ein weiteres dort nicht verzeichnetes Handelspräparat. Andere Arzneiformen, z. B. Brausetabletten, Tabletten mit modifizierter Wirkstofffreigabe oder Tabletten mit anderen Indikationsgebieten, wurden nicht berücksichtigt. Alle 11 geprüften Tabletten erfüllten weitgehend die Allgemeinanforderungen, z. B. hinsichtlich des Wirkstoffgehalts. Dagegen ergaben sich erhebliche und nach Auffassung der Verfasser nicht akzeptable Unterschiede hinsichtlich der Freisetzungskinetik des Wirkstoffs. Diese wurde nach einer US-amerikanischen Norm bestimmt, da rechtsverbindliche Vorschriften für die Bundesrepublik zum Zeitpunkt der Untersuchung nicht existierten. 5 der 11 untersuchten Präparate erfüllten diese Norm nicht (Tab. 2). Eine erneute Kontrolle der Freisetzungskinetik an 62 unterschiedlichen ASS-Präparaten im Jahre 1988 ergab, daß immer noch 20 unterhalb des Qualitätsstandards lagen (Siewert u. Blume, 1988).

Tabelle 2 In vitro Freisetzungskinetik von Acetylsalicylsäure (ASS) aus kommerziellen ASS-Präparaten unter Standardbedingungen

ASS-Präparat	ASS-Gehalt deklariert [mg]	[% der Deklaration gefunden]	ASS-Freisetzungsrate [% in 30 min ± Standardabweichung]
Acetylin	500	98,9	89,6± 2,8
Aspirin	500	99,4	100,7± 1,0
Aspirin junior	100	102,9	103,5± 2,7
Aspro	320	98,1	96,4± 4,7
ASS 500 Dolormin	500	98,0	77,2± 9,2
ASS-Dura			
Ch.-B. 18613	500	98,2	65,4±16,5
Ch.-B. 074035	500	102,9	72,4± 9,5
ASS-Fridetten			
Ch.-B. 019026	500	98,3	68,8± 10,0
Ch.-B. 020047	500	100,1	75,9± 5,7
ASS-ratiopharm	500	96,6	89,3± 9,3
ASS-Woelm	500	100,9	77,9± 8,8
Temagin ASS 600			
Ch.-B. 212142	600	100,9	50,2±11,4
Ch.-B. 212143	600	100,4	44,0± 9,9
Trineral	600	99,2	90,8± 3,9

Wirkstoffgehalt sollte 95–105% der Deklaration betragen, die *Freisetzungsrate* mindestens 80% innerhalb von 30 min. (nach Blume u. Siewert, 1986)

Zur Thrombozytenfunktionshemmung werden zur Zeit vor allem Formulierungen mit verzögerter Wirkstofffreisetzung und reduziertem ($\leq$ 100 mg ASS) Wirkstoffgehalt untersucht, die besser magenverträglich sind und eine weitgehende präsystemische Deazetylierung erlauben (s. 2.1.2.).

Zwischen unterschiedlichen ASS-Handelspräparaten lassen sich hinsichtlich pharmazeutischer Qualitätskriterien allerdings erhebliche Differenzen nachweisen (Blume u. Siewert, 1986).

Im Colfarit ist jeder ASS-Kristall von einer dünnen Hülle aus Äthylzellulose umgeben, die gegenüber Verdauungssäften resistent ist. Äthylzellulose ist jedoch durchlässig für Wasser und gelöste ASS. Dadurch wird ein direkter Kontakt der ASS-Kristalle mit der Magenschleimhaut vermieden und die Magenverträglichkeit verbessert (s. 4.3.1.). Die ASS-Kristalle im Colfarit haben eine Kristallgröße zwischen 100–1000 μ, 70% zwischen 300 und 600 μ. Dies führt unter Standardbedingungen im wäßrigen Medium zu einer 90%igen Wirkstofffreisetzung innerhalb von 2 h, während eine 90%ige Wirkstofffreisetzung aus nicht-verkapselter ASS unter gleichen Versuchsbedingungen innerhalb von 4 min erfolgt (Pütter u. Kaller, 1970).

Neue Ansätze: Neben Modifikation der Wirkstofffreisetzung aus ASS-Präparaten verfolgen neue Konzepte das Ziel, gleich oder stärker wirksame ASS-Analoga mit besserer Verträglichkeit und geringerer Bioverfügbarkeit zu finden. Die bisherigen Ergebnisse sind pharmakokinetisch vielversprechend (s. 2.1.2.).

Eine reduzierte systemische Bioverfügbarkeit von ASS ist vor allem für die antithrombotische Wirkung von großem Interesse (s.2.3.1.). Aufgrund der präsystemischen Deazetylierung erfolgt eine Hemmung der Thrombozytenfunktion bereits vor Erreichen des systemischen Kreislaufs (s. 2.1.1.), so daß dort vor allem thrombozytenunwirksame Salicylsäure als Primärmetabolit zirkuliert.

Präparate mit verzögerter Wirkstofffreisetzung, z. B. eine neuentwickelte Matrixtablette mit konstanter Freisetzungsrate von 10 mg ASS/h erlauben eine praktisch vollständige Deazetylierung von ASS durch die Esterasen in Darmwand und Pfortaderblut mit dort erfolgender Thrombozytenfunktionshemmung und lassen eine geringere Rate systemischer Nebenwirkungen erwarten (Clarke u. Mitarb., 1991)

Pharmakodynamisch dagegen eher enttäuschend ist das Benorilat (z. B. Benortan), ein Kombinationspräparat von Parazetamol und ASS, mit gleichem toxischen Potential wie die beiden Substanzbestandteile. Eine neuere galenische ASS-Zubereitung ist eine Ca-Karbonat-gepufferte ASS-Kautablette mit 500 mg Wirkstoff. Sie scheint nach derzeitigem Kenntnisstand keine Vorteile gegenüber anderen, ähnlich konzipierten ASS- Zubereitungen, z. B. der ASS-Brausetablette, aufzuweisen. Dagegen sind nicht-azetylierte Salicylate wie Salsalat (z. B. Disalgesic) ähnlich antiphlogistisch wirksam wie ASS und besser verträglich, aber ohne thrombozytenfunktionshemmende Wirkung (Roth, 1988).

Interessante neue Ansätze sind ASS-Prodrugs (Hundewadt u. Senning, 1990). Dazu gehören auch Aminosäurekonjugate, die durch Darmbakterien gespalten werden und dabei den Wirkstoff freisetzen (Nakamura u. Mitarb., 1992). Ausreichende klinische Erfahrungen mit solchen Substanzen bestehen bisher nicht.

Zusammenfassung: Acetylsalicylsäure ist in Form zahlreicher Handelspräparate erhältlich und außerdem Bestandteil zahlloser analgetischer Mischpräparate. Besondere Erwähnung als Monopräparate verdienen mikroverkapselte, d. h. magensaftresistente Zubereitungen mit langsamer Wirkstofffreisetzung (z. B. Colfarit), sowie das Lysin-Salz von ASS zur intravenösen Therapie (Aspisol). Interessant ist auch eine neue Matrix-Tablette mit 75 mg ASS und einer konstanten Freisetzungsrate von 10 mg/h. Neuere pharmazeutische Ansätze sind die Entwicklung von „Prodrugs".

Literatur 1.2.

Blume, H., M. Siewert: Zur Qualitätsbeurteilung von acetylsalicylsäurehaltigen Fertigarzneimitteln. 1. Mitteilung: Vergleichende Reihenuntersuchung zur pharmazeutischen Qualität handelsüblicher ASS-Monopräparate. Pharm. Z. 131 (1986) 2953

Bundgaard, H., N.M. Nielsen, A. Buur: Aspirin prodrugs − synthesis and hydrolysis of 2-acetoxybenzoate esters of various n-(hydroxyalkyl)amides. Int. J. Pharm. 44 (1988) 151

Clarke, R.J., G. Mayo, P. Price, G.A. FitzGerald: Suppression of thromboxane A_2 but not of systemic prostacyclin by controlled-release aspirin. New Engl. J. Med. 325 (1991) 1137

Hundewadt, M., A. Senning: Aspirin prodrugs − 2-methyl-2- aryloxy-4H-1,3-benzodioxin-4-

ones acting as true aspirin prodrugs. Acta Chem. Scand. 44 (1990) 746

Nakamura, J., K. Asai, C. Tagami, M. Kido, K. Nishida, H. Sasaki: Studies on prodrugs utilizing the metabolism in the intestinal microorganisms – amino acid or dipeptide conjugates of salicylic acid. J. Pharmacobio dynamics 15 (1992) S29

Pütter, J., H. Kaller: Zur Pharmakokinetik des Colfarit. Referate des Colfarit Symposions in Köln (1970) 44

Roth, S.H.: Salicylates revisited. Are they still the hallmark of anti-inflammatory therapy? Drugs 36 (1988) 1

Siewert, M. und H. Blume: Zur Qualitätsbeurteilung von acetylsalicylsäurehaltigen Fertigarzneimitteln. 2. Mitteilung: Untersuchung zur Chargenkonformität biopharmazeutischer Eigenschaften handelsüblicher ASS-Präparate. Pharm. Z. Wiss 131 (1988) 21

2. Pharmakologie

Die pharmakologischen Wirkungen von ASS werden von zwei Wirkstoffen bestimmt: ASS und Salicylsäure. Salicylsäure entsteht in vivo aus ASS innerhalb weniger Minuten und ist offenbar entscheidend für die kurativen Wirkungen der Substanz bei Entzündungen, Fieber und Schmerzen. Die bei dieser Metabolisierung freiwerdende Acetylgruppe führt zu einer nicht-selektiven Azetylierung von Proteinen, vorzugsweise in Blut, Gefäßwand und Magen-Darm-Mukosa, d. h. Geweben bzw. Körperflüssigkeiten mit besonders hoher ASS-Esterase-Aktivität. Azetylierung der Thrombozytenzyklooxygenase mit nachfolgender Hemmung der Thromboxanbildung ist hierbei der therapeutisch wichtigste Vorgang. Klinisch wird die resultierende Thrombozytenfunktionshemmung zur Thromboseprophylaxe bei Risikopatienten genutzt.

In diesem Abschnitt wird zunächst die Pharmakokinetik von ASS besprochen. Anschließend werden heutige Vorstellungen über den pharmakologischen Wirkungsmechanismus von ASS und Salicylsäure auf Zell- und Organebene diskutiert. Die klinische Bedeutung dieser Mechanismen für die praktische Anwendung der Substanz wird im Kapitel 3 besprochen. Dabei wird deutlich, daß die Zyklooxygenasehemmung nicht der einzige pharmakologisch relevante Wirkungsmechanismus der Salizylate ist. Stoffwechselwirkungen, Beeinflussung der Proteinsynthese auf der Ebene der Genexpression und Interferenz mit weiteren interzellulären Signalmolekülen (Zytokine) sind pharmakologisch wichtige Wirkungen von Salizylaten, deren klinische Bedeutung allerdings noch wenig geklärt ist.

2.1. Pharmakokinetik

2.1.1. Absorption und Verteilung

2.1.1.1. Aufnahme (Absorption)

Wasserlöslichkeit von ASS und Geschwindigkeit der Hydrolyse: ASS wird nach oraler Gabe im Magen und oberen Dünndarm resorbiert (Leonards, 1962). Dabei bestehen erhebliche Unterschiede in der Resorptionsgeschwindigkeit. Diese beruhen auf der schlechten Löslichkeit von ASS im wäßrigen Medium, einschließlich Magen- und Darmsaft (Rowland, 1963). Besser wasserlösliche ASS-Salze oder (vor)gelöste ASS werden nicht nur rascher resorbiert, sondern führen auch zu höheren Salicylatplasmaspiegeln. Pufferzusatz hat darauf nur einen geringen Effekt (Leonards, 1963) (Abb. 4).

Die hohe Geschwindigkeit der enzymatischen Spaltung von ASS im Gegensatz zur Spontanhydrolyse wird bei Vergleich der Halbwertszeiten von ASS in verschiedenen Körperflüssigkeiten deutlich: Die Halbwertszeit von ASS im Magensaft bzw. Darmflüssigkeit *in vitro* beträgt 16–17 h und unterscheidet sich damit nicht von der Halbwertszeit der Substanz in einer wäßrigen Pufferlösung. Dagegen beträgt die Halbwertszeit in Plasma 2 h und Vollblut, d. h. in Gegenwart von Erythrozyten, lediglich 15–20 Minuten, Ausdruck einer effektiven enzymatischen Hydrolyse der Substanz (Tab. 3).

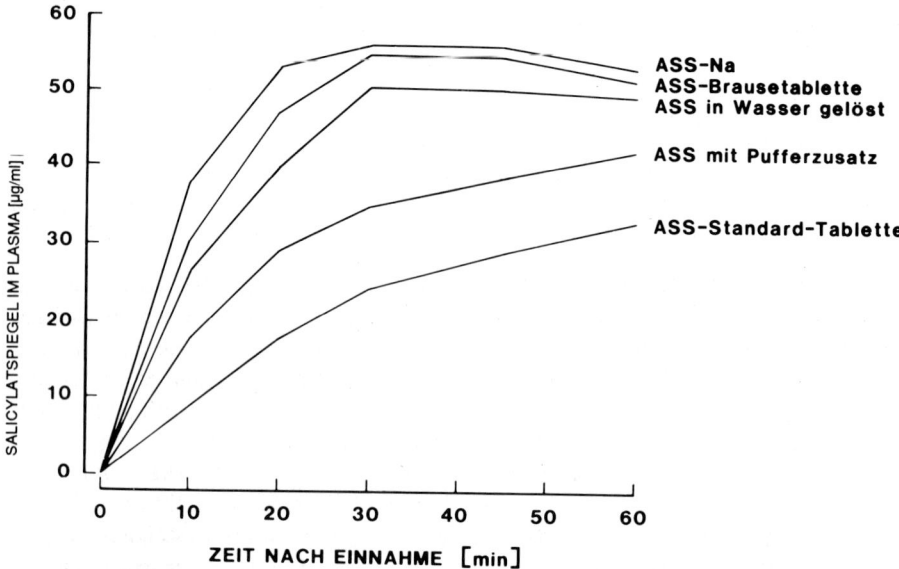

Abb. 4 Salicylatplasmaspiegel bei nüchternen Probanden nach oraler Einnahme von 640 mg ASS in verschiedenen galenischen Zubereitungen: ASS nach Lösung in Na-Bikarbonat, fertige ASS-Brausetablette nach Lösung in heißem Wasser (70–80 °C) mit nachfolgender Kühlung auf 30–40°C, ASS mit Pufferzusatz pH 7,0 oder als Standardtablette.
Die höchsten Salicylatplasmaspiegel ergeben sich für die am besten löslichen bzw. vorgelösten ASS-Zubereitungen, die geringsten für Standard-ASS. Gepufferte ASS nimmt eine Mittelstellung ein (nach Leonards, 1963).

Tabelle 3 Hydrolyse-Halbwertszeit (HWZ) von Acetylsalicylsäure (ASS) bei 37 °C in verschiedenen Körperflüssigkeiten des Menschen in vitro im Vergleich zu einer physiologischen Puffer-Lösung (pH: 7,4)

Medium	ASS-Anfangskonzentration [µg/ml]	ASS-HWZ [h]
Krebs-Puffer	10	15,5
Magensaft	10	16
Duodenalsaft	10	17
Blut	13	0,5
Plasma	13	1,9

(nach Angaben von Harris u. Mitarb., 1968; Rowland u. Mitarb., 1972b)

Resorption im Magen: Aufgrund der geringen Löslichkeit von ASS erfolgt im Magen trotz des stark sauren pH-Wertes nur eine mäßige Absorption.
ASS ist eine Säure mit einem pK_A-Wert von 3,5. Dies bedeutet, daß bei einem pH-Wert von >3,5 über 50% der Substanz ionisiert sind und bei pH 6 praktisch alle ASS-Moleküle ionisiert, d. h. negativ geladen vorliegen. In diesem Zustand ist das Molekül lipidunlöslich und kann Zellmembranen nur durch entsprechende Kanäle passieren. Bei einem pH-Wert von <3,5 ist

über die Hälfte des ASS-Moleküls undissoziiert und damit lipidlöslich. In diesem Zustand kann es Zellmembranen unabhängig von Kanälen permeieren.
Oral eingenomme ASS findet sich daher im sauren Magenlumen überwiegend in der nichtdissoziierten Form. Nach Diffusion in die oberflächlichen Schleimhautzellen kommt es aufgrund der pH-Differenz (ca. 7 vs. ca. 2 entsprechend einem Protonengradienten von $1:10^5$!) in der Mukosazelle zur Dissoziation und Ionisierung der Säure. Dies verhindert eine Rückdiffusion in das Magenlumen. Folge ist eine intrazelluläre Akkumulation von ASS und Salicylsäure in den Mukosazellen mit entsprechenden zytotoxischen Effekten der Substanzen (s. 4.3.1.2.).

Verwendung gepufferter ASS-Lösungen reduziert die geringe ASS- Resorption im Magen zusätzlich (Cook, 1970), ändert dagegen wenig an den lokalen (toxischen) Effekten von ASS auf die Magenmukosa, die ebenfalls ihre Ursache überwiegend im geringen Magen-pH und der schlechten Löslichkeit der Substanz haben. Andererseits fördert Pufferung eine raschere Magenentleerung und beschleunigt damit den Übertritt von ASS aus dem Magen in den oberen Dünndarm.

ASS-Resorption im Darm: Hauptresorptionsort für ASS ist der obere Dünndarm. Die Passage der Darmwand erfolgt durch passive Diffusion des nicht-dissoziierten Anteils. Die größere Oberfläche des Dünndarms sowie die mit ansteigendem pH-Wert zunehmende Löslichkeit von ASS führen trotz eines höheren Dissoziationsgrades der Substanz im alkalischen Darmmilieu als Nettoeffekt zu einer Zunahme der insgesamt absorbierten Menge (Abb. 4).

Damit wird die enterale Resorption von ASS entscheidend von der Geschwindigkeit der Magenentleerung und dem lokalen pH- Wert bestimmt. Dies erklärt auch die besonders hohen Salicylat-Plasmaspiegel nach ASS-Einnahme bei Patienten mit Gastroduodenostomie (Billroth II) (Hurtado u. Mitarb., 1988). Gleichzeitige Antazidagabe hat keinen Effekt auf die Resorptionsgeschwindigkeit von ASS (Jeunne u. Mitarb., 1987), auch nicht die Gabe von Milch (Sketris u. Mitarb., 1985).

Bioverfügbarkeit von ASS: In der Magen-/Darmmukosa sowie im Pfortaderblut (Erythrozyten, Blutplasma) und Leberparenchym erfolgt eine Abspaltung der Acetylgruppe von ASS durch unspezifische Esterasen. Dabei entsteht Salicylsäure als primärer Metabolit. Diese „präsystemische Deazetylierung" (Abb. 5) reduziert den Anteil von ASS, der nach oraler Gabe unverändert den systemischen Kreislauf erreicht (Bioverfügbarkeit), auf 40–50% der Dosis (Rowland u. Mitarb., 1972a). Dieser Wert ist bei Präparaten ohne freisetzungsverzögernde Begleitstoffe im antithrombotisch therapierelevanten Dosisbereich von ASS (40–1300 mg) unverändert (Siebert u. Mitarb., 1983; Pedersen u. FitzGerald, 1984).

ASS-Bioverfügbarkeit in Abhängigkeit von der intestinalen Resorptionsgeschwindigkeit: Die hohe Aktivität der ASS- Esterasen im Darm läßt erwarten, daß bei Zunahme der Verweildauer der Substanz, d. h. verlängerter Expositionszeit von ASS gegenüber den Esterasen im Dünndarm, die Hydrolyse zu- und die systemische Bioverfügbarkeit unmetabolisierter ASS entsprechend abnimmt. In Übereinstimmung mit dieser Auffassung ist bei ASS-Präparaten mit verzögerter Wirkstofffreisetzung („slow-release") die systemische Bioverfügbarkeit von ASS auf 25–15% der Dosis und weniger reduziert (Bochner u. Mitarb., 1988; Bochner u. Mitarb., 1991). Die Bioverfügbarkeit von Salicylsäure wird dadurch nicht beeinflußt (Cummings u. Martin, 1962; Cummings, 1966).

ASS-Bioverfügbarkeit und antithrombotische Wirkung: Die zeitabhängige Bioverfügbarkeit von ASS nach oraler Gabe ist von großer praktischer Bedeutung für die

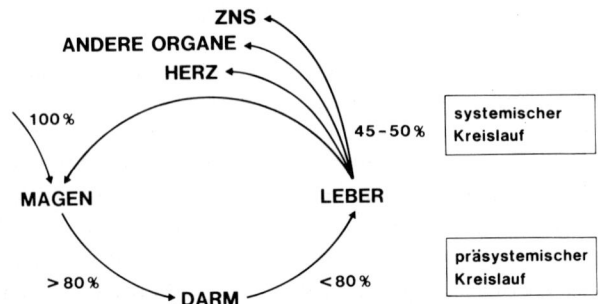

Abb. 5 Bioverfügbarkeit von Acetylsalicylsäure.
Nach oraler Gabe gelangt der größte Teil (>80%) von ASS unverändert in den Dünndarm und nach Passage der Darmwand über das Pfortaderblut in die Leber. Hierbei findet eine präsystemische Deazetylierung statt, die die bioverfügbare ASS-Menge im systemischen Kreislauf auf 45–50% der Dosis reduziert. Als primärer Metabolit entsteht dabei Salicylsäure.
(Alle Angaben beziehen sich auf Standard-ASS ohne resorptionsverzögernde Zusätze).

plättchenfunktionshemmende Wirkung der Substanz (s. 2.2.1.2.). Thrombozyten im „präsystemischen" Blut des Portalkreislaufs werden der gesamten absorbierten ASS-Dosis ausgesetzt, dagegen die Organe des systemischen Kreislaufs (z. B. Blutgefäße) nur dem bioverfügbaren Anteil von ASS. Theoretisch ist daher selbst für eine vollständige Hemmung der Thrombozytenzyklooxygenase keine ASS im Blut des systemischen Kreislaufs erforderlich (Siebert u. Mitarb., 1983). Dies würde die Verträglichkeit der Substanz und damit auch die Compliance, insbesondere bei klinischer Langzeitanwendung in der Thromboseprophylaxe, verbessern.

FitzGerald u. Mitarb. untersuchten die Wirkung von 50 mg ASS als Bolus (A), Infusion von 10 mg/h (B) oder 5 mg/h (C) auf Thromboxan- und PGI_2-Synthesehemmung. Die maximalen Plasmakonzentrationen von ASS betrugen für diese 3 Gruppen 1256 (A), 52 (B) und 21 (C) ng/ml. Die Hemmung der Serum- Thromboxanspiegel war praktisch vollständig bei Gruppe A und betrug 83% bei Gruppe B und 75% bei Gruppe C. Die Hemmung der vaskulären Prostazyklinbildung – gemessen anhand der renalen Ausscheidung von PGI-Metaboliten – war gering in den Gruppen B + C aber deutlich (55%) in Gruppe A.
Aufgrund dieser Ergebnisse wurde eine 75 mg „slow-release" Tablette entwickelt. Die maximale Plasmakonzentration (C_{max}) betrug 62 ng/ml – im Vergleich zu 939 ng/ml nach Gabe der gleichen ASS-Dosis ohne Resorptionsverzögerung. Die orale Resorptionsquote dieser Zubereitung betrug 90% und war unabhängig von der Nahrungsaufnahme. Verabreichung dieses Wirkstoffes über einen Monat führte zu einer kompletten Hemmung der Ausscheidung von Thromboxan-Metaboliten bei minimaler Hemmung der vaskulären Prostazyklin-Bildung (FitzGerald u. Mitarb., 1990; Clarke u. Mitarb., 1991) (s. 2.2.1.3.).

Diese Ergebnisse belegen eine Dissoziation der erwünschten (Hemmung der thrombozytären Thromboxanbildung) von der unerwünschten (Hemmung der nichtthrombozytären Prostaglandinbildung) ASS-Wirkung bei gesunden Probanden durch geeignete ASS-Präparate mit verzögerter Wirkstofffreisetzung.

2.1.1.2. Verteilung

Ähnlich wie die Absorption, erfolgt auch die Verteilung der Salicylate in den meisten Körpergeweben und -flüssigkeiten überwiegend durch pH-abhängige passive Diffusion. Auch hierbei steht die Konzentration der freien, nicht-dissoziierten Säure auf beiden Seiten der Zellmembran im Gleichgewicht. Ein Absinken des pH-Wertes, z. B. bei der akuten Salicylatintoxikation, fördert daher die Akkumulation der Substanz im Gewebe und verstärkt die Vergiftungssymptomatik (s. 4.1.1.).

Dosisabhängigkeit des Verteilungsvolumens: Das Verteilungsvolumen der Salicylate ist auch bei therapeutischen Dosen abhängig von der verabfolgten Dosis. Im niedrigen (antithrombotischen) Dosisbereich beträgt es etwa 200 ml/kg. Dies entspricht einer überwiegenden Verteilung im Extrazellulärraum infolge hoher (80–90%) Bindung an Plasmaproteine. Bei hohen (antirheumatischen) Dosen sowie bei Intoxikationen (Azidose!) steigt das Verteilungsvolumen auf etwa 500 ml/kg. Grund ist eine Absättigung der Bindungsstellen am Plasmaalbumin und zunehmende Bindung an Gewebeproteine bzw. Verteilung im Intrazellulärraum. Eine Zunahme des Verteilungsvolumens und eine verminderte Plasmaproteinbindung erklären wahrscheinlich auch die Verlängerung der Blutungszeit nach ASS bei Patienten mit Urämie (Gaspari u. Mitarb., 1987) sowie die überproportional hohen Spiegel freier Salicylsäure nach hochdosierter ASS-Therapie, z. B. beim Kawasaki-Syndrom (s. 3.1.2.). Theoretisch ist vorstellbar, daß eine intrazelluläre Akkumulation von (freier) Salicylsäure, wie sie bei antiphlogistischer Dosierung zu erwarten ist, wichtig für die klinische Wirkung ist (s. 3.1.1.).

Gewebespiegel von Salicylaten: Die maximalen Salicylatkonzentrationen in der Synovialflüssigkeit betragen etwa 50% des Plasmaspiegels (Sholkoff u. Mitarb., 1967). Die entsprechenden Werte im Liquor werden mit 10–25% des Plasmaspiegels angegeben, allerdings scheint hier, evtl. aufgrund eines aktiven Transportsystems, keine enge Korrelation zum Plasmaspiegel zu bestehen (Bannwarth u. Mitarb., 1989). Ähnliches gilt für die Perilymphe (s. 4.3.3.). Die Salicylatspiegel im fetalen Kreislauf sind nur wenig geringer als im maternalen Kreislauf (Palmisano u. Cassidy, 1969). Dies ist vor allem für das Neugeborene ante partum wichtig, dessen hepatische und renale Exkretionsmechanismen noch nicht voll entwickelt sind (s. 4.1.2.2.).

Kompetition von Salicylsäure mit ASS um Bindungsstellen an Proteine: Die Bindung von ASS und Salicylsäure an Proteine erfolgt über die phenolische Hydroxylgruppe der Substanzen (Cohen, 1976). Dies gilt auch für Enzymproteine, z. B. die Zyklooxygenase von Thrombozyten und Gefäßendothel (Dejana u. Mitarb., 1981; Cerletti u. Mitarb., 1987). Dabei kann ASS durch Salicylsäure kompetitiv aus der Bindung an die Zyklooxygenase verdrängt werden (Burch u. Mitarb., 1978). Mögliche pharmakodynamische Konsequenz einer solchen Interaktion ist die Abschwächung der Hemmung der Thrombozytenzyklooxygenase (Cerletti u. Mitarb., 1984) und der thromboxanabhängigen Plättchenaktivierung (Simrock u. Mitarb., 1984) durch Salicylsäure. Solche Interaktionen sind aber erst bei einem Verhältnis von Salicylsäure/ASS von etwa 10 : 1 zu erwarten (Packham, 1983). Eine klinisch bedeutsame Wechselwirkung ist daher für antithrombotische Dosen nicht anzunehmen (Rosenkranz u. Mitarb., 1986) und für analgetisch/antiphlogistische Dosen nicht relevant, da ASS und Salicylsäure hier als gleich wirksam anzusehen sind (s. 2.3.2., s. 3.3.1.).

2.1.1.3. Klinische Faktoren mit möglicher Auswirkung auf Absorption und Verteilung von ASS

Nahrungsaufnahme: Die Compliance für die Einnahme von Arzneimitteln ist besser, wenn diese an die Mahlzeiten gekoppelt wird. Dies gilt besonders für ältere Patienten und magenreizende Präparate wie ASS. Gleichzeitige Nahrungsaufnahme bedeutet aber auch längere Verweildauer im Magen, ggfs. Adsorption an Nahrungsbestandteile und Reduktion der Absorptionsgeschwindigkeit im Dünndarm (s. Winstanley u. Orme, 1989).

Für ASS liegen unterschiedliche Literaturdaten vor. In der Regel wird eine Einnahme von ASS auf nüchternen Magen nicht empfohlen. Dies ist aus pharmakokinetischen Gründen auch verständlich, da die Resorption von ASS überwiegend im Dünndarm erfolgt und vom Füllungszustand des Magens unabhängig ist (s. 2.1.1.1.).

Ferner u. Mitarb. verglichen die Plasmaspiegel von Standard-ASS und Salicylsäure nach oraler Einmaldosis von 1200 mg bei gesunden Probanden im nüchternen Zustand (37 h) und nach einem Standardfrühstück. Die maximalen ASS-Plasmaspiegel betrugen 17 ± 3 µg/ml nach 22 min bei nüchternen und 24 ± 4 µg/ml nach 15 min bei nicht-nüchternen Probanden. Die maximalen Salicylsäurespiegel betrugen 57 ± 7 µg/ml bei nüchternen Probanden und 65 ± 8 µg/ml bei nicht-nüchternen. Keine dieser Veränderungen war signifikant. Es bestanden auch keine Unterschiede hinsichtlich der pharmakodynamischen Wirkung der Substanz, die anhand von Stoffwechselparametern überprüft wurde. Nach diesen Befunden beeinflußt der Füllungszustand des Magens weder die Bioverfügbarkeit noch die Wirkung von Standard-ASS und Salicylsäure (Ferner u. Mitarb., 1989).

Allerdings ist zu berücksichtigen, daß eine verzögerte Magenentleerung bzw. längere Verweildauer von ASS im Darm die Expositionszeit gegenüber hydrolysierenden Enzymen verlängert. Daraus kann eine reduzierte Bioverfügbarkeit von ASS resultieren. Die Bioverfügbarkeit von Salicylsäure wird davon nicht beeinflußt.

Geschlecht: Mögliche Geschlechtsunterschiede hinsichtlich der Pharmakokinetik von ASS wurden nach Einmalgabe von 1000 mg des (wasserlöslichen) Lysin-Salzes i.v., i.m. und oral bei gesunden Probanden untersucht. Keine geschlechtsspezifischen Differenzen bestanden nach i.v. Gabe hinsichtlich Halbwertszeit und Verteilungsvolumen. Auch die Bioverfügbarkeit nach oraler (54%) und i.m. Gabe (89%) von Standard-ASS war bei beiden Geschlechtern gleich (Aarons u. Mitarb., 1989). Ähnliche Befunde wurden für „low-dose" (100 mg) ASS berichtet (Bochner u. Mitarb., 1991), während zwei ältere Studien eine geringere Stoffwechselkapazität für ASS bei Frauen fanden (Ho u. Mitarb., 1985; Miners u. Mitarb., 1985). Insgesamt scheinen jedoch keine wesentlichen, d. h. therapierelevanten, geschlechtsspezifischen Unterschiede in der Pharmakokinetik von ASS zwischen Männern und Frauen zu bestehen.

Alter: Die Bioverfügbarkeit und Metabolisierung von ASS war bei gesunden Männern der Altersgruppe 21−40 Jahre ähnlich der einer Altersgruppe 55−75 Jahre. Allerdings ergaben sich bei älteren Männern geringere Serumspitzenkonzentrationen und eine längere HWZ als bei jüngeren, Hinweis für ein größeres ASS-Verteilungsvolumen bei älteren Personen (Mason u. Mitarb., 1989) (s.u.).

Zusammenfassung: ASS wird nach oraler Gabe praktisch vollständig resorbiert. Die Bioverfügbarkeit beträgt dabei 40–50% für „rapid release" und 25–15% oder weniger für „slow- release" Präparate. Ursache der geringen systemischen Bioverfügbarkeit von ASS ist eine zeitabhängige, enzymatische Hydrolyse (Deazetylierung) der Substanz in Magen-Darm-Mukosa, Pfortaderblut und Leber zu Salicylsäure. Diese erfolgt „präsystemisch", d. h. vor Erreichen des großen Kreislaufs. Die Bioverfügbarkeit von ASS ist unabhängig von Geschlecht und Alter. Nahrungsaufnahme kann die ASS-Bioverfügbarkeit reduzieren, wenn dadurch die Expositionszeit der Substanz gegenüber Esterasen in der Darmmukosa zunimmt. Die Bioverfügbarkeit von Salicylsäure ist davon unabhängig. Resorbierte ASS wird im Blut mit einer Halbwertszeit von 15–20 min quantitativ zu Salicylsäure umgesetzt. Das Verteilungsvolumen der Salicylsäure ist dosis- und pH- abhängig. Es entspricht bei niedrigen Dosen dem Extrazellulärraum und steigt bei Dosissteigerung an.

Literatur 2.1.1.

Aarons, L., K. Hopkins, M. Rowland, S. Brossel, J.-F. Thiercelin: Route of administration and sex differences in the pharmacokinetics of aspirin administered as its lysine salt. Pharmac. Res. 6 (1989) 660

Bannwarth, B., P. Netter, J. Pourel, R.J. Royer, A. Gaucher: Clinical pharmacokinetics of nonsteroidal anti-inflammatory drugs in the cerebrospinal fluid. Biomed. Pharmacother. 43 (1989) 121

Bochner, F., D.B. Williams, P.M.A. Morris, D.M. Siebert, J.V. Lloyd: Pharmacokinetics of low-dose oral modified release, soluble and intravenous aspirin in man, and effects on platelet functions. Eur. J. Clin. Pharmacol. 35 (1988) 287

Bochner, F., A.A., Somogyi, K.M. Wilson: Bioinequivalence of four 100 mg oral aspirin formulations in healthy volunteers. Clin. Pharmacokin. 21 (1991) 394

Cerletti, C., M. Livio u. Mitarb.: Non-steroidal antiinflammatory drugs react with two sites on platelet cyclooxygenases: Evidence from in vivo drug-interaction studies in rats. Biochim. Biophys. Acta 714 (1982) 122

Clarke R., G. Mayo, P. Price, G.A. FitzGerald: Suppression of thromboxane A_2 but not of systemic prostacyclin by controlled- release aspirin. New Engl. J. Med. 325 (1991) 1137

Cohen, L.S.: Clinical pharmacology of acetylsalicylic acid. Sem. Thromb. Hemost. 2 (1976) 146

Cook, A.R., J.N. Hunt: Relationship between pH and absorption of acetylsalicylic acid from the stomach. Gut 10 (1969) 77

Cummings, A.J., M.L. King: Urinary excretion of acetylsalicylic acid in man. Nature 209 (1966) 620

Cummings, A.J., B.K. Martin: Relationship of plasma salicylate concentration to urinary salicylate excretion rate. Nature 195 (1962) 1104

Dejana, E., C. Cerletti u. Mitarb.: Salicylate-aspirin interaction in the rat: evidence that salicylate accumulation during aspirin administration may protect vascular prostacyclin from aspirin-induced inhibition. J. Clin. Invest. 68 (1981) 1108

Ferner, R.E., F.M. Williams, M. Graham, M.D. Rawlins: The metabolic effects of aspirin in fasting and fed subjects. Br. J. Clin. Pharmacol. 27 (1989) 104P

FitzGerald, G.A., M. Lupinetti, S.A. Charman, W.N. Charman: Presystemic acetylation of platelet cyclooxygenase: selective inhibition by controlled release low dose aspirin. J. Am. Coll. Cardiol. Suppl. A, 15 (1990) 160A

Gaspari, F., G. Vigano, S. Orisio, M. Bonati, M. Livio: Aspirin prolongs bleeding time in uremia by a mechanism distinct from platelet cyclooxygenase inhibition. J. Clin. Invest. 79 (1987) 1788

Ho, F.C., E.J. Triggs, D.W.A. Bourne, V.J. Heazlewood: The effects of age and sex on the disposition of acetylsalicylic acid and its metabolism. Br. J. Clin. Pharmacol. 19 (1985) 675

Hurtado, C., C. Acevedo, C. Domecq, P. Burdiles, A. Csendes: Absorption kinetics of acetylsalicylic acid in gastrectomized patients. Med. Sci. Res. 16 (1988) 1241

Jeunne, le, C., N. Noel, F.C. Hugues, J.M. Cheron: Influence de la prise d'hydroxyde d'aluminium sur la biodisponibilite de l'acide acetylsalicylique oral chez l'homme. J. Pharm. Clin. 6 (1987) 547

Leonards, J.R.: The influence of solubility on the rate of gastrointestinal absorption of aspirin. Clin. Pharmacol. Ther. 4 (1963) 476

Leonards, J.R.: Presence of acetylsalicylic acid in plasma following oral ingestion of aspirin. Proc. Soc. Exp. Biol. Med. 110 (1962) 304

Mason, W.D., J.W. Falbe, CH.J. Fu, L. Courtney, W.G. Byrd: Comparative aspirin bioavailability in young and old men. Pharm. Res. Suppl. 9, 6 (1989) S233

Palmisano, P.A., G. Cassady: Salicylate exposure in the perinate. J. Amer. Med. Ass. 209 (1969) 556

Pedersen, A.K., G.A. FitzGerald: Dose-related kinetics of aspirin. Presystemic acetylation of platelet cyclooxygenase. New Engl. J. Med. 311 (1984) 1206

Rosenkranz, B., Fischer, C., Meese, C.O., Frölich, J.C.: Effects of salicylic acid and acetylsalicylic acid alone an in combination on platelet aggregation and prostanoid synthesis in man. Br. J. Clin. Pharmacol. 21 (1986) 309

Rowland, M., S. Riegelman, P.A. Harris, S.D. Sholkow, E.J. Eyring: Kinetics of acetylsalicylic acid disposition in man. Nature 215 (1972a) 413

Rowland, M., S. Riegelman, P.A. Harris, S.D. Sholkow: Absorption kinetics of aspirin in man following oral administration of an aqueous solution. J. Pharm. Sci. 61 (1972b) 379

Siebert, D.J., F. Bochner, D.M. Imhoff u. Mitarb.: Aspirin kinetics and platelet aggregation in man. Clin. Pharmacol. Ther. 33 (1983) 367

Sholkoff, S.D., J.E. Eyring, M. Rowland, S. Riegelman: Plasma and synovial fluid concentrations of acetylsalicylic acid in patients with rheumatoid arthritis. Arthr. Rheum. 10 (1967) 348

Sketris, I.S., I. Abraham, D. Frail, K. Cox: The influence of milk on the absorption of enteric-coated acetylsalicylic acid. Can. J. Hosp. Pharm. 38 (1985) 16

Spenny, J.G.: Acetylsalicylic acid hydrolysis of the gastric mucosa. Am. J. Physiol. 234 (1978) E606

Winstanley, P.A., M.L. Orme: The effects of food on drug bioavailability. Br. J. Clin. Pharmacol. 28 (1989) 621

2.1.2. Biotransformation und Exkretion

Die Biotransformation von ASS beinhaltet zwei sequentiell ablaufende Vorgänge mit unterschiedlicher Kinetik, Steuerung und biologischer Bedeutung: Bildung von Salicylsäure nach hydrolytischer Abspaltung der Acetylgruppe und deren Übertragung auf andere Makromoleküle sowie die Biotransformation von Salicylsäure und ihrer Metabolite. Die Salicylsäurebildung erfolgt innerhalb weniger Minuten und ist aufgrund des ubiquitären Vorkommens entsprechender Esterasen unabhängig von der verabreichten ASS-Dosis (s. 2.1.1.2.). Dagegen ist die Biotransformation von Salicylsäure sowohl hinsichtlich der Geschwindigkeit als auch der Zusammensetzung der entstehenden Metabolite in erheblichem Maße von der angebotenen ASS-Dosis abhängig. Die Pharmakokinetik von Salicylsäure ist von besonderem Interesse, da die meisten therapeutischen und toxischen Wirkungen von ASS wie analgetisch-antipyretische Effekte (s. 2.3.2.), Wirkungen auf den Zellstoffwechsel (2.2.3.) sowie das audiovestibuläre System (s. 4.3.3.) entscheidend durch Salicylsäure bestimmt werden. Diese Stoffwechselwege von ASS sind auf Abb. 6 schematisch dargestellt. Die Elimination der Salicylate erfolgt renal, überwiegend in Form von Phase-II-Metaboliten.

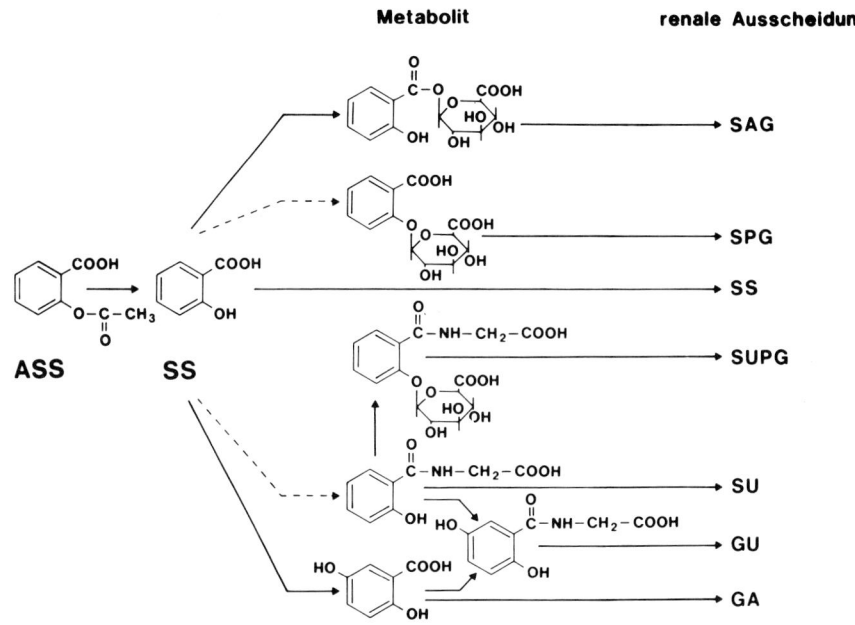

Abb. 6 Stoffwechselwege von Acetylsalicylsäure (ASS) beim Menschen
Aus ASS entsteht nach Hydrolyse der Acetylgruppe Salicylsäure (SS) als primärer Metabolit. Im Urin wird Salicylsäure nur zu einem kleinen Teil direkt (10%) bzw. in Form der beiden Glukuronsäurekonjugate Salicylsäurephenolglukuronid (SPG) und Salicylsäureacylglukuronid (SAG) (5–10%) ausgeschieden. Der dominante Stoffwechselweg ist die Konjugation mit Glyzin zu Salicylursäure (SU) (ca. 70–75%) bzw. dem Salicylursäurephenolglukuronid (≤1%). Daneben entsteht durch Hydroxylierung der Salicylsäure Gentisinsäure (GA) (<5%) sowie Gentisinursäure (<1%), die auch durch Glyzinkonjugation von Salicylursäure gebildet werden kann.
Diese Angaben beziehen sich auf eine therapeutische ASS- Dosis von 500 mg. Die gestrichelten Linien markieren Stoffwechselwege, deren Kapazität schon bei dieser therapeutischen Dosis gesättigt ist (modifiziert nach Shen u. Mitarb., 1991).

2.1.2.1. Biotransformationen

Bildung von Salicylsäure: Die Hydrolyse von ASS zu Salicylsäure als primärem Metaboliten beginnt bereits in der Mukosa des Magen-Darm-Traktes (Spenney, 1978) und reduziert die systemische Bioverfügbarkeit von Standard-ASS nach oraler Gabe auf ca. 50% der Dosis (s. 2.1.1.1.). Außer der Leber verfügen im systemischen Kreislauf vor allem Plasma und Erythrozyten(zytosol) über eine quantitativ bedeutsame ASS-Esterase-Aktivität (Costello u. Mitarb., 1983 u. 1984). Die Halbwertszeit von ASS im Blut beträgt etwa 15–20 min (Rowland u. Riegelman, 1968; Hutt u. Mitarb., 1982) (Tab. 3). Die ASS-Esteraseaktivität ist weder alters- noch geschlechtsabhängig und wird auch durch regelmäßige ASS-Einnahme nicht induziert (Siel u. Mitarb., 1985). Die Plasmahalbwertszeit von Salicylsäure beträgt bei therapeutischen Dosen (0,6–1,2 g) 3–4 h (Rowland u. Riegelman, 1968).
Biotransformationen von Salicylsäure: In therapeutischen Dosen erfolgt die Ausscheidung von Salicylsäure überwiegend nach Konjugation mit Glyzin als Salicylur-

säure, zum kleineren Teil als Glukuronid bzw. freie Salicylsäure mit dem Urin. Bei einer ASS-Dosis von 1,5 g werden im Urin ca. 70−75% als Salicylursäure, 10% als Salicylsäure und 1−2% als Gentisinsäure (2,-5-Dihydroxybenzoesäure) ausgeschieden (Forman u. Mitarb., 1971; Cham u. Mitarb., 1980; Hutt u. Mitarb., 1986). Neben Gentisinsäure und dem Gentisinsäure-Glyzinkonjugat (Wilson u. Mitarb., 1978) wird auch 2,3- Dihydroxybenzoesäure beim Menschen in minimalen Mengen (0,01% des Plasmasalicylsäurespiegels) gebildet (Grootveld u. Mitarb., 1988).

Sättigung der Salicylursäurebildung: Einige Stoffwechselwege der Salicylsäure sind pH-abhängig und haben eine limitierte Kapazität. Dies gilt vor allem für die Umsetzung von Salicylsäure zu Salicylursäure. Die interindividuell erhebliche Variationsbreite dieses Stoffwechselschrittes scheint genetisch determiniert zu sein (Furst u. Mitarb., 1977). Eine nachweisbare Hemmung der Salicylursäurebildung mit entsprechender Zunahme der Salicylsäurespiegel im Plasma wird schon bei einer ASS-Einmaldosis von 0,5 g beschrieben (Bedford u. Mitarb., 1965; Levy, 1965). Nach Erreichen eines Sättigungswertes von 1−2 µg/ml bleibt der Plasma-Salicylursäurespiegel auch bei Anstieg der Plasma-Salicylatkonzentrationen auf Extremwerte von 42000 µg/ml unverändert (Levy u. Mitarb., 1969). Mögliche Erklärung für die begrenzte Kapazität der Salicylursäurebildung ist eine Erschöpfung des verfügbaren Glyzinpools (Notarianni u. Mitarb., 1983; Patel u. Mitarb., 1990). Die Ausscheidung bereits gebildeter Salicylursäure wird dadurch nicht beeinflußt. Auch die Bildung des Salicylsäure-Phenolglukuronids ist kapazitätslimitiert.

Eine praktisch wichtige Konsequenz der begrenzten Metabolisierung von Salicylsäure ist die Verlängerung der Salicylsäurehalbwertszeit im Plasma in Abhängigkeit von der ASS-Dosierung. Diese steigt von 2−3 h bei antithrombotisch/analgetischen Dosen auf Werte von 20−30 h und mehr bei der akuten Salicylatintoxikation. Eine weitere Konsequenz ist die Interferenz von Salicylsäure mit anderen Arzneimitteln, die ebenfalls im Phase-II-Stoffwechsel glyzinkonjugiert werden. Hierzu gehört Nikotinsäure, deren Clearance zu Nikotinursäure durch ASS erheblich reduziert werden kann (s. 4.4.1.).

2.1.2.2. Exkretion von Salicylaten

Die Elimination von ASS erfolgt praktisch vollständig (mehr als 98%) in Form von Salicylsäure und Salicylsäuremetaboliten im Urin. Dabei ist die Zusammensetzung des Metabolitenspektrums abhängig von der zugeführten ASS-Dosis (s.o.) sowie evtl. von der Therapiedauer (Owen u. Mitarb., 1989). Die tubulären Absorptions/Sekretionsmechanismen für ASS sind abhängig vom pH-Wert im Tubulusharn: Alkalisieren des Urins fördert die Dissoziation der Säure(n) und kann dadurch die Salicylat(metaboliten)ausscheidung um das 5- bis 10fache steigern, ein Effekt, der besonders bei schweren Salicylatintoxikationen mit ohnehin bestehender Azidose ausgenutzt werden kann (s. 4.1.1.).

2.1.2.3. Faktoren mit möglicher Wirkung auf Biotransformation und Exkretion von Salicylaten

Pharmaka: Pharmaka, die den Arzneimittelstoffwechsel der Leber induzieren, steigern auch die ASS-Esterase-Aktivität. Dies gilt z. B. für Phenobarbital, Phenytoin, Carbamazepin und Valproinsäure.

Die ASS-Esterase-Aktivität im Serum von Kontrollpatienten betrug 181±34 µg/ml x h und war bei Epileptikern unter o.g. Therapie mit 332±93 µg/ml x h in etwa verdoppelt. Hinweis für eine unspezifische, Medikamenten-induzierte Zunahme der Esteraseaktivität war die gute Korrelation zur Serumcholinesterase-Aktivität. Sie war bei den behandelten Epileptikern ebenfalls etwa doppelt so hoch wie bei Kontrollpatienten (Puche u. Mitarb., 1989).

Direkte Konsequenzen für die analgetisch-antiphlogistische Therapie mit Salicylaten ergeben sich daraus nicht, da für diese Indikation ASS und Salicylsäure als gleich wirksam anzusehen sind (s. 3.1.1.). Über eine eventuelle Wirkungsabschwächung der antithrombotischen Therapie mit ASS ist nichts bekannt.

Alter: Typische Veränderungen der Pharmakokinetik mit zunehmendem Alter sind eine Abnahme der Proteinbindung mit Zunahme des Verteilungsvolumens sowie eine Abnahme der Clearance. Dies gilt auch für ASS, Salicylsäure und deren Metaboliten. Die Plasmaspiegel von Salicylursäure sind bei älteren Personen (Mittel 75−78 Jahre) höher als bei jüngeren (Mittel 21−27 Jahre) (Ho u. Mitarb., 1985). Allerdings sind diese Veränderungen insgesamt gering und für die klinische Wirkung nicht relevant (Woodhouse u. Mitarb., 1987) (s. 2.3.1.2.). Die Aktivität der ASS-Esterase zeigt ebenfalls keine altersabhängigen Veränderungen (Williams u. Mitarb., 1989 a−c; Yelland u. Mitarb., 1991). Über die Altersabhängigkeit der Biotransformation von Salicylsäure liegen bisher keine kontrollierten Studien vor.

Zusammenfassung: Die Biotransformation von ASS zu Salicylsäure erfolgt vollständig innerhalb weniger Minuten und ist von der ASS-Dosis unabhängig. Dagegen sind Biotransformation und Ausscheidung von Salicylsäure auch im therapeutischen Bereich abhängig von der verabreichten ASS- Dosis. Bei niedriger Dosierung (<0,5 g) erfolgt die Ausscheidung überwiegend (70−75%) als Glyzin-Konjugat (Salicylursäure). Weitere Metabolite sind Salicylsäureglukuronide (5−10%), freie Salicylsäure (10%) sowie Gentisinsäure (10%). Bei höheren ASS-Dosen (≥0,5 g) kann die Transformation von Salicylsäure zu Salicylursäure(metaboliten) nicht weiter gesteigert werden, eventuell infolge Erschöpfung des verfügbaren Glyzinpools. Dadurch akkumuliert Salicylsäure und die Plasmahalbwertszeit der Substanz steigt von 3−4 h bei antithrombotischer Dosierung auf 20−30 h bei Intoxikationen an. Die pH-Abhängigkeit der renalen Salicylsäureexkretion kann bei Intoxikationen zur Beschleunigung der Elimination ausgenutzt werden.

Literatur 2.1.2.

Bedford, C., A.J., Cummings, B.K. Martin: A kinetic study of the elimination of salicylate in man. Br. J. Pharmacol. 24 (1965) 418

Bochner, F., G.G. Graham, E. Cham, D.M. Imhoff, T.M. Haavisto: Salicylate metabolite kinetics after several salicylates. Clin. Pharmacol. Ther. 30 (1981) 266

Bochner, F., G.G. Graham, A. Polverino A., D.M. Imhoff, R.A. Tregenza: Salicylic phenolic glucuronide pharmacokinetics in patients with rheumatoid arthritis. Eur. J. Clin. Pharmacol. 32 (1987) 153

Caldwell J. J. O'Gorman, R.L. Smith: Inter-individual differences in the glycine conjugation of salicylic acid. Br. J. Clin. Pharmacol. 9 (1980) 114P

Cham, B.E., F. Bochner, D.M. Imhoff, D. Johns, M. Rowland: Simultaneous liquid-chromatographic quantitation of salicylic acid, salicyluric acid, and gentisic acid in urine. Clin. Chem. 26 (1980) 111

Costello, P.B., F.A. Green: Identification and partial purification of the major hydrolysing enzyme in human blood. Arthritis Rheum. 26 (1983) 514

Costello, P.B., J.A. Caruana, F.A. Green: The

relative roles of hydrolases of the erythrocyte and other tissues in controlling aspirin survival in vivo. Arthritis Rheum. 26 (1984) 422

Forman, M.B., E.D. Davidson, L.T. Webster: Enzymatic conversion of salicylate to salicylurate. Mol. Pharmacol. 7 (1971) 247

Furst, D.E., N. Gupta, H.E. Paulus: Salicylate metabolism in twins. Evidence suggesting a genetic influence and induction alf salicylurate formation. J. Clin. Invest. 60 (1977) 32

Grootveld, M., B. Halliwell: 2,3-Dihydroxybenzoic acid is a product of human aspirin metabolism. Biochem. Pharmacol. 37 (1988) 271

Ho, P.C., E.J. Triggs, D.W.A. Bourne, V.J. Heazlewood: The effects of age and sex on the disposition of acetylsalicylic acid and its metabolites. Brit. J. Clin. Pharmacol. 19 (1985) 675

Hutt, A.J., J. Caldwell, R.L. Smith: The metabolism of [carboxyl-14C]aspirin in man. Xenobiotica 12 (1982) 601

Hutt, A.J., J. Caldwell, R.L. Smith: The metabolism of aspirin in man: a population study. Xenobiotica 16 (1986) 239

Levy, G., L.P. Amsel, H.C. Elliott: Kinetics of salicyluric acid elimination in man. J. Pharm. Sci. 58 (1969) 827

Levy, G., A.W. Vogel, L.P. Amsel: Capacity-limited salicylurate formation during prolonged administration of aspirin to healthy human subjects. J. Pharm. Sci. 58 (1969) 503

Levy, G., T. Tsuchiya, L.P. Amsel: Limited capacity for salicyl phenolic glucuronide formation and its effects on the kinetics of salicylate elimination in men. Clin. Pharmacol. Ther. 13 (1972) 258

Levy, G.: Pharmacokinetics of salicylate elimination in man. J. Pharm. Sci. 54 (1965) 959

Levy, G.: Pharmacokinetics of salicylate in man. Drug Metabolism Rev. 9 (1979) 3

Montgomery, P.R., L.G. Berger, P.A. Mitenko, D.S. Sitar: Salicylate metabolism: effect of age and sex in adults. Clin. Pharmacol. Ther. 39 (1986) 571

Notarianni, L.J., F.A. Ogunbona, H.G. Oldham, D.K. Patel, P.N. Bennett, S.J. Humphries: Glycine conjugation of salicylic acid after aspirin overdose. Brit. J. Clin. Pharmacol. 15 (1983) 587P

Owen, S.G., M.S. Roberts, W.T. Friesen, H.W. Francis: Salicylate pharmacokinetics in patients with rheumatoid arthritis. Br. J. Clin. Pharmacol. 28 (1989) 449

Puche, E., G. de la Serrana, C. Mota, R. Saucedo: Serum aspirin-esterase activity in epileptic patients receiving treatment with phenobarbital, phenytoin, carbamazepine and valproic acid. Int. J. Clin. Pharm. Res. 9 (1989) 55

Rowland, M., S. Riegelman: Pharmacokinetics of acetylsalicylic acid and salicylic acid after intravenous administration in man. J. Pharm. Sci. 57 (1968) 1313

Shen, J., S. Wanwimolruk, R.D. Purves, E.G. McQueen, M.S. Roberts: Model representation of salicylate pharmacokinetics using unbound plasma salicylate concentrations and metabolite urinary excretion rates following a single oral dose. J. Pharmacokinet. Biopharm. 19 (1991) 575

Spenney, J.G.: Acetylsalicyclic acid hydrolase of gastric mucosa. Am. J. Physiol. 234 (1978) E606

Stiel, D., J. Griffin, D.S. Andrew: Plasma aspirin esterase activity: relationship to aspirin ingestion and peptic ulceration. Aust. N. Z. J. Med. 15 (1985) 562

Williams, F.M., E. Mutch, E.M. Nicholson, H. Wynne, P. Wright: Human liver and plasma aspirin esterase. J. Pharm. Pharmacol. 41 (1989 a) 407

Williams, F.M., E.M. Nicholson, E. Mutch, H. Wynne, P. Wright: Human liver and plasma aspirin esterase. Br. J. Clin. Pharmacol. 26 (1989 b) 229P

Williams, F.M., H. Wynne, K.W. Woodhouse, M.D. Rawlins: Plasma aspirin esterase – the influence of old age and frailty. Age Ageing 18 (1989 c) 39

Wilson, J.T., R.L. Howell, M.W. Holladay u. Mitarb.: Gentisuric acid: metabolism formation in animals and identification as a metabolite of aspirin in man. Clin. Pharmacol. Ther. 23 (1978) 645

Woodhouse, K.W., H. Wynne: The pharmacokinetics of non- steroidal anti-inflammatory drugs in the elderly. Clin. Pharmacokin. 12 (1987) 111

Yelland, C., J. Summerbell, E. Nicholson, B. Herd, H. Wynne: The association of age with aspirin esterase activity in human liver. Age Ageing 20 (1991) 16

2.2. Zelluläre Grundlagen der ASS-Wirkung

Die zellulären Wirkungen von ASS sind komplex und beinhalten unterschiedliche Mechanismen. Am bekanntesten ist die Hemmung der Fettsäurezyklooxygenase und die dadurch bedingte Hemmung der Prostaglandin- und Thromboxansynthese. Salicylate beeinflussen aber auch den Energiestoffwechsel der Zelle (oxidative Phosphorylierung, Fettsäureoxidation) sowie die Integrität von Zellmembranen. Neuere Befunde zeigen darüber hinaus eine Hemmung der zytokininduzierten Genexpression für zellspezifische Proteine, z. B. die Zyklooxygenase in Endothelzellen, durch ASS und Salicylsäure. Ein solcher Mechanismus könnte für die antipyretische Wirkung der Salicylate bedeutsam sein. Eine Akkumulation von Salicylsäure bestimmt auch die Toxizität von ASS bei akuter Überdosierung (s. 4.1.1.). Es ist gut vorstellbar, daß effektive, entzündungshemmende und analgetische Dosen von ASS deswegen so hoch sind, weil sie eine intrazelluläre Salicylsäureakkumulation erfordern, während die (niedrigeren) antithrombotischen Dosen von ASS allein durch die vollständige Azetylierung der Thrombozytenzyklooxygenase bestimmt werden.

2.2.1. Hemmung der Prostaglandin- und Thromboxansynthese

Selektive Hemmung der Zyklooxygenasereaktion durch ASS: Die Prostaglandin- und Thromboxansynthese verläuft in mehreren Schritten (Abb. 7). Am Anfang steht die Einführung von 2 Sauerstofffunktionen in die Fettsäurevorstufe Arachidonsäure mit nachfolgender Zyklisierung und Bildung des Prostaglandin-Hydroendoperoxids PGG_2 (Zyklooxygenasereaktion). Darauf folgt die Reduktion des Hydroperoxids PGG_2 zum entsprechenden Alkohol PGH_2 (Peroxidasereaktion). ASS und alle anderen Inhibitoren der Prostaglandin- und Thromboxansynthese (z. B. Indometazin) hemmen selektiv nur den ersten Schritt, d. h. die Zyklooxygenasereaktion. Die Peroxidaseaktivität wird nicht beeinflußt.

Unterschiedliche Wirkungsmechanismen von ASS im Vergleich zu anderen Zyklooxygenaseinhibitoren: Die Hemmung der Zyklooxygenase durch ASS wird eingeleitet durch eine stereospezifische Bindung von ASS an die katalytische Untereinheit des Enzyms. Dadurch wird die Interaktion mit dem Substrat Arachidonsäure verhindert. Die Hemmung der Zyklooxygenase durch ASS erfolgt durch kovalente Bindung des Acetylrestes am aktiven Zentrum des Enzyms und ist irreversibel. Sie wird funktionell durch Neusynthese von Enzymprotein antagonisiert. Dazu sind alle kernhaltigen Zellen, aber nicht kernlose Thrombozyten befähigt (s. 2.2.1.2.). Im Gegensatz dazu beruht die Zyklooxygenasehemmung durch Inhibitoren vom Indometazintyp auf einer Kompetition mit dem Substrat Arachidonsäure. Entsprechend sind auch die Bindungsstellen für ASS und Substanzen vom Indometazintyp unterschiedlich (Kulmacz, 1989; Smith u. Mitarb., 1990). Eine Hemmung der Arachidonsäuremetabolisierung zu Prostaglandinen und Thromboxan A_2 ist auch durch andere Fettsäuren möglich, die schlechte Substrate für die Zyklooxygenase sind. Dies gilt z. B. für Eikosapentaensäure und Dokosahexaensäure, natürliche Bestandteile von Fischölen (s. 2.3.1.) (Abb. 7).

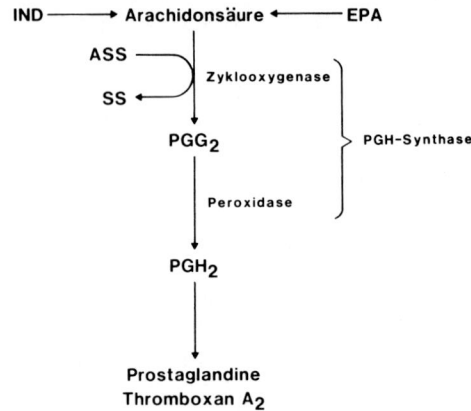

Abb. 7 Zyklooxygenaseweg der Arachidonsäure mit Bildung der instabilen Prostaglandinendoperoxide PGG_2 und PGH_2 sowie stabiler Prostaglandine und Thromboxan A_2 als Endprodukte dieses Stoffwechselweges.

Zyklooxygenase- und Peroxidaseaktivität sind die beiden enzymatischen Funktionen des PGH-Synthase-Komplexes. ASS hemmt nur den Zyklooxygenaseschritt, dagegen nicht die Peroxidasereaktion mit Bildung von PGH_2. Diese Wirkung beruht auf einer Azetylierung des Enzyms, wobei ASS zu Salicylsäure (SS) hydrolisiert wird. Indometazin (IND) kompetiert mit Arachidonsäure um die Bindung an der Zyklooxygenase und hemmt dadurch die Produktbildung. Fettsäuren, die von der Zyklooxygenase wenig oder nicht metabolisiert werden, z. B. Eikosapentaensäure (EPA) in Fischölen, haben eine ähnliche Wirkung.

2.2.1.1. Molekularer Mechanismus der Zyklooxygenasehemmung durch ASS

Ausgangshypothese: Die ersten systematischen Untersuchungen zum molekularen Wirkungsmechanismus von ASS wurden 1975–1978 in der Gruppe um Majerus durchgeführt. Schon früher war bekannt, daß ASS auch andere Proteine sowie DNA azetyliert (Pinckard u. Mitarb., 1968). Roth u. Mitarb. (1975) beschrieben erstmals eine Azetylierung des Enzyms und konnten später zeigen, daß ein Serin am N-terminalen Ende der Zyklooxygenase hiervon betroffen ist (Roth u. Siok, 1978). Dies führte zu der Hypothese, daß diese Aminosäure im aktiven Zentrum des Enzyms für die Zyklooxygenaseaktivität essentiell ist und ihre Azetylierung durch ASS die katalytische Aktivität des Enzyms aufhebt.

Funktionelle Bedeutung des Serin 529(530): Diese Vorstellung wurde modifiziert, nachdem mittels moderner molekularbiologischer Methoden die Aminosäuresequenz des Enzymproteins aufgeklärt werden konnte. Für das Enzym aus der Schafssamenblase (DeWitt u. Mitarb., 1990) und Humanthrombozyten (Funk u. Mitarb., 1991) wurde in Bestätigung der ursprünglich von Roth u. Mitarb. (1975) am Thrombozyten erhobenen Befunde gezeigt, daß ASS die Hydroxylgruppe am Serin 529 (bzw. 530 bei der Thrombozytenzyklooxygenase) des Zyklooxygenasemoleküls irreversibel azetyliert. Experimente mit gereinigten Enzymsystemen zeigten aber auch, daß dieses Serin für die Zyklooxygenaseaktivität nicht essentiell ist, sondern durch geeignete andere Aminosäuren, z. B. Alanin, ersetzt werden kann, ohne daß die Zyklooxygenaseaktivität verändert wird (Tab. 4). Folge der ASS-Bindung am En-

Tabelle 4 Zyklooxygenase- und Hydroperoxidaseaktivität in virustransformierten Mutanten der PGG/H-Synthase aus Membranpräparaten des Schafes

Aminosäuren-Veränderung	Zyklooxygenase [nmol/min x g]	Km-AA [µM]	Enzym-HWZ in Gegenwart von ASS [min]	Peroxidase-aktivität [nmol/min x g]
keine (Serin 530)	450	7	30	70
Serin 530 acetyliert	0	–	–	70
Alanin 530	388	8	stabil	79
Asparagin 530	0	–	–	222

Ergebnis: Acetylierung von Serin führt zur vollständigen Hemmung der Zyklooxygenaseaktivität, ohne Beeinflussung der Zyklooxygenaseaktivität des Komplexes. Serin 530 kann durch Alanin ersetzt werden, d. h. Serin 530 ist nicht essentiell für Zyklooxygenaseaktivität. Acetylierung führt zu sterischer Hinderung. Dagegen führt Ersatz des Serins durch Asparagin zu einem vollständigen Verlust der Zyklooxygenaseaktivität bei gleichzeitig stimulierter Peroxidase (weitere Erklärung s. Text) (Smith u. Mitarb., 1990).

zym ist wahrscheinlich eine sterische Hinderung der Interaktion zwischen Arachidonsäure und Zyklooxygenase und nicht die direkte Blockade einer essentiellen Hydroxylgruppe im katalytischen Zentrum des Enzyms. Diese Hypothese stimmt auch mit der fehlenden Wirkung von ASS auf die Peroxidaseaktivität des Enzyms überein (Smith u. Mitarb., 1991). Hämligand des Enzyms ist beim Enzym aus der Schafssamenblase das Histidin 309 (DeWitt u. Mitarb., 1991) (Abb. 8).

2.2.1.2. Zellspezifität der Zyklooxygenase

Genetische Kodierung der Zyklooxygenasesynthese: Die klassischen Untersuchungen zum Wirkungsmechanismus der Salicylate haben sich vorwiegend auf das Verständnis des biochemischen Reaktionsablaufs der Interaktion von ASS und Arachidonsäure konzentriert. Neuere Arbeiten machen wahrscheinlich, daß auch die Synthese des Zyklooxygenaseproteins (PGH-Synthase) durch Salicylate beeinflußt werden kann.

Wu u. Mitarb. untersuchten an isolierten humanen Gefäßendothelzellen die Wirkung von ASS auf die Synthese des PGH-Synthase-Moleküls nach Induktion der Enzymsynthese durch Interleukin-1. Vorbehandlung mit ASS (0,1–1 µg/ml) hemmte die induzierte Enzymmassenzunahme um mehr als 60%. Ähnliche Effekte zeigte Salicylsäure, aber nicht Indometazin. In der gleichen Studie wurde eine parallele Hemmung der Interleukin 1-induzierten Zunahme der mRNA für die PGH-Synthase durch ASS und Salicylsäure nachgewiesen (Wu u. Mitarb., 1991).

Diese Ergebnisse sprechen für eine Hemmung der Prostaglandin- Synthese durch ASS auf der Ebene der Genexpression für die PGH-Synthase. Die gleichartige Wirkung von Salicylsäure und der fehlende Effekt von Indometazin machen darüber hinaus Salicylsäure als biologisch wirksamen Metaboliten wahrscheinlich. Ähnliche Ergebnisse wurden auch für kultivierte glatte Gefäßmuskelzellen berichtet: „Epidermal growth factor" und „transforming growth factor ß", zwei weitere Zytokine, stimulieren die Zyklooxygenaseaktivität auch in Gegenwart von ASS durch eine Zunahme von Enzymprotein. Dieser Effekt wird durch Cycloheximid und Dexamethason gehemmt (Pash u. Bailey, 1988).

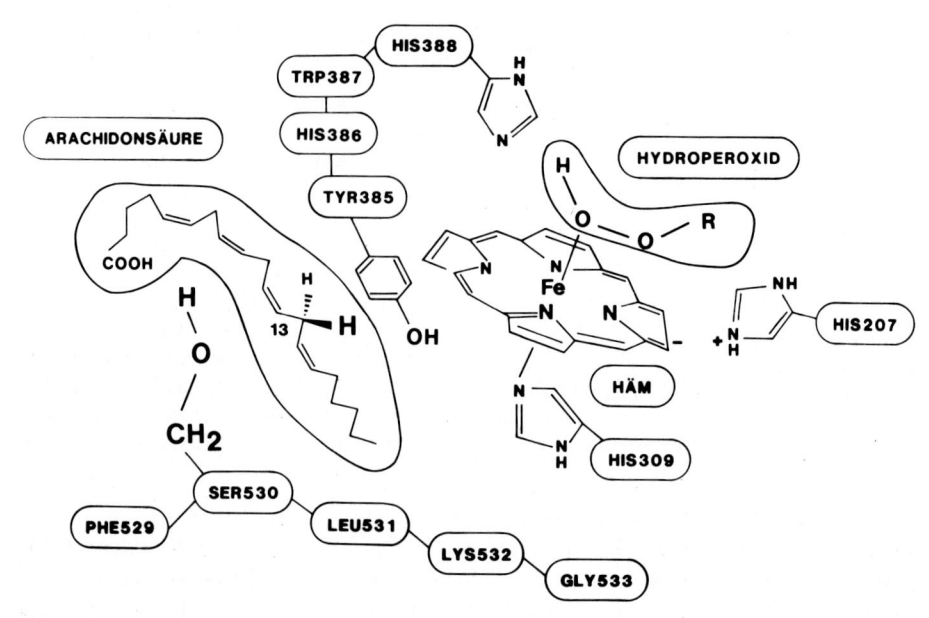

Abb. 8 Molekularer Mechanismus der Wirkung von Acetylsalicylsäure auf Zyklooxygenase- und Peroxidase-Aktivität der PGH-Synthase (nähere Erklärung s. Text). (Nach Smith u. Mitarb., 1992; Shimokawa u. Smith, 1992)

Isoenzyme der Zyklooxygenase: Eine sich aus diesen Befunden ergebende Frage ist, ob die Expression der Messenger-RNA für die Zyklooxygenase verschiedener Zellen durch dasselbe oder durch unterschiedliche Gene kodiert wird. Wahrscheinlich ist letzteres der Fall. Dabei ist zwischen einer konstitutiven und einer induzierbaren Form des Enzyms zu unterscheiden (Xie u. Mitarb., 1991; Kujubu u. Mitarb., 1991; DeWitt u. Meed, unpubl.). Dies bedeutet, daß die verschiedenen inhibitorischen Wirkungen von ASS auf die Zyklooxygenase unterschiedlicher Zellen (z. B. Thrombozyten, Endothel, glatte Muskelzellen) auch auf unterschiedlichen Isoenzymen der Zyklooxygenase beruhen können.
Eine Klärung dieser Frage ist nicht nur theoretisch interessant, sondern auch von erheblichem praktischen Interesse, weil dadurch eine gewebeselektive Beeinflussung des Enzyms auf der Ebene der Enzym(protein)synthese möglich wäre. Dies gilt für alle Erkrankungen, bei denen eine Zytokin-induzierte Synthese des Zyklooxygenaseproteins anzunehmen ist und die Krankheitssymptome prostaglandin- bzw. thromboxanvermittelt sind. Beispiele hierfür sind die ASS-Therapie des Fiebers (s. 2.3.2.), des Kawasaki-Syndroms (s. 3.1.2.) und anderer Erkrankungen des rheumatisch-entzündlichen Formenkreises (s. 3.1.1.).
Thrombozytenzyklooxygenase: Von den zahlreichen Zyklooxygenasen, die durch ASS azetyliert werden, nimmt die Zyklooxygenase der Thrombozyten eine Sonderstellung ein. Das Enzym aus Humanthrombozyten wurde kloniert und ist die bisher einzige Zyklooxygenase (PGH-Synthase) des Menschen, deren Aminosäuresequenz bekannt ist (Funk u. Mitarb., 1991). Klinisch ist die Hemmung der Thrombozytenzyklooxygenase der entscheidende und wahrscheinlich einzige Mechanismus der antithrombotischen Wirkung von ASS. Hierbei führt die Hemmung der Prostaglandin-

Endoperoxidsynthese durch ASS zu einer Hemmung der PGH$_2$/Thromboxan (TX) A$_2$-abhängigen Sekretionsreaktion, während die „primäre" Aggregation, d. h. die Kontraktion des Plättchenzytoskeletts, unbeeinflußt bleibt (Burch u. Mitarb., 1978; Mayeux u. Mitarb., 1988). Da die Thrombozyten als kernlose Zytoplasmafragmente der Megakaryozyten über keine Proteinsynthese verfügen, führt eine einmalige Azetylierung ihrer Zyklooxygenase zu einer irreversiblen Hemmung der Thrombozytenfunktion (s. 2.3.1.). Dieser Effekt von ASS ist schon in Megakaryozyten nachweisbar (Burch u. Mitarb., 1978; Bye u. Mitarb., 1979; Demers u. Mitarb., 1980).

Die fundamentale Bedeutung einer Hemmung der Thromboxanbildung für die ASS-induzierte Hemmung der Plättchenfunktion läßt sich auch durch eine Speziesbesonderheit belegen. Thrombozyten Indischer Elefanten werden durch Kollagen, plättchenaktivierenden Faktor (PAF) und ADP aggregiert, aber nicht durch Arachidonsäure. Nach Arachidonsäuregabe entstehen nur minimale Mengen von Thromboxan A$_2$ ($\leq$1% der Thromboxanmenge von Humanthrombozyten) und die Plättchenfunktion wird durch ASS nicht gehemmt (Gentry u. Mitarb., 1989).

Der Wirkungseintritt der Thrombozytenfunktionshemmung ist rasch. Er wird durch die Hydrolysegeschwindigkeit von ASS bestimmt (Akopov u. Mitarb., 1992) und erreicht auch nach Einnahme magensäureresistenter Präparate innerhalb von 15–30 min ein Maximum (Jimenez u. Mitarb., 1989).

Zyklooxygenase von Gefäßendothel und glatter Muskulatur: Im Gegensatz zum Thrombozyten ist die Zyklooxygenasehemmung in Gefäßendothel und glatter Gefäßmuskulatur durch ASS grundsätzlich reversibel. Eine vollständige Wiederherstellung der vaskulären Zyklooxygenaseaktivität auch bei höherer ASS-Dosierung (600 mg) (Heavey u. Mitarb., 1985) oder 500 mg b.i.d. (Vesterquist, 1986) erfolgt innerhalb von 3–6 Stunden.

Ritter und Mitarb. untersuchten die Wirkung von i.v. ASS und i.v. Na-Salicylat auf die Bradykinin-induzierte PGI$_2$-Freisetzung, Thromboxanbildung und renale Ausscheidung von PGI- und TX-Metaboliten bei gesunden Probanden. Der Plasmasalicylatspiegel wurde zur Kontrolle zusätzlich bestimmt und ergab für beide Substanzen gleiche Werte. Nach ASS (600 mg als Bolus + 600 mg/h für 3 h) war die Serum-Thromboxanbildung und Bradykinin-stimulierte PGI$_2$-Bildung innerhalb von 30 min massiv gehemmt. Im Gegensatz zum Thromboxan erholte sich aber die Bradykinin-stimulierte PGI$_2$-Bildung innerhalb von 3–6 h vollständig. Dagegen führte Na-Salicylat weder zu einer Hemmung der Thromboxan- noch der Bradykinin-stimulierten PGI$_2$-Bildung. Diese Befunde sind Hinweis auf eine rasche Neusynthese von Enzymprotein in Bradykinin-sensitivem Gewebe, d. h. vermutlich dem Gefäßendothel, auch nach höheren Dosen von ASS (Ritter und Mitarb., 1989).

Diese klinischen Ergebnisse stimmen gut mit frühen experimentellen Untersuchungen von Jaffé u. Weksler (1979) an isolierten Endothelzellkulturen überein und sprechen für einen funktionellen Antagonismus der ASS-induzierten Zyklooxygenasehemmung im Gefäßendothel durch neusynthetisiertes Enzymprotein.

Hemmung der Thromboxansynthese durch ASS und Salicylsäure: Weder Na-Salicylat (Rosenkranz u. Mitarb., 1986; Ritter u. Mitarb., 1989) noch Cholin-Magnesium-Trisalicylat (Danesh u. Mitarb., 1989) hemmen die Thromboxanbildung von Thrombozyten, obwohl die Plasma-Salicylatspiegel gleich hoch sind wie nach ASS-Behandlung. Auch 5-Aminosalicylsäure (Mesalazin) beeinflußt die Thrombozytenfunktion nicht (Winther u. Mitarb., 1987). Dagegen hemmt Salicylsäure in entzündungshemmenden Dosen im Tierexperiment die Thromboxanbildung von Synovialpräparaten und Zellexplantaten mit etwa 50% der Wirkungsstärke von ASS (Higgs u. Mitarb., 1987). Damit scheint Salicylsäure keine Wirkung auf die thrombozytäre Zyklooxygenase zu besitzen, wohl aber auf die Zyklooxygenasen kernhaltiger Zellen, sofern die lokalen Konzentrationen hoch genug sind.

Der molekulare Wirkungsmechanismus der Zyklooxygenasehemmung durch Salicylsäure ist ungeklärt. Die fehlende Wirkung auf Thrombozyten läßt einen Zusammenhang mit der zellulären Proteinsynthese vermuten, z. B. eine Hemmung der Genexpression des Zyklooxygenasemoleküls (Wu u. Mitarb., 1991) (s.o.).

Hemmung der Prostaglandinsynthese durch ASS und Salicylsäure: Ob Salicylsäure als ASS-Metabolit zur Prostaglandinsynthesehemmung durch die Substanz beim Menschen beiträgt, wird unterschiedlich bewertet. Bisher liegen kaum Untersuchungen zur Wirkung von Salicylsäure beim Menschen vor. Die sehr schlechte Verträglichkeit der Substanz ist sicherlich ein Grund dafür. Für hohe (3 g/die) Salicylsäuredosen wurde nach oraler Gabe eine Hemmung der systemischen Prostaglandinsynthese in gleichem Ausmaß wie nach ASS beschrieben (Hamberg, 1972). Dagegen fanden Rosenkranz u. Mitarb. (1986) nach 1,2 g Na-Salicylat im Gegensatz zu ASS keine Abnahme der renalen Prostaglandinausscheidung. Beide Studien wurden allerdings an einer geringen Anzahl (2 bzw. 6) gesunder Probanden ausgeführt und zeigten eine erhebliche interindividuelle Variation.

Insgesamt kann bei Berücksichtigung der In-vitro-Studien und Tierversuche wahrscheinlich davon ausgegangen werden, daß auch Salicylsäure in antiphlogistischer Dosierung die Prostaglandinsynthese peripherer Organe mit Ausnahme der Thrombozyten hemmt. Damit ist eine Azetylierung der Zyklooxygenase für die Prostaglandinsynthesehemmung durch Salicylate nicht erforderlich. Pharmakologisch sind daher nicht-azetylierte Salicylsäurederivate als Alternativen für klinische Salicylatanwendungen interessant, bei denen eine Hemmung der Thrombozytenfunktion nicht erwünscht ist.

Dosisabhängigkeit der ASS-induzierten Hemmung der thrombozytären und vaskulären Zyklooxygenasen: Kein Thema im Zusammenhang mit ASS ist in den letzten Jahren breiter diskutiert worden als die Frage nach der optimalen ASS- Dosierung für die antithrombotische Therapie (Gross, 1990). Dies wird im Zusammenhang mit ASS-Wirkungen auf die Hämostase bei thrombembolischen Erkrankungen, insbesondere Prävention von Herzinfarkt (s. 3.2.1., s. 3.2.2.) und Schlaganfall (s. 3.2.3.), unter klinisch-therapeutischen Aspekten noch eingehend besprochen. Hier interessieren lediglich die theoretischen Grundlagen.

Eine ebenso eindrucksvolle wie überzeugende Behandlung dieses Problems stammt von Patrono. Er verglich die Hemmung der Serumthromboxanbildung nach einmaliger und wiederholter Gabe von unterschiedlichen ASS-Dosen bei gesunden Probanden. Dabei ergaben sich zwei parallele Dosis-Wirkungs-Kurven mit einer Linksverschiebung, d. h. Wirkungsverstärkung von ASS bei wiederholter Gabe. Die ID_{50}, d. h. die Dosis, die für eine 50%ige Hemmung der Thromboxanbildung erforderlich war, betrug 26 mg bei Einmal- und 3,2 mg bei wiederholter Gabe. Diese Differenz um einen Faktor von ca. 8 entspricht recht genau dem Anteil neuer Thrombozyten, die täglich in den Kreislauf freigesetzt werden: Bei wiederholter Gabe von ASS ist es daher lediglich erforderlich, diese zu azetylieren und nicht den gesamten zirkulierenden Thrombozytenpool. Bei Extrapolation der Thromboxansynthesehemmung auf 100% ergibt sich rechnerisch für wiederholte Gabe eine vollständige Inhibition bei ca. 40 mg ASS/die. Dies stimmt mit klinischen Beobachtungen an gesunden Probanden gut überein (s.u.) (Patrono, 1989) (Abb. 9).

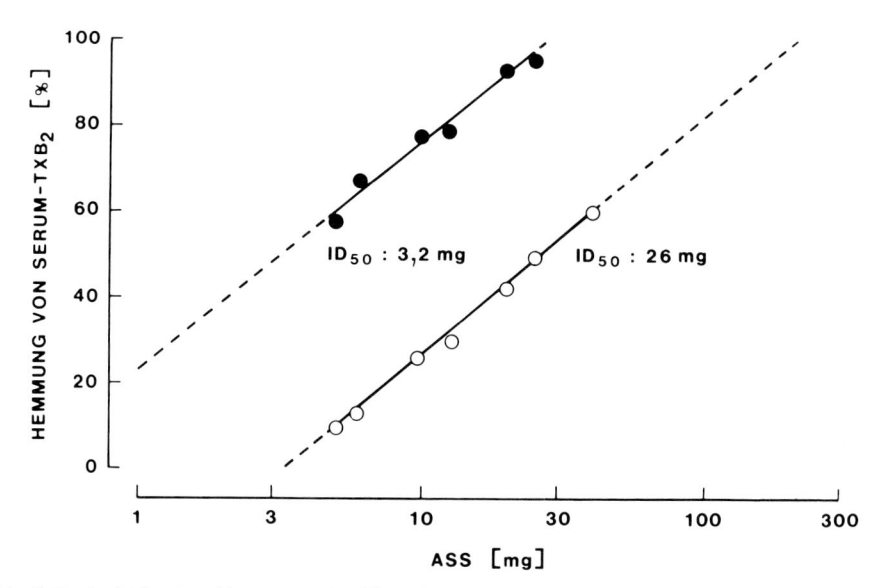

Abb. 9 Dosisabhängige Hemmung der Thromboxanbildung in Thrombozyten nach einmaliger und wiederholter oraler Gabe von Acetylsalicylsäure (ASS).
ASS wurde bei gesunden Probanden in der angegebenen Dosierung über 5 Tage (●) oder als Einzeldosis (○) verabfolgt und die Thromboxanbildung im Serum gemessen. Für eine 50%ige Hemmung (ID_{50}) waren nach Einmalgabe 26 mg ASS erforderlich, im Gleichgewichtszustand nach 5-tägiger täglicher Verabreichung dagegen nur 3,2 mg. Bei Extrapolation auf eine 100%ige Hemmung läßt sich für Dauertherapie ein Wert von ca. 40 mg ASS ermitteln, der zur vollständigen Hemmung der Thromboxansynthese führt. Die ca. 8-fach geringere ID_{50} von ASS bei wiederholter Gabe entspricht in etwa der Erhaltungsdosis, die nötig ist, um die täglich frisch in das zirkulierende Blut gelangenden Thrombozyten zu azetylieren (nach Patrono, 1989).

Nach der Originalmitteilung der Gruppen um Patrono (Patrignani u. Mitarb., 1982) und FitzGerald (FitzGerald u. Mitarb., 1983) haben zahlreiche weitere Studien bei gesunden Probanden eindrucksvoll belegt, daß eine wiederholte Gabe von 0,5–1 mg/kg bzw. 30–70 mg ASS innerhalb einer Woche vollständig die Thromboxanbildung von Thrombozyten hemmt und die vaskuläre Prostazyklin- und PGE_2-Bildung wenig oder nicht beeinflussen (Zaragoza u. LeBreton, 1987; Lorenz u. Mitarb., 1989; Vanags u. Mitarb., 1990; Chiabrando u. Mitarb., 1992).

Kallmann u. Mitarb. verglichen in einem plazebokontrollierten Doppelblind-Crossover-Ansatz die Wirkung von 10 und 30 mg ASS täglich auf Blutungszeit und Thromboxanbildung bei gesunden Probanden. Die Ergebnisse zeigten, daß 30 mg ASS, für die Dauer von 3 Wochen eingenommen, zu einer 94%igen Reduktion der Plättchenthromboxanbildung führen und die Blutungszeit auf 160% des Kontrollwertes verlängert wird. Gleichzeitig war die Ausscheidung von 6-oxo-$PGF_{1\alpha}$ im Urin – ein Maß der Gesamtkörper-PGI_2-Bildung – unverändert (Kallmann u. Mitarb., 1987) (Abb. 10).

Diese Befunde erlauben die Schlußfolgerung, daß bei einer Dauertherapie mit 40–50 mg ASS pro Tag eine vollständige Hemmung der thrombozytären Thromboxansynthese erreicht wird. Eine initial höhere Einmalgabe (300–500 mg) als Sättigungsdosis würde alle zirkulierenden Thrombozyten hemmen, so daß für eine Aufrechterhaltung dieses Effekts nur noch eine tägliche Erhaltungsdosis von 40–50 mg

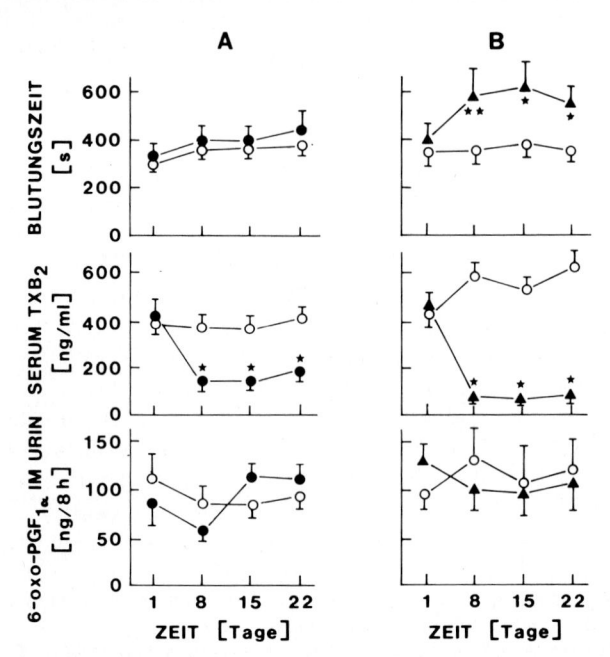

Abb. 10 Dosisabhängige Hemmung der Thromboxan (TXB$_2$)-, aber nicht Prostazyklin (6-oxo-PGF$_{1\alpha}$)-Bildung durch 3-wöchige Behandlung mit 10 (A, ●) und 30 (B, ▲) mg ASS/die.
Eine Verlängerung der Blutungszeit tritt bei 30 mg, aber nicht bei 10 mg ASS ein und geht mit einer weiteren Abnahme der TX-Bildung einher. Plazebo (○) zeigt keinerlei Wirkung.
(nach Kallmann u. Mitarb., 1987)

ASS erforderlich ist. Diese theoretischen Überlegungen beruhen auf Thrombozytenuntersuchungen von Normalpersonen mit gesundem Gefäßendothel. Allerdings scheinen neuere Studien zur Sekundärprophylaxe von Myokardinfarkt (s. 3.2.2.), Schlaganfall (s. 3.2.3.) und Präeklampsie (s. 3.2.5.) die Richtigkeit dieses Ansatzes zu bestätigen.
Verbesserung der Selektivität der ASS-Wirkung für Thrombozyten durch Präparate mit verzögerter Wirkstofffreisetzung: Magensaftresistente ASS-Präparate mit verzögerter Wirkstofffreisetzung („slow release"-Formulierungen) führen aufgrund der geringeren systemischen Bioverfügbarkeit von ASS (s. 2.1.1.1.) auch zu einer geringeren Hemmung der Zyklooxygenase von Blutgefäßen und Magenmukosa (Vial u. Mitarb., 1990). Dies erlaubt eine „Titrierung" der Thrombozytenzyklooxygenase, ohne daß nennenswerte Anteile unmetabolisierter ASS in den großen Kreislauf gelangen (Ali u. Mitarb., 1980; FitzGerald u. Mitarb., 1991). Kürzlich wurde eine neue „controlled-release"-Formulierung von ASS (75 mg) beschrieben, die 10 mg Wirkstoff/h freisetzt und die gewünschte selektive Thromboxansynthesehemmung ohne Suppression der vaskulären PGI$_2$-Bildung bei gesunden Probanden zeigt (Clarke u. Mitarb., 1991) (s. 2.1.1.1.).
Lokale Prostazyklinsynthese vs. Ganzkörperproduktion: Im Gegensatz zur wenig beeinflußten Gesamtkörperproduktion von Prostazyklin, gemessen z. B. als Ausscheidung von Prostazyklinmetaboliten im Urin, wird die lokale PGI$_2$ Biosynthese von Blutgefäßen auch durch geringere Dosen von ASS gehemmt. So führten 40 mg

ASS für 4 Tage bei gesunden Probanden (Venenbiopsie) zu einer Reduktion der „basalen" PGI_2 Produktion von isolierten Gefäßen um >80% (Preston u. Mitarb., 1982). Thorngren u. Gustafson (1983) zeigten, daß eine Einmaldosis von 3,5 mg/kg ASS die Blutungszeit um den gleichen Betrag (51%) verlängerte wie 10 mg/kg. 35 mg ASS für 7 Tage reduzierten in einer plazebokontrollierten Doppelblind-Crossover-Studie die lokale Prostazyklin- und Thromboxanbildung nach Gefäßverletzung um jeweils etwa 80−90% (Kyrle u. Mitarb., 1987). In beiden Untersuchungen war die Blutungszeit trotz der reduzierten Prostazyklinbildung signifikant verlängert. Damit scheint eine reduzierte Thromboxanbildung und nicht eine reduzierte Prostazyklinsynthese den klinischen Effekt von ASS auf die Blutungszeit zu bestimmen. Insgesamt zeigen diese Ergebnisse, daß eine unveränderte Gesamtkörper(gefäß)produktion von PGI_2 nicht repräsentativ für die lokal induzierte PGI_2 Synthese, z. B. nach Gefäßverletzung, ist. Standard-ASS kann auch in niedriger Dosierung (≤40 mg) die lokale PGI_2 Synthese in der Gefäßwand hemmen. Mit anderen Worten, muß trotz des attraktiven und im Prinzip sicher korrekten Ansatzes der „präsystemischen Azetylierung" (s. 2.1.2.) davon ausgegangen werden, daß eine lokale Hemmung der vaskulären Prostazyklinbildung auch durch „low-dose"-ASS erfolgt (Cerletti u. Mitarb., 1987; Chiabrando u. Mitarb., 1992).

2.2.1.3. Thrombozytenzyklooxygenase und Gefäßerkrankungen

Befunde bei gesunden Probanden sind zwar theoretisch interessant, jedoch nicht notwendigerweise auf Patienten mit pathologischen Gefäßveränderungen und Durchblutungsstörungen zu übertragen. Bei der für diese Erkrankungen typischen endothelialen Dysfunktion besteht generell eine Tendenz zur Thrombozytenhyperreaktivität, besonders unter Belastungsbedingungen (s. 2.3.1.1.). Ob eine Hemmung der (stimulierten) thrombozytären Thromboxanbildung bzw. Plättchenfunktion bei diesen Patienten höhere Dosen (>50 mg/die) ASS erfordert als bei Gefäßgesunden (≤50 mg/die), ist noch nicht geklärt (FitzGerald u. Mitarb., 1985; Boysen u. Mitarb., 1988; De Caterina u. Mitarb., 1990) (s. 3.2.2.).

PG-Endoperoxide aus aktivierten Thrombozyten als Vorstufen der vaskulären Prostaglandinbildung bei endothelialer Dysfunktion: Seit langem ist bekannt, daß kultivierte Endothelzellen ihre Prostazyklinsynthese durch Verwendung von PG-Endoperoxiden aus Thrombozyten steigern können (Marcus u. Mitarb., 1980). Die insgesamt stärkere Hemmung der vaskulären Prostazyklinbildung durch ASS bei Patienten mit degenerativen Gefäßerkrankungen und Thrombozytenhyperreaktivität muß daher nicht auf einer höheren Sensibilität der vaskulären Zyklooxygenase für ASS bei dieser Erkrankung beruhen. Denkbar ist auch ein aufgrund der Thrombozytenhyperreaktivität zunehmender Anteil von Synthesevorstufen (PG-Endoperoxide) aus Thrombozyten für die vaskuläre Prostaglandinsynthese.

Im Vergleich zu glatten Gefäßmuskelzellen enthalten Endothelzellen die gleiche Masse von Prostazyklinsynthase, aber etwa die 5-fache Menge an Zyklooxygenase (DeWitt u. Smith). Bei endothelialer Dysfunktion würde dies zu einer reduzierten vaskulären Prostaglandinbildung infolge Zyklooxygenasemangel führen. In dieser Situation könnten PG-Endoperoxide aus adhärierenden Thrombozyten die PGI_2 Synthese der Gefäßwand erheblich steigern (DeWitt u. Smith, 1983) (Abb. 11).

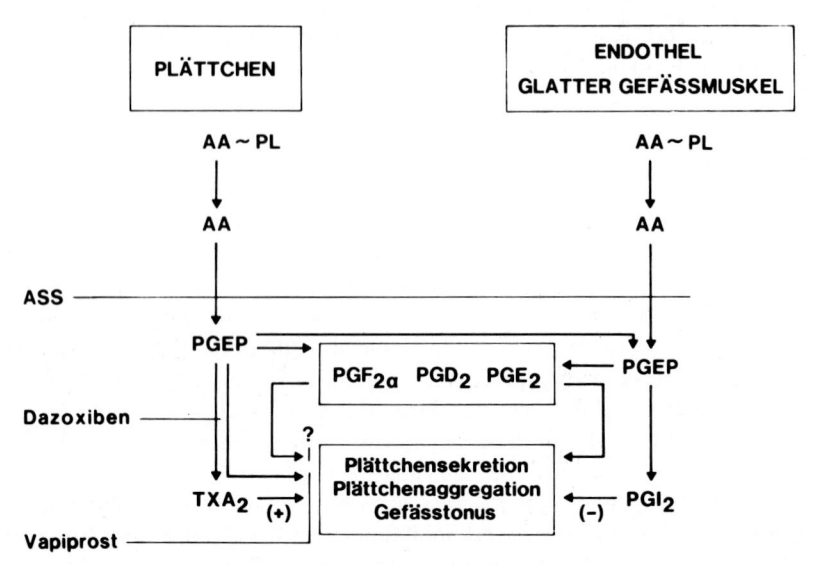

```
    PLÄTTCHEN                      ENDOTHEL
                              GLATTER GEFÄSSMUSKEL

      AA ~ PL                       AA ~ PL
         ↓                             ↓
        AA                            AA
         |                             |
ASS ─────┤                             |
         ↓                             ↓
       PGEP ──────────────────────→  ▼▼
              ┌──────────────────┐  PGEP
              │ PGF₂ₐ  PGD₂  PGE₂│ ←───
Dazoxiben ────┤                  │
              │ ?                │
              ├──────────────────┤
              │ Plättchensekretion│
        TXA₂  │ Plättchenaggregation│ ←──── PGI₂
         (+)  │   Gefässtonus    │   (-)
Vapiprost ────┘
```

Abb. 11 Arachidonsäurestoffwechsel über den Zyklooxygenaseweg in Thrombozyten und Gefäßwand und seine pharmakologische Beeinflussung.
Aus Phospholipiden (PL) freigesetzte Arachidonsäure (AA) wird über den Zyklooxygenaseweg im Thrombozyten zu Prostaglandinendoperoxiden (PGEP) umgesetzt, die überwiegend weiter zu Thromboxan (TX) A_2 metabolisiert werden. Auf dem gleichen Stoffwechselweg entsteht in der Gefäßwand neben PGE_2 überwiegend Prostazyklin (PGI_2). $PGF_{2\alpha}$ und PGD_2 entstehen vor allem dann, wenn die Umsetzung von PGEP in TXA_2 durch Thromboxansynthesehemmung (Dazoxiben) blockiert wird. Unter diesen Bedingungen stehen PGEP von Thrombozyten auch für die PGI_2-Synthese der Gefäßwand zur Verfügung.
TXA_2 und PGEP stimulieren (+) die Plättchenfunktion und erhöhen den Gefäßtonus, PGI_2 hat einen entgegengesetzten (-) Effekt. TX-Antagonisten (Vapiprost) blockieren die direkten TX-Wirkungen sowie die vasokonstriktorischen Wirkungen von Prostaglandinen (PGD_2, $PGF_{2\alpha}$), ohne die Prostaglandinsynthese zu beeinflussen.

Daß eine solche Überlegung auch in vivo funktioniert, belegt die Zunahme der vaskulären PGI_2-Bildung durch adhärierende Thrombozyten an einer Verletzungsstelle (Nowak u. FitzGerald, 1989). Auch die Verstärkung von Prostaglandinwirkungen durch Thromboxansynthesehemmer in Gegenwart aktivierter Thrombozyten (Mullane u. Fornabaio, 1988) spricht für dieses Konzept. Bei Patienten mit schwerer Atherosklerose und intravasaler Plättchenaktivierung sind Bildung und Ausscheidung von Prostazyklinmetaboliten erhöht. Beide Parameter sind gut miteinander korreliert (FitzGerald u. Mitarb., 1984). Dies sind weitere Argumente für die Hypothese einer Stimulation der vaskulären Prostazyklinbildung bei Patienten mit endothelialer Dysfunktion durch Vorstufenbereitstellung aus adhärierenden Thrombozyten.

Dissoziation der ASS-Wirkung auf Thromboxan- und Prostazyklinsynthese bei Gefäßerkrankungen: Weksler u. Mitarb. (1983) untersuchten die Dosisabhängigkeit der ASS-Wirkung auf Thromboxan- und PGI_2-Bildung in Gefäßbiopsieproben von Bypasspatienten. Sie fanden, daß auch die geringste (40 mg) verwendete ASS-Dosis bei diesen Patienten zu einer Hemmung der PGI_2 Bildung ex vivo führte. Spätere Arbeiten der gleichen Autorin (Weksler u. Mitarb., 1985) mit wiederholter ASS-

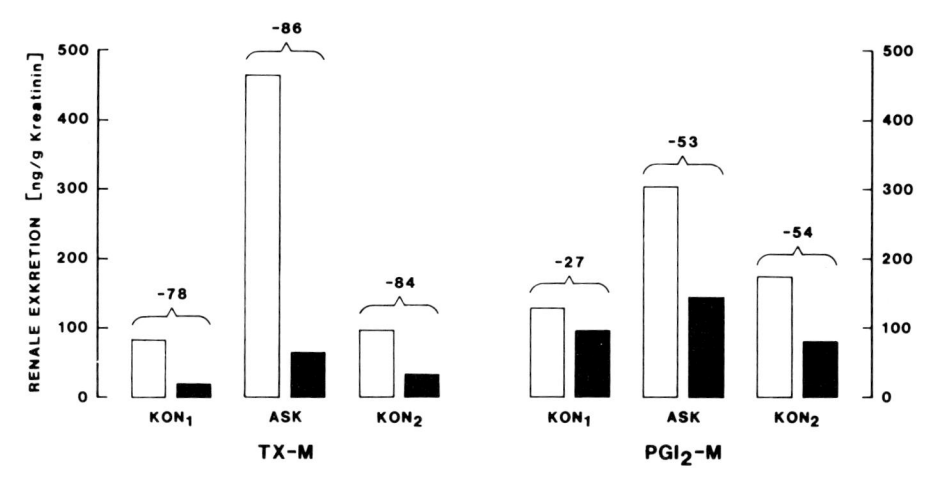

Abb. 12 Renale Ausscheidung von Thromboxan- (TX-M) und Prostazyklinmetaboliten (PGI_2-M) bei jungen, gesunden Probanden (KON_1), Patienten mit Atherosklerose (ASK) und Probanden ohne Atherosklerose im gleichen Alter (KON_2) vor (□) und nach (■) 20 mg ASS b.i.d. über 7 Tage. Die TX-M und PGI_2-M Ausscheidung ist bei Patienten mit Atherosklerose um das 5- bzw. 2½-fache gesteigert. Signifikante altersabhängige Unterschiede bestehen nicht. Nach ASS ergibt sich für alle Gruppen eine vergleichbare prozentuale Hemmung der Thromboxanexkretion. Dagegen ist die PGI_2-M-Exkretion bei Patienten mit Atherosklerose 2-fach stärker gehemmt als bei Kontrollen. Dies spricht für eine ASS-sensitive Bereitstellung von PGI_2-Vorstufen aus aktivierten Thrombozyten (weitere Erklärungen s. Text). (Nach Knapp u. Mitarb., 1988)

Gabe (20 mg für 1 Woche) bei Patienten mit Atherosklerose bestätigten eine Hemmung der aortalen und venösen PGI_2-Bildung um etwa 50%. Tsang u. Mitarb. (1988) beschrieben eine 95%ige Hemmung der aortalen PGI_2 Bildung bei koronaren Bypasspatienten nach oraler Langzeittherapie mit 75–150 mg ASS/die. Carlsson u. Mitarb. (1990) fanden nach 50 mg ASS für 1 Woche bei geriatrischen Patienten mit schweren peripheren Durchblutungsstörungen eine deutlich reduzierte renale Ausscheidung von Thromboxan- und Prostazyklinmetaboliten. Auch Knapp u. Mitarb. (1988) zeigten, daß bei älteren Patienten mit Gefäßerkrankungen im Gegensatz zu Gefäßgesunden eine Dissoziation der ASS-Wirkung auf Gefäße und Thrombozyten bei „low-dose" ASS (20 mg b.i.d.) nur partiell möglich ist (Abb. 12).
Aufgrund dieser Befunde ist vorstellbar, daß die Reduktion der Prostazyklinausscheidung durch ASS bei Patienten mit schwerer Atherosklerose (FitzGerald u. Mitarb., 1985) auf einer primären Plättchen- und nicht auf einer primären Gefäßwirkung beruht. In Übereinstimmung damit konnten Force u. Mitarb. (1991) in einem interessanten Modellansatz zeigen, daß ASS auch bei Infarktpatienten die Prostazyklinbildung überwiegend durch Hemmung der Vorstufenbereitstellung aus Thrombozyten blockiert und nicht durch direkte Hemmung des Enzyms in der Gefäßwand.
Wenn sich diese Hypothese als richtig erweist, würde selbst bei vollständiger Dissoziation der vaskulären und thrombozytären Zyklooxygenasehemmung durch „low-dose" ASS die Prostazyklinsynthese der Gefäßwand in dem Maße reduziert werden, in dem thrombozytäre Vorstufen nicht mehr zur Verfügung stehen.

Zusammenfassung: ASS hemmt die Fettsäurezyklooxygenase durch irreversible Bindung am aktiven Zentrum des Enzyms. Dies führt zu einer sterischen Hinderung der Enzym-Substrat-Interaktion und damit zur selektiven Hemmung der Prostaglandin- Endoperoxid-Bildung. Dieser Mechanismus ist in allen Zellen prinzipiell gleich. Der Thrombozyt reagiert besonders sensibel, da er im Gegensatz zu kernhaltigen Zellen nicht zur Neusynthese von Enzymprotein befähigt ist. Auch Salicylsäure hemmt in hoher (antiphlogistischer) Dosierung die Prostaglandinsynthese mit Ausnahme der Thrombozyten.

Bei wiederholter Gabe von ASS läßt sich bei gesunden Probanden eine vollständige Hemmung der thrombozytären Thromboxanbildung mit ASS-Dosen um 40—50 mg zeigen. Dies entspricht der Erhaltungsdosis, die zur Azetylierung der täglich neu in den Blutkreislauf gelangenden Thrombozyten erforderlich ist. Eine gewisse Selektivität der ASS-Wirkung für Thrombozyten wird auch durch die zeitabhängige (Stunden) Neusynthese der Zyklooxygenase in der Gefäßwand ermöglicht. Dagegen wird die lokale Prostazyklinbildung, z. B. nach Gefäßverletzung, auch durch niedrig-dosierte ASS gehemmt.

Bei Patienten mit atherosklerotischen Gefäßwandveränderungen und hyperreaktiven Thrombozyten gelingt eine klare Dissoziation zwischen vaskulärer und thrombozytärer Zyklooxygenasehemmung durch ASS nicht. Mögliche Ursache dafür ist eine reduzierte Vorstufenbereitstellung (Prostaglandin- Endoperoxide) aus Thrombozyten für die vaskuläre Prostazyklinsynthese.

Literatur 2.2.1.

Akopov, S.S., G.S. Grigorian, E.S. Gabrielian: Dose-dependent aspirin hydrolysis and platelet aggregation in patients with atherosclerosis. J. Clin. Pharmacol. 32 (1992) 133

Ali, M., J.W.D. McDonald, J.J. Thiessen, P.E. Coates: Plasma acetylsalicylate and salicylate and platelet cyclooxygenase activity following plain and enteric coated aspirin. Stroke 11 (1980) 9

Boysen, G., P. Soelberg Sorensen, M. Juhler, A.R. Andresen, J. Boas: Danish very low-dose aspirin after carotid endarterectomy trial. Stroke 19 (1988) 1211

Burch, J.W., N. Stanford, P.W. Majerus: Inhibition of platelet prostaglandin synthetase by oral aspirin. J. Clin. Invest. 61 (1978) 314

Bye, A., Y. Lewis, J. O'Grady: Effect of a single oral dose of aspirin on the platelet aggregation response to arachidonic acid. Br. J. Clin. Pharmacol. 7 (1979) 283

Carlsson, I., G. Benthin, A.S. Petersson, A. Wennmalm: Differential inhibition of thromboxane-A_2 and prostacyclin synthesis by low dose acetylsalicylic acid in atherosclerotic patients. Thromb. Res. 57 (1990) 437

Cerletti, C., S. Marchi, D. Lauri, M. Domanin, G. Lorenzi: Pharmacokinetics of enteric-coated aspirin and inhibition of platelet thromboxane A_2 and vascular prostacyclin generation in humans. Clin. Pharmacol. Ther. 42 (1987) 175

Chen, Y.N.P., L.J. Marnett: Heme prosthetic group required for acetylation of prostaglandin-H synthase by aspirin. FASEB J. 3 (1989) 2294

Chiabrando, C., L. Rivoltella, L. Martelli, S. Valzacchi, R. Fanelli: Urinary excretion of thromboxane and prostacyclin metabolites during chronic low-dose aspirin: evidence for an extrarenal origin of urinary thromboxane B_2 and 6-keto- prostaglandin F_1 in healthy subjects. Biochim. Biophys. Acta 1133 (1992) 247

Clarke, R.J., G. Mayo, P. Price, G.A. FitzGerald: Suppression of thromboxane A_2 but not of systemic prostacyclin by controlled-release aspirin. New Engl. J. Med. 325 (1991) 1137

Danesh, B.J., M. McLaren, R.I. Russell, G.D.O. Lowe, C.D. Forbes: Comparison of the effect of aspirin and choline magnesium trisalicylate on thromboxane biosynthesis in human platelets — role of the acetyl moiety. Haemostasis 19 (1989) 169

De Caterina, R., A. Boem, P. Gazzetti, R. Sicari, D. Gianessi: Long term maintenance of thromboxane inhibition by 2 different aspirin regimens in patients with unstable angina. Thromb. Res. 60 (1990) 169

Demers, L.M., R.E. Budin, B. Shaikh: The effects of aspirin on megakariocyte prostaglandin production. Proc. Soc. Exp. Biol. Med. 163 (1980) 24

DeWitt, D.L., W.L. Smith: Purification of prostacyclin synthase from bovine aorta by immunoaffinity chromatography. Evidence that the enzyme is a hemoprotein. J. Biol. Chem. 258 (1983) 3285

DeWitt, D.L., W.L. Smith: Primary structure of prostaglandin G/H synthase from sheep vesicular gland determined from the complementary DNA sequences. Proc. Natl. Acad. Sci. 85 (1988) 1412

DeWitt, D.L., E.A. El-Harith, S.A. Kraemer, M.J. Andrews, E.F. Yao, R.L. Armstrong, W.L. Smith: The aspirin- and heme-binding sites of ovine and murine prostaglandin endoperoxide synthases. J. Biol. Chem. 265 (1990) 5192

FitzGerald, D.J., J. Fragetta, G.A. FitzGerald: Prostaglandin endoperoxides modulate the response to thromboxane synthase inhibition during coronary thrombosis. J. Clin. Invest. 82 (1988) 1708

FitzGerald, D.J., L. Roy, G.A. FitzGerald: Enhanced prostacyclin and thromboxane A_2 synthesis in vivo in ischemic heart disease: noninvasive evidence of sporadic platelet activation in unstable angina. Circulation 72 (Suppl 3) (1985) III–113

FitzGerald, G.A., M. Lupinetti, S.A. Charman, W.N. Charman: Presystemic acetylation of platelets by aspirin – reduction in rate of drug delivery to improve biochemical selectivity for thromboxane A_2. J. Pharmacol. Exp. Ther. 259 (1991) 1043

FitzGerald, G.A., J.A. Oates, J.A. Hawiger, R.L. Maas, L.J.Roberts II, J.A. Lawson, A.R. Brash: Endogenous biosynthesis of prostacyclin and thromboxane and platelet function during chronic administration of aspirin in man. J. Clin. Invest. 71 (1983) 676

FitzGerald, G.A., B. Smith, A.K. Pedersen, A.R. Brash: Prostacyclin biosynthesis is increased in patients with severe atherosclerosis and platelet activation. New Engl. J. Med. 310 (1984) 1065

Force, T., R. Milani, P. Hibberd, R. Lorenz, W. Uedelhoven, A. Leaf, P. Weber: Aspirin-induced decline in prostacyclin production in patients with coronary artery disease is due to decreased endoperoxide shift. Circulation 84 (1991) 2286

Funk, C.D., L.B. Funk, M.E. Kennedy, A.S. Pong, G.A. FitzGerald: Human platelet/ erythroleukemia cell prostaglandin G/H synthase: cDNA cloning, expression, mutagenesis and gene chromosomal assignment. FASEB J. 5 (1991) 2304

Gentry, P.A., C. Niemuller, M.L. Ross, R.M. Liptrap: Platelet aggregation in the Asian elephant is not dependent on thromboxane B_2 production. Comp. Biochem. Physiol. A Comp. Physiol. 94 (1989) 47

Gross, R.: Wie hoch dosiert man Aspirin (ASS)? Dtsch. Ärztebl. 24 (1990) A1963.

Hamberg, M.: Inhibition of prostaglandin synthesis in man. Biochem. Biophys. Res. Comm. 49 (1972) 720

Heavey, D.J., S.E. Barrow, N.E. Hickling, J.M. Ritter: Aspirin causes short-lived inhibition of bradykinin-stimulated prostacyclin production in man. Nature 318 (1985) 186

Higgs, G.A., J.A. Salmon, B. Henderson, J.R. Vane: Pharmacokinetics of aspirin and salicylate in relation to inhibition of arachidonate cyclooxygenase and antiinflammatory activity. Proc. Natl. Acad. Sci. (USA) 84 (1987) 1417

Jaffé, E.A., B.B. Weksler: Recovery of endothelial cell prostacyclin production after inhibition by low doses of aspirin. J. Clin. Invest. 63 (1979) 532

Jakubowski, J.A., M.J. Stampfer, R. Vaillancourt, D. Faigel, D. Deykin: Low-dose enteric coated aspirin: a practical approach to continuous-release low-dose aspirin and presystemic acetylation of human platelet cyclooxygenase. J. Lab. Clin. Med. 108 (1986) 616

Jimenez, A.H., M.E. Stubbs, G.H. Tofler, K. Winther, J.E. Muller: Rapid suppression of platelet aggregability and thromboxane A_2 production chewed enteric-coated aspirin. Circulation Suppl. 4, 80 (1989) 352

Kallmann, R., H.K. Nieuwenhuis, P.G. de Groot, J. van Gijn, J.J. Sixma: Effects of low dose of aspirin, 10 mg and 30 mg daily, on bleeding time, thromboxane production and 6-keto- PGF_1 excretion in healthy subjects. Thromb. Res. 45 (1987) 355

Knapp, H.R., C. Healy, J. Lawson, G.A. Fitz-Gerald: Effects of low-dose aspirin on endogenous eicosanoid formation in normal and atherosclerotic men. Thromb. Res. 50 (1988) 377

Kulmacz, R.J.: Topography of prostaglandin H synthase. J. Biol. Chem. 264 (1989) 14136

Kujubu, D.A., B.S. Fletcher, B.C. Varnum, R.W. Lim, H.R. Herschman: TIS10, a phorbol ester tumor promoter-inducible mRNA from Swiss 3T3 cells, encodes a novel prostaglandin synthase/cyclooxygenase homologue. J. Biol. Chem. 266 (1991) 12866

Kyrle, P.A., H.G. Eichler, U. Jäger, K. Lechner: Inhibition of prostacyclin and thromboxane A_2 generation by low-dose aspirin at the site of plug formation in man in vivo. Circulation 75 (1987) 1025

Lorenz, R.L., B. Boehlig, W.M. Uedelhoven, P.C. Weber: Superior antiplatelet action of alternate day pulsed dosing versus split dose administration of aspirin. Am. J. Cardiol. 64 (1989) 1185

Marcus, A.J., B.B. Weksler, E.A. Jaffé, M.J. Broekman: Synthesis of prostacyclin from platelet-derived endoperoxides by cultured human endothelial cells. J. Clin. Invest. 66 (1980) 979

Mayeux, P.R., H.E. Morton, J. Gillard, A. Lord, T.A. Morinelli, A. Boehm, D.E. Mais, P.V. Halushka: The affinities of prostaglandins H_2 and thromboxane A_2 for their receptors are similar in washed human platelets. Biochem. Biophys. Res. Comm. 157 (1988) 733

Mullane, K.M., D. Fornabaio: Thromboxane synthetase inhibitors reduce infarct size by a platelet-dependent, aspirin-sensitive mechanism. Circ. Res. 62 (1988) 668

Nowak, J., G.A. FitzGerald: Redirection of prostaglandin endoperoxide metabolism at the platelet-vascular interface in man. J. Clin. Invest. 3 (1989) 380

Pash J.M., J.M. Bailey: Inhibition by corticosteroids of epidermal growth factor-induced recovery of cyclooxygenase after aspirin inactivation. FASEB J. 2 (1988) 2613

Patrignani, P., P. Filabozzi, C. Patrono: Selective cumulative inhibition of platelet thromboxane production by low-dose aspirin in healthy subjects. J. Clin. Invest. 69 (1982) 1366

Patrono, C.: Aspirin and human platelets: from clinical trials to acetylation of cyclooxygenase and back. TiPS 10 (1989) 453

Pinckard, R.N., D. Hawkins, R.S. Farr: In vitro acetylation of plasma proteins, enzymes and DNA by aspirin. Nature 219 (1968) 68

Ritter, J.M., J.R. Cockcroft, H.S. Doktor, J. Beacham, S.E. Barrow: Differential effect of aspirin on thromboxane and prostaglandin biosynthesis in man. Br. J. Clin. Pharmacol. 28 (1989) 573

Rosenkranz, B., Fischer, C., Meese, C.O., Frölich, J.C.: Effects of salicylic acid and acetylsalicylic acid alone an in combination on platelet aggregation and prostanoid synthesis in man. Br. J. Clin. Pharmacol. 21 (1986) 309

Ross, G.J., C.J. Siok: Acetylation of the NH_2-terminal serine of prostaglandin synthetase by aspirin. J. Biol. Chem. 253 (1978) 3782

Ross, G.J., N. Stanford, P.W. Majerus: Acetylation of prostaglandin synthetase by aspirin. Proc Natl. Acad. Sci. 72 (1975) 3073

Shimokawa, T., W.L. Smith: Prostaglandin endoperoxide synthase – the aspirin acetylation region. J. Biol. Chem. 267 (1992) 12378

Smith, W.L., T.E. Eling, R.J. Kulmacz, L.J. Marnett, A.-L. Tsai: Tyrosol radicals and their role in hydroperoxide-dependent activation and inactivation of prostaglandin endoperoxide synthase. Biochem. 31 (1992) 3

Smith, W.L., L.J. Marnett, D.L. DeWitt: Prostaglandin and thromboxane biosynthesis. Pharmac. Ther. 49 (1991) 153

Smith, W.L., D.L. DeWitt, T. Shimokawa: The aspirin and heme binding sites of PGG/H synthase. Adv. Prostagl. Thromb. Leukotr. Res. 21 (1990) 77

Thorngren, M., A. Gustafson: Effects of acetylsalicylic acid and dietary intervention on primary hemostasis. Am. J. Med. (1983) 66

Tsang, V., J.Y. Jeremy, D.P. Mikhailidis, R.K. Walesby, J.C. Wright: Release of prostacyclin from the human aorta. Cardiovasc. Res. 22 (1988) 489

Vanags, D., S.E. Rodgers, J.V. Lloyd, F. Bochner: The antiplatelet effect of daily low-dose enteric-coated aspirin in man – a time course of onset and recovery. Thromb. Res. 59 (1990) 995

Vesterquist, O.: Rapid recovery of invivo prostacyclin formation after inhibition by aspirin – evidence from measurements of the major urinary metabolite of prostacyclin by GC-MS. Eur. J. Clin. Pharmac. 30 (1986) 69

Vial, J.H., L.J. McLeod, M.S. Roberts, P.R. Seville: Selective inhibition of platelet cyclooxygenase with controlled release, low-dose aspirin. Aust. N. Z. J. Med. 20 (1990) 652

Weksler, B.B., S.B. Pett, D. Alonso, R.C. Richter, P. Stelzer, V. Subramanian, K. Tack-Goldman: Differential inhibition by aspirin of vascular and platelet prostaglandin synthesis in atherosclerotic patients. New Engl. J. Med. 308 (1983) 800

Weksler, B.B., K. Tack-Goldman, V.A. Subramanian, W.A. Gay: Cumulative inhibitory effect of low-dose aspirin on vascular prostacyclin and platelet thromboxane production in patients with atherosclerosis. Circulation 71 (1985) 332

Winther, K., S. Bondesen, S. Honore Hansen, E.F. Hvidberg: Lack of effect of 5-aminosalicylic acid on platelet aggregation and fibrinolytic activity in vivo and in vitro. Eur. J. Clin. Pharmacol. 33 (1987) 419

Wu, K.K., R. Sanduja, A.L. Tsai, B. Ferhanoglu, D.S. Loose-Mitchell: Aspirin inhibits

interleukin-1 induced prostaglandin H synthase expression in cultured endothelial cells. Proc. Natl. Acad. Sci. (USA) 88 (1991) 2384
Xie, W., J.G. Chipman, D.L. Robertson, R.L. Erikson, D.L. Simmons: Expression of a mitogen-responsive gene encoding prostaglandin synthase is regulated by mRNA splicing. Proc. Natl. Acad. Sci. (USA) 88 (1991) 2692
Zaragoza, R., G.C. Le Breton: Effect of single-dose aspirin on TXA_2 and PGI_2 cyclooxygenases in vivo. Haemostasis 17 (1987) 40

2.2.2. Weitere Wirkungen von Salicylaten auf den Arachidonsäurestoffwechsel

Zusätzlich zur Azetylierung der Zyklooxygenase (s. 2.2.1.) können Salicylate auch andere Stoffwechselwege der Arachidonsäure beeinflussen. Diese Wirkungen erfordern allerdings wesentlich höhere Dosen der Substanz. Ihre Bedeutung für die klinische Wirkung von ASS ist nicht bekannt.

Beeinflussung der Arachidonsäure-Aufnahme: Tägliche Einnahme von ASS ($\geq 3,25$ g) oral hemmt die Arachidonsäure-Inkorporation in isolierte mononukleare Zellen um etwa 50%. Ein ähnlicher Effekt läßt sich auch nach in vitro-Inkubation mit 0,3 mg/ml ASS zeigen (Bomalaski u. Mitarb., 1987). Damit kann ASS in höheren Dosen auch über eine Beeinflussung der Fettsäurezusammensetzung der Membranphospholipide die Synthese von Arachidonsäuremetaboliten beeinflussen. Eventuell besteht hier ein Zusammenhang mit der antiinflammatorischen Wirkung höherer Dosen von ASS (s. 2.3.2.). Eine Hemmung der Arachidonsäure-Freisetzung durch hohe ASS-Konzentrationen (0,56 mM) läßt sich auch für Humanthrombozyten zeigen (Vedelago u. Mahadevappa, 1988).

Lipoxygenaseproduktbildung nach ASS: ASS hemmt auch den Lipoxygenasestoffwechselweg im Thrombozyten (12-Hydroxy-Eikosatetraensäure, 12-HETE). Ein solcher Effekt wurde bei einer oralen Einmaldosis von 20 mg ASS (Eynard u. Mitarb., 1986) in plättchenreichem Plasma, aber nicht in isolierten Thrombozyten des Menschen nachgewiesen. Na-Salicylat zeigt einen solchen Effekt nicht, auch nicht Indometazin (Tremoli u. Mitarb., 1987; Maderna u. Mitarb., 1988). 12-HETE entsteht im Thrombozyten über die Vorstufe 12- Hydroperoxyeikosatetraensäure (12-HPETE) (s. Abb. auf der 2. Umschlagseite). Für 12-HPETE wurde eine Hemmung der Thrombozytenfunktion und Thromboxanbildung gezeigt (Siegel u. Mitarb., 1980; Aharony u. Mitarb., 1982; Brüne u. Ullrich, 1991). Darüber hinaus hemmt 12-HPETE aber auch die Prostazyklinbildung der Gefäßwand (Turk u. Mitarb., 1980). Eine erhöhte Arachidonsäure-Bereitstellung nach Hemmung des Zyklooxygenaseweges durch ASS könnte daher theoretisch auch über eine vermehrte 12-HPETE-Bildung die Thrombozytenfunktion hemmen. Ob eine solche Wirkungskomponente zur Thrombozytenfunktionshemmung durch ASS in vivo beiträgt, ist unklar, aber nicht sehr wahrscheinlich.

Bildung von Linolsäuremetaboliten: Neben der Beeinflussung des Arachidonsäurestoffwechsels, d. h. des Metabolismus von C-20-Fettsäuren, kann ASS auch den Stoffwechsel der natürlichen C-18-Vorläuferfettsäure, Linolsäure, verändern. ASS hemmt die Biosynthese von Linolsäuremetaboliten in Endothelzellen (Buchanan u. Mitarb., 1985; Kaduce u. Mitarb., 1989). Hierzu gehört vor allem 13-Hydroxyoktadekadiensäure (13-HODE), synthetisiert in Endothelzellen aus endogener Linol-

säure. 13-HODE zeigt protektive Wirkungen auf Endothelzellen (Buchanan u. Mitarb., 1985). Hemmung der Biosynthese von 13-HODE durch Salicylate im Tierversuch führt zu einer signifikanten Zunahme der thrombogenen Eigenschaften des Subendothels (Weber u. Mitarb., 1987).
Analgetika-Asthma: Eine weitere Beeinflussung des Lipoxygenasestoffwechsels durch ASS ist indirekter Art. Beim „Analgetika-Asthma" führt Exposition gegenüber ASS oder anderen Zyklooxygenasehemmern zu einer Stimulation der Leukotrienbildung. Folge ist eine Intensivierung von Leukotrienwirkungen, einschließlich Bronchospasmus. Dies ist jedoch keine allergische Reaktion, sondern eine durch Wegfall der Synthese inhibitorischer Zyklooxygenaseprodukte ausgelöste „Enthemmung" leukotrienproduzierender Zellen im Respirationstrakt (s. 4.2.1.).

Zusammenfassung: ASS zeigt unabhängig von der Azetylierung der Fettsäurezyklooxygenase noch weitere Wirkungen auf Freisetzung und Metabolisierung mehrfach ungesättigter Fettsäuren. Hierzu gehört die Hemmung der Arachidonsäurefreisetzung aus Zellmembranen sowie die Beeinflussung des Lipoxygenasestoffwechsels in Thrombozyten und Endothelzellen. Salicylate hemmen auch die Bildung eines endothelprotektiven Linolsäuremetaboliten (13-HODE) in Endothelzellen. Die Bedeutung dieser Stoffwechselwege für die klinische Wirkung von ASS ist nicht bekannt.

Literatur 2.2.2.

Aharony, D., J.B. Smith, M.J. Silver: Regulation of arachidonate-induced platelet aggregation by the lipoxygenase product, 12-hydroperoxyeicosatetraenoic acid. Biochim. Biophys. Acta 718 (1982) 193

Bomalaski, J.S., J. Alvarez, J. Touchstone, R.B. Zurier: Alteration of uptake and distribution of eicosanoid precursor fatty-acids by aspirin. Biochem. Pharmacol. 36 (1987) 3249

Brüne, B., V. Ullrich: 12-Hydroperoxyeicosatetraenoic acid inhibits main platelet functions by activation of soluble guanylate cyclase. Mol. Pharmacol. 39 (1991) 671

Buchanan, M.R., R.W. Butt, Z. Magas, J. van Ryn, J. Hirsh, D.J. Nazir: Endothelial cells produce a lipoxygenase derived chemorepellent which influences platelet/endothelial cell interactions. Effect of aspirin and salicylate. Thromb. Haemost. 53 (1985) 306

Eynard, A.R., G. Galli, E. Tremoli, P. Maderna, F. Magni, R. Paoletti: Aspirin inhibits platelet 12-hydroxy- eicosatetraenoic acid formation. J. Lab. Clin. Med. 107 (1986) 73

Kaduce, T.L., P.H. Figard, R. Leifur, A.A. Spector: Formation of 9-hydroxyoctadecadienoic acid from linoleic acid in endothelial cells. J. Biol. Chem. 264 (1989) 6823

Maderna, P., D. Caruso, E. Tremoli, G. Galli: Differential- effects of oral administrations to human volunteers of acetylsalicylic acid, sodium salicylate and indomethacin on 12-hydroxyeicosatetraenoic acid formation by stimulated platelets. Thromb. Res. 52 (1988) 197

Siegel, M.I., R.T. McConnell, N.A. Porter, P. Cuatrecasas: Arachidonate metabolism via lipoxygenase and 12-l-hydro-peroxy-5, 8, 10, 14-eicosatetraenoic acid peroxidase sensitive to anti-inflammatory drugs. Proc. Natl. Acad. Sci. (USA) 77 (1980) 308

Tremoli, E., D. Caruso, P. Maderna, G. Galli, R. Paoletti: Differential effects of oral administrations of acetyl salicylic acid, indomethacin and sodium salicylate to human subjects on the formation of 12-hydroxyeicosatetraenoic acid by platelets. Thromb. Haemost. 58 (1987) 163

Turk, J., A. Wyche, P. Needleman: Inactivation of vascular prostacyclin synthetase by platelet lipoxygenase products. Biochem. Biophys. Res. Comm. 95 (1980) 1628

Vedelago, H.R., V.G. Mahadevappa: Mobilization of arachidonic acid in collagen-stimulated human platelets. Biochem. J. 256 (1988) 981

Weber, E., T.A. Haas, J. Hirsh, J.R. Buchanan: Relationship between vessel wall 13-HODE production and subendothelial basement membrane thromboresistance. Influence of salicylate. Thromb. Haemost. 58 (1987) 316

2.2.3. Eikosanoid-unabhängige Wirkungen von ASS und Salicylsäure auf Zellfunktionen

Zellbiologische Wirkungen von ASS und anderen Salicylaten beschränken sich nicht auf eine Beeinflussung des Arachidonsäurestoffwechsels. In antipyretisch-analgetischer Dosierung beeinflussen Salicylate auch den Energiestoffwechsel der Zelle, die Integrität der Zellmembran sowie zellspezifische Syntheseleistungen. Hierzu gehört die Mukopolysaccharidssynthese in mesenchymalen Zellen sowie die Insulinsekretion durch β-Zellen des Pankreas. Eine derzeit besonders intensiv untersuchte Fragestellung ist die Wirkung von Salicylaten auf Bildung, Freisetzung und Wirkung von Zytokinen.

2.2.3.1. Energiestoffwechsel und sekretorische Zelleistungen

Energiestoffwechsel: Salicylate haben multiple Wirkungen auf den Energiestoffwechsel der Zelle. Diese treten überwiegend bei hohen Konzentrationen auf und sind deswegen vor allem toxikologisch interessant. Salicylatspiegel im millimolaren Bereich führen zur Entkoppelung der oxidativen Phosphorylierung. Die resultierende Depletion der zellulären ATP-Spiegel führt zur Hemmung ATP-abhängiger Zellreaktionen. Hierzu gehört die Funktion kontraktiler Proteine, sekretorische Zelleistungen und andere Stoffwechselfunktionen der Zelle. Die Sauerstoffaufnahme und CO_2-Produktion steigen an, initiale klinische Symptome einer akuten Salicylatvergiftung (s. 4.1.1.). Salicylate führen in diesen toxischen Konzentrationen auch zu einer negativen Stickstoffbilanz mit erhöhter Aminosäurenausscheidung im Urin sowie einer Hemmung des endogenen Fettsäuremetabolismus. In Leberzellen ist die Glukoneogenese gehemmt (Rognstad, 1991).

Hypoglykämie: In entzündungshemmender Dosierung kann ASS den Blutzucker senken und ggfs. eine Hypoglykämie auslösen. Ein solcher Effekt von Salicylaten ist seit über 100 Jahren bekannt (Ebstein u. Müller, 1876). Bei Gesunden und Diabetikern mit noch partiell vorhandener Insulinsekretion geht dem Abfall des Blutzuckerspiegels nach ASS-Infusion ein akuter Insulinanstieg voraus. Dieser Effekt wird bei Gesunden und Patienten mit noch erhaltener β-Zellfunktion durch β-Zellen des Pankreas vermittelt und nicht durch eine Verbesserung der extrapankreatischen Glukoseverwertung. Bei Ausfall der β-Zellen resultiert die salicylatinduzierte Hypoglykämie aus einer Stimulation der Glukagonsekretion (Prince u. Mitarb., 1981). Umgekehrt läßt sich ein Abfall des Plasmainsulins bei nüchternen Probanden durch ASS verhindern (Lilavivathana u. Brodows, 1980). Allerdings wurden bei Belastungstests nach ASS in hoher Dosierung (3 g) auch Absenkungen des Plasmainsulinspiegels bei unveränderter Plasmaglukose beschrieben (Meersman, 1988). Mögliche hypoglykämische Effekte von Salicylaten sind vor allem bei Diabetikern zu beachten (s. 4.4.1.).

Stoffwechsel mesenchymaler Zellen: Salicylate hemmen die Synthese von Mukopolysacchariden, Grundsubstanz des Bindegewebes, in Mesenchymzellen (Bollet, 1961; Lee u. Mitarb., 1969). Eine vergleichende Untersuchung von ASS und Na-Salicylat an Gelenkknorpelgewebe des Hundes ergab für beide Substanzen eine äquipotente Hemmung der Glykosaminoglykansynthese (Palmoski u. Brandt, 1984; Brandt u. Mitarb., 1991). Indometazin in einer die Prostaglandinbildung um 95% hemmenden

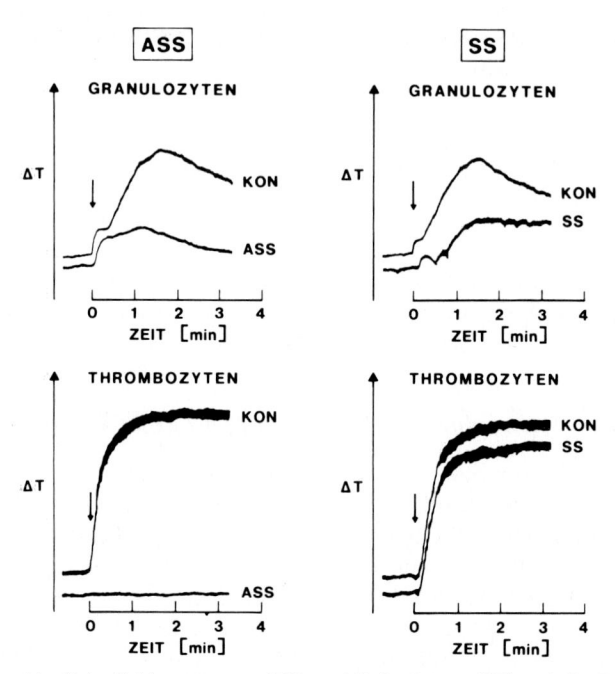

Abb. 13 Unterschiedliche Wirkungen von ASS und Salicylsäure (SS) auf die Zunahme der agonistinduzierten Aggregation von Humangranulozyten und -thrombozyten in vitro.
Zusatz von ASS und SS (Pfeil) hemmt die Granulozytenaggregation. Dagegen hemmt nur ASS, aber nicht SS die agonistinduzierte thromboxanabhängige Aggregation von Humanthrombozyten (nach Abramson u. Mitarb., 1985).

Dosierung zeigte keine vergleichbare Wirkung (Day u. Mitarb., 1987). Dagegen ergab eine Studie an Humanosteoblasten, daß ASS und Indometazin äquipotent Stoffwechsel und Wachstum dieser Zellen hemmen, so daß hier ein Zusammenhang mit dem Prostaglandinsystem naheliegt (Khokher u. Dandona, 1988). Dies entspricht dem seit langem bekannten Befund, daß Prostaglandine, insbesondere PGE_2, den Abbau der Knochenmatrix fördern (Martin u. Partridge, 1980). Damit scheinen sowohl prostaglandinabhängige als auch -unabhängige Mechanismen an den Salicylateffekten auf den Stoffwechsel des Knochenbindegewebes beteiligt zu sein.

Neutrophile Granulozyten: Neutrophile Granulozyten sind die dominierende Zellpopulation der akuten Entzündung. Eine Hemmung der Neutrophilenfunktion ist daher von erheblicher Bedeutung für die antiphlogistische Wirkung von ASS. Untersuchungen der Gruppe um Weissmann (Abramson u. Mitarb., 1985) haben gezeigt, daß Salicylate direkt die Neutrophilenfunktion blockieren, indem sie den Agonist-induzierten Anstieg der zytosolischen Ca^{2+}-Konzentration und damit die Aggregation hemmen (Abb. 13). Als Wirkungsmechanismus wird eine Hemmung von G-Protein-vermittelten Reaktionen diskutiert (Abramson u. Mitarb., 1991). Salicylate beeinflussen auch den Sauerstoffstoffwechsel der Granulozyten und inaktivieren selektiv Hydroxyl-Anionen. Sie beeinflussen dagegen nicht die Bildung von Superoxidanionen oder Wasserstoffperoxid (Sagone u. Husney, 1987). Allerdings sind die erforderlichen Hemmkonzentrationen auch hier sehr hoch (millimolarer Bereich) und ihre klinische Bedeutung für die antiphlogistische Therapie ist noch nicht gesichert. Dies gilt besonders unter Berücksichtigung der ebenfalls inhibitorischen Effekte von E-Prostaglandinen, deren Synthese durch Salizylate gehemmt wird (Kitsis u. Mitarb., 1991).

2.2.3.2. Bildung und Wirkung von Zytokinen

Bildung und Funktion von Zytokinen: Zytokine sind Peptidmediatoren, vorzugsweise aus immunkompetenten Zellen, wie Monozyten (Monokine) und Lymphozyten (Lymphokine). Zytokine vermitteln zahlreiche Abwehrreaktionen des Körpers (Fieber, Entzündung) und greifen modulierend in den Krankheitsverlauf ein. Dies geschieht über mehrere Mechanismen, wobei in der Regel Interaktionen zwischen verschiedenen Zytokinklassen bestehen. Ein besonders wichtiges Zytokin mit unmittelbarem Bezug zu Salicylaten ist Interleukin-1 (IL-1), ein endogenes Pyrogen.
Salicylate und Zytokine: ASS antagonisiert die pyrogenen Wirkungen von IL-1 und hemmt die IL-1-Produktion von Human-Monozyten (Chang u. Mitarb., 1990). Dies könnte zusätzlich zur Hemmung der IL-1-induzierten Prostaglandinsynthese (s. 2.3.2.1.) zur antipyretischen Wirkung von Salicylaten beitragen. Auf die Hemmung der IL-1-induzierten Synthese des Zyklooxygenaseproteins wurde bereits hingewiesen (s. 2.2.1.2.). Gleichzeitig stimuliert ASS die Bildung von Interferon-gamma (Cesario u. Mitarb., 1989; Hsia u. Mitarb., 1989) sowie IL-2 in peripheren Blutlymphozyten (Yousefi u. Mitarb., 1987). Inwieweit es sich bei diesen Wirkungen um prostaglandinabhängige oder -unabhängige Salicylatwirkungen handelt, ist bisher nicht bekannt (Yousefi u. Mitarb., 1987). Dies gilt auch für die Frage, ob eine Modulation der Zytokinbildung durch ASS mit einer möglichen antiviralen Wirkung der Substanz im Zusammenhang steht (Hsia u. Mitarb., 1989).
Das Verständnis der Zytokin-assoziierten Wirkungen von Salicylaten wird zusätzlich dadurch erschwert, daß auch Prostaglandine selbst inhibitorische Wirkungen auf das Immunsystem haben und z. B. die Makrophagenaktivierung hemmen sowie die Suppression von T-Helfer- und B-Zellen fördern. E-Prostaglandine haben antiinflammatorische Wirkungen durch ihre Leukozyteneffekte (s. 2.3.2.2.) und hemmen synergistisch mit Salicylaten die Neutrophilenfunktion (Kitsis u. Mitarb., 1991). Insgesamt ist davon auszugehen, daß wesentliche neue Erkenntnisse auf dem derzeit noch recht unübersichtlichen und neuen Gebiet der Interferenz von Salicylaten mit Zytokinen in den nächsten Jahren zu erwarten sind.

Zusammenfassung: Neben direkten Wirkungen auf den Arachidonsäurestoffwechsel kann ASS auch indirekt über eine Modulation von Zytokinen Zellfunktionen beeinflussen. Dies gilt besonders für Krankheitszustände wie Fieber und Entzündungen, bei denen dieses System aktiviert ist.
Nachgewiesen wurden auch Eikosanoid-unabhängige Wirkungen von Salicylaten auf Granulozyten sowie Eigenwirkungen der Salicylsäure auf Biosynthese und Stoffwechsel der Mukopolysaccharide des Bindegewebes. Damit beeinflussen Salicylate die Barrierenfunktion des Bindegewebes, Intensität und Ausbreitung von Infektionen und Entzündungen. Salicylate beeinflussen auch den Energiestoffwechsel der Zelle und stimulieren die Insulinsekretion in den β-Zellen des Pankreas. Allerdings erfordern diese Wirkungen hohe lokale Konzentrationen der Substanz.

Literatur 2.2.3.

Abramson, S., H. Korchak, R. Ludewig, H. Edelson, K. Haines, R.I. Levin, R. Herman, L. Rider, S. Kimmel, G. Weissmann: Modes of action of aspirin-like drugs. Proc. Natl. Acad. Sci. USA 82 (1985) 7227

Abramson, S.B., Lesczynska-Piziak, J., Haines, K., Reibman, J.: Non-steroidal antiinflammatory drugs: Effects on a GTP-binding protein within the neutrophil plasma membrane. Biochem. Pharmacol. 41 (1991) 1567

Bollet, A.J.: Inhibition of glucosamine-6-PO_4 synthesis by salicylate and other anti-inflammatory agents in vitro. Arthrit. Rheum. 4 (1961) 624

Brandt, K.D., M. Albrecht, G. O'Bryan-Tear: Misoprostol does not protect articular cartilage from salicylate-induced suppression of proteoglycan synthesis. J. Clin. Pharmacol. 31 (1991) 673

Cesario, T.C., S. Yousefi, G. Carandang: The regulation of interferon production by aspirin, other inhibitors of the cyclooxygenase pathway and agents influencing calcium-channel flux. Bull. NY Acad. Med. 65 (1989) 26

Chang, D.M., P. Baptiste, P.H. Schur: The effect of antirheumatic drugs on interleukin 1 (IL-1) activity and IL-1 and IL-1 inhibitor production by human monocytes. J. Rheumatol. 17 (1990) 1148

Day, R.O., D.E. Furst, G.G. Graham, G.D. Champion: The clinical pharmacology of aspirin and the salicylates. In: Drugs for Rheumatic Disease edited by H.E. Paulus, D.E. Furst, S.H. Dramgoole. Churchill Livingstone, New York, 1987 (p. 227)

Ebstein, W., J. Müller: Weitere Mitteilungen über die Behandlung des Diabetes mellitus mit Carbolsäure nebst Bemerkungen über die Anwendung der Salicylsäure bei dieser Krankheit. Berl. Klin. Wschr. 13 (1876) 53

Hsia, J., G.L. Simon, N. Higgins, A.L. Goldstein, F.G. Hayden: Immune modulation by aspirin during experimental rhinovirus colds. Bull. NY. Acad. Med. 65 (1989) 45

Hsia, J., N. Sarin, J.H. Oliver, A.L. Goldstein: Aspirin and thymosin increase interleukin-2 and interferon-gamma production by human peripheral blood lymphocytes. Immunopharmacol. 17 (1989) 167

Khokher, M.A., P. Dandona: The effect of indomethacin and aspirin on alkine-phosphatase secretion and (H-3) thymidine incorporation by human osteoblasts. Br. J. Rheumatol. 27 (1988) 291

Kitsis, E.A., G. Weissmann, S.B. Abramson: The prostaglandin paradox: Additive inhibition of neutrophil function by aspirin-like drugs and the prostaglandin E_1 analog misoprostol. J. Rheumatol. 18 (1991) 1461

Lee, K.H., M.R. Spencer: Studies on mechanism of action of salicylates. V: Effect of salicylic acid on enzymes involved in mucopolysaccharide synthesis. J. Pharm. Sci. 58 (1969) 464

Lilavivathana, U., R.G. Brodows: Indomethacin and aspirin prevent the starvation induced fall in plasma insulin. J. Clin. Endocrinol. Metab. 50 (1980) 923

Martin, T.J., N.C. Partridge: Prostaglandins, cancer and bone: phamacological considerations. Metab. Bone Dis. Rel. Res. 2 (1989) 167

Meersman, de, R.: The effects of acetylsalicylic acid upon carbohydrate metabolism during exercise. Int. J. Clin. Pharmacol. Ther. Toxicol. 26 (1988) 461

Palmoski, M., K. Brandt: Effects of salicylate and indomethacin on glycosaminoglycan and prostaglandin E_2 synthesis in intact canine knee cartilage ex vivo. Arthrit. Rheum. 27 (1984) 398

Prince, R.L., L.G. Larkins, F.P. Alford: The effect of acetylsalicylic acid on plasma glucose and the response of glucose regulatory hormones to intravenous glucose and arginine in insulin treated diabetics and normal subjects. Metabolism 30 (1981) 293

Rognstad, R.: Effects of salicylate on hepatocyte lactate metabolism. Biomed. Biochim. Acta 50 (1991) 921

Sagone, A.L., R.M. Husney: Oxidation of salicylates by stimulated granulocytes – evidence that these drugs act as free radical scavengers in biological systems. J. Immunol. 138 (1987) 2177

Yousefi, S., J. Chiu, G. Carandang, E.G. Archibeque, N. Vaziri: Effect of acetyl salicylic acid on production and action of leukocyte-derived interferons. Antimicrob. Agents Chemother. 31 (1987) 114

2.3. Wirkungen von ASS auf Gewebe und Organe

Die zellulären Wirkungen von ASS auf Biosynthese, Metabolismus und Wirkung von Mediatoren (Eikosanoide, Zytokine) entfalten ihre biologischen Konsequenzen auf der Gewebe- und Organebene. Eikosanoide und Zytokine sind Mediatoren der interzellulären Informationsübertragung und klassische Beispiele für Mediatorsysteme, die bei Störung der Homoiostase aktiviert werden.

Eine Hemmung der IL-1- sowie Prostaglandin- und Thromboxanwirkung durch ASS beinhaltet daher unabhängig vom zugrundeliegenden Mechanismus auch einen Eingriff in den interzellulären Signaltransfer. Besonders eindrucksvoll ist dies für die *Hämostasereaktion*, d. h. die funktionelle Einheit von Thrombozytenaktivierung, plasmatischer Koagulation und Fibrinolyse. Ein zweiter Komplex mit gleicher klinischer Bedeutung ist die lokale *Entzündungsreaktion* mit ihren Begleiterscheinungen Entzündung, Fieber und Schmerz.

2.3.1. Hämostase

Physiologie der Hämostasereaktion: Das rasche Sistieren einer Blutung bei Gefäßverletzung ist für das Überleben des Organismus von vitaler Bedeutung. Der Organismus hat daher wirkungsstarke und innerhalb von Sekunden aktivierbare Notfallmechanismen entwickelt, um lebensbedrohende Blutungen zu verhindern. Hierbei ist die Interaktion zwischen Thrombozyten und Gefäßwand als initialer Vorgang von entscheidender Bedeutung.

Adhäsion von Thrombozyten am Subendothel mit Expression adhäsiver und prokoagulatorischer Membranrezeptoren, Aktivierung des Arachidonsäurestoffwechsels (Thromboxan A_2), Aggregation und Sekretion von vasokonstriktorischen Granulainhaltsstoffen (Serotonin) führt zu einem raschen Verschluß der „Leckstelle" durch Thrombusbildung und Gefäßkontraktion. Die gleichzeitige Aktivierung thrombozytenfunktionshemmender, vasodilatierender Mechanismen (Prostazyklin, NO, ADPasen) im benachbarten, nicht geschädigten Gefäßendothel, eventuell initiiert durch die Plättchenaggregation an der Verletzungsstelle (Nowak u. Mitarb., 1989), limitiert die Thrombusbildung auf den Verletzungsort. Eine rasch einsetzende Fibrinolyse fördert die Rekanalisierung des Thrombus und leitet die Heilungsphase ein. Obwohl in der Wirkungsrichtung entgegengesetzt, sind diese Interaktionen zwischen Prostazyklin und Thromboxan A_2 für die lokale Hämostasereaktion ein sinnvoller funktioneller Synergismus.

Pathophysiologie der Hämostasereaktion: Dieses dynamische Gleichgewicht zwischen Faktoren aus der Gefäßwand und zirkulierenden Zellen des Blutes ist bei degenerativen Gefäßerkrankungen, z. B. bei fortgeschrittener Atherosklerose, gestört. Diese Störung betrifft vor allem die Kontrollfunktion des Endothels und die lokale Bildung und Freisetzung endothelialer inhibitorischer Mediatoren wie Prostazyklin, NO und t-PA. Gleichzeitig scheint aber auch die Thrombogenese im Knochenmark verändert zu sein (Martin u. Mitarb., 1991). Als Nettoeffekt resultiert eine leichtere Stimulierbarkeit zirkulierender Thrombozyten, d. h. ein prothrombotischer Zustand.

Weiterer Ausdruck der gestörten Interaktion zwischen Plättchen und Gefäßwand sind Störungen der Vasomotorik (Spasmen). Sie werden ausgelöst durch Katecholamine (s.u.) sowie vasokonstriktorische Thrombozytenprodukte wie TXA_2 und Serotonin (Evans u. Mitarb., 1968; Schrör u. Braun, 1990). Auch beim Menschen sind lokale Vasospasmen ein wichtiger pathogenetischer Faktor des akuten thrombembolischen Gefäßverschlusses bei bestehender Gefäßstenose (Santamore u. Mitarb., 1991).

Im Gegensatz zur lokalen Funktionsstörung des Endothels ist die systemische Bildung plättcheninhibitorischer Faktoren, z. B. von Prostazyklin, auch bei schwerer Atherosklerose *nicht* reduziert, sondern gesteigert (FitzGerald u. Mitarb., 1984). Eventuell besteht hier ein Zusammenhang mit der Freisetzung von Prostaglandinendoperoxiden aus Thrombozyten als Vorstufen der vaskulären Prostazyklinsynthese (s. 2.2.1.3.).

Schließlich ist das Endothel auch Bildungsort von t-PA, d. h. von Kontrollfaktoren der Fibrinolyse. Bei Störungen der Endothelfunktion besteht daher nicht nur eine Thrombozytenhyperreaktivität, sondern auch eine reduzierte Fibrinolyse. Beide Vorgänge begünstigen die Entstehung von Thromben (Thrombozytenaktivierung, Freisetzung vasokonstriktorischer Mediatoren) und verhindern ihre rasche Auflösung.

ASS kann prinzipiell in alle drei Komponenten der Hämostasereaktion eingreifen: Thrombozytenfunktion, plasmatische Gerinnung und Fibrinolyse. Auch wenn diese im folgenden getrennt besprochen werden, ist davon auszugehen, daß eine separate Beeinflussung nur einer Komponente unter klinischen Bedingungen nicht erfolgt.

2.3.1.1. Thrombozytenfunktion

Thromboxan A_2 und Thrombozytenfunktion: Hemmung der thrombozytären Thromboxanbildung ist der für die antithrombotischen ASS-Wirkungen entscheidende Mechanismus (s. 2.2.1.3.). Eine maximale Hemmung der Thrombozytenfunktion tritt in vitro nach 15 min ein (Zucker u. Peterson, 1970). Eine klinisch relevante Hemmung der Thrombozytenfunktion erfordert eine praktisch vollständige (>95%) Hemmung der Thromboxansynthese (Reilly u. FitzGerald, 1987). Die primäre Aggregation, d. h. die Kontraktion des Plättchenzytoskeletts und eventuell die Sekretion der α-Granula (Pengo u. Mitarb., 1985) werden dabei nicht beeinflußt. Der Thromboxanstoffwechselweg ist nicht erforderlich für die Thrombozytenaktivierung durch Thrombin, den wichtigsten endogenen thrombozytenstimulierenden Faktor, und spielt nur eine geringe Rolle für die Thrombozytenaktivierung durch ADP (Moake u. Mitarb., 1988; Yao u. Mitarb., 1992) und Scherstreß (Rajagopalan u. Mitarb., 1988). Diese Fokussierung der ASS-Wirkung auf thromboxanabhängige Mechanismen der Plättchenfunktion ist für die Entwicklung von neuen thrombozytenfunktionshemmenden Pharmaka von erheblicher Bedeutung (Schrör, 1991). Klinischer Ausdruck der Thromboxansynthesehemmung ist eine Verlängerung der Blutungszeit (s. 2.2.1.2.).

Prostaglandin-, Thromboxanrezeptoren und Thrombozytenfunktion beim Myokardinfarkt: Die typischen Veränderungen von Thrombozytenfunktion, PGI_2- und Thromboxanspiegeln bei Patienten mit frischem Myokardinfarkt zeigt Abb. 14 (Mueller u. Mitarb., 1985). Es wird deutlich, daß die Thrombozyten hyperreaktiv sind und gleichzeitig weniger sensibel gegenüber Prostazyklin. Grund dafür könnte

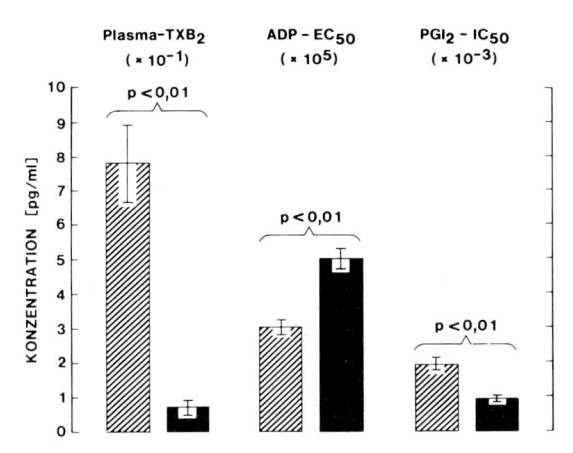

Abb. 14 Erhöhte Plasma-Thromboxanspiegel und Thrombozytenreaktivität bei Patienten mit frischem Myokardinfarkt (□) im Vergleich zu gesunden Kontrollen (■).
Die Plasma-Thromboxan-Spiegel (TXB_2) sind signifikant erhöht. Die proaggregatorische Aktivität gegenüber ADP ist gesteigert: weniger ADP genügt für eine Auslösung der Thrombozytenaggregation (EC_{50}). Gleichzeitig ist die Hemmbarkeit durch PGI_2 (IC_{50}) reduziert: mehr PGI_2 wird für eine 50%ige Aggregationshemmung benötigt — beides Hinweis auf eine gesteigerte Thrombozytenaktivität (nach Mueller u. Mitarb., 1985).

eine erhöhte Anzahl von Thromboxanrezeptoren auf Thrombozyten sein (Dorn II u. Mitarb., 1990), eventuell kombiniert mit einer reduzierten Anzahl von Rezeptoren für Prostazyklin (Jaschonek u. Mitarb., 1986).

ASS und Thrombozytenfunktion: Die für eine Hemmung der thrombozytären Thromboxanbildung erforderlichen ASS-Dosen sind bei stabiler Angina pectoris nicht verschieden bei Gesunden (s. 2.2.1.2.). Ob Plättchen von Patienten mit instabiler Angina pectoris oder frischem Myokardinfarkt weniger sensibel gegenüber „low-dose" ASS (40 mg/die) sind, ist nicht klar (De Caterina u. Mitarb., 1985; Rasmanis u. Mitarb., 1988; Noseda u. Mitarb., 1989). Unklar ist auch, ob eine ASS-Behandlung des frischen Myokardinfarktes die (herabgesetzte) PGI_2 Empfindlichkeit der Thrombozyten günstig beeinflußt. Eine vergleichbare, reduzierte Sensitivität gegenüber der plättcheninhibitorischen Wirkung von Adenosin besteht jedenfalls nicht (Gasser u. Mitarb., 1990).

Da Thromboxan A_2 einen positiven Rückkopplungsmechanismus der Thrombozytenaktivierung darstellt, erscheint möglich, daß bei Hemmung der Thromboxansynthese eine „Aufregulation" der Rezeptorenzahl erfolgt und daraus, z. B. nach Absetzen von ASS, ein erhöhtes Thromboserisiko resultiert. Covatto u. Niewiarowski konnten zeigen, daß bei gesunden Probanden nach 2-wöchiger Therapie mit ASS keinerlei Veränderungen in Art und Anzahl der thrombozytären Thromboxanrezeptoren eintraten (Covatto u. Niewiarowski, 1990).

ASS hemmt in Dosen von 100—600 mg die vaskuläre Prostazyklinbildung um 60—80%. Dies ist nicht gleichbedeutend mit einer reduzierten biologischen Wirkung von Prostazyklin auf die Plättchenfunktion. Im Gegenteil, mehrere Untersuchungen an gesunden Probanden belegen eine erhöhte Sensitivität ASS-behandelter Thrombozyten gegenüber Prostazyklin bzw. cAMP-Erhöhung ex vivo (Philp u. Paul, 1983; Sinzinger u. Mitarb., 1984; Jakubowski u. Mitarb., 1986; Sills u. Mitarb., 1986; Tremoli u. Mitarb., 1987). Dies könnte als Gegenstück zur Abnahme der Prostazyklinrezeptoren beim frischen Myokardinfarkt mit erhöhten zirkulierenden Prostazyklinspiegeln (Vesterqvist u. Mitarb., 1988) interpretiert werden. Allerdings liegen auch gegenteilige Befunde vor (Braun u. Mitarb., 1992).

ASS, Thrombozyten und Katecholamine: Humanthrombozyten verfügen über α_2-Rezeptoren, deren Stimulation, z. B. durch Adrenalin, zur Aggregation, Sekretion und Stimulation der Thromboxansynthese führt. Eine streßinduzierte Adrenalinfreisetzung beim Menschen, auch im Zusammenhang mit diagnostischen Eingriffen, geht mit einer Plättchenaktivierung einher (Gordon u. Mitarb., 1973). Auch aus Tierexperimenten ist seit langem bekannt, daß Streß zur Bildung von Thrombozytenaggregaten in Koronararterien führen kann (Hatt u. Fani, 1973). Der Gedanke ist daher naheliegend, daß eine adrenalininduzierte Thrombozytenaggregation, kombiniert mit einer Vasokonstriktion, einen besonderen Risikofaktor darstellt.

Detaillierte in vitro Untersuchungen zu dieser Fragestellung haben gezeigt, daß Adrenalin die thrombozytenstimulierende Wirkung verschiedener Plättchenagonisten, z. B. PAF und Thromboxanmimetika, potenziert. Diese Potenzierung wird bei Vorbehandlung der Thrombozyten mit ASS nicht aufgehoben (Lanza u. Mitarb.). Auch läßt sich durch ASS in vivo, d. h. in Gegenwart reagibler Blutgefäße, zwar die Freisetzung vasospastischer Mediatoren aus aktivierten Thrombozyten hemmen (Folts u. Mitarb.), nachfolgende Adrenalininfusion unter ASS führt aber sowohl im Zerebral- (Folts u. Mitarb.) als auch Koronarkreislauf (Roux u. Mitarb.) zum erneuten Auftreten von Vasospasmen (Folts u. Mitarb., 1976, 1991; Lanza u. Mitarb., 1988; Roux u. Mitarb., 1991).

Diese Befunde bestätigen zwar prinzipiell die inhibitorische Wirkung von ASS auf die Freisetzung thrombozytenstimulierender und vasokonstriktorischer Mediatoren. Sie zeigen aber auch, daß unter bestimmten Belastungsbedingungen, vor allem Streß mit Adrenalinausschüttung, trotz weitgehend fehlender Thromboxanbildung eine Thrombozytenaktivierung mit Thrombusbildung und Vasospasmen möglich ist. Ein klinischer Bezug zur Primär- und Sekundärprophylaxe thrombembolischer Ereignisse liegt nahe, ist aber wesentlich weniger klar, als man nach diesen experimentellen Daten annehmen sollte (s. 3.2.1.)

ASS-Wirkungen auf die Thrombozytenadhäsion: Über den Zusammenhang zwischen Adhäsion von Thrombozyten an der Gefäßwand in vivo und Aktivierung ihres Arachidonsäurestoffwechsels liegen kaum Untersuchungen vor. Wahrscheinlich ist, daß Thrombozytenstimulation durch Scherstreß im Gegensatz zur Stimulation durch Thrombin nahezu ausschließlich zur Bildung von 12-HETE führt (Rajagopalan u. Mitarb., 1988). Dies könnte erklären, weshalb ASS nur eine geringe Wirkung auf die scherstreßinduzierte Thrombozytenaktivierung hat (Ratnatunga u. Mitarb., 1992) und auch die Progression der atherosklerotischen Gefäßwandveränderungen nicht beeinflußt (s. 3.2.1.). Allerdings antagonisiert ASS wirksam die Hyperkoagulabilität im penilen Kreislauf unter der Erektion (Bormann u. Mitarb., 1987).

Zur Verhinderung einer pathologischen Thrombozytenaktivierung verfügt das Gefäßendothel zusätzlich zu Arachidonsäuremetaboliten (Prostazyklin) noch über mindestens zwei weitere, voneinander unabhängige Inaktivierungsmechanismen für Thrombozyten: Stickstoffmonoxid (NO) und Adenosin. Endotheliales NO entsteht enzymatisch als L-Arginin. Adenosin entsteht unter anderem durch Metabolisierung von thrombozytärem ATP/ADP, das während der Sekretion freigesetzt wird durch ADPasen des Gefäßendothels (Marcus u. Mitarb.). Im Gegensatz zum Arachidonsäurestoffwechsel sind diese beiden Mechanismen nicht durch ASS zu beeinflussen (Marcus u. Mitarb., 1991).

ASS verhindert auch nicht die akute Endothelzelldesquamation nach Zigarettenrauchen bei gewohnheitsmäßigen Rauchern mit koronarer Herzkrankeit (Davis u. Mitarb., 1987), scheint dagegen negative Nikotineffekte auf Thrombozyten und Endothel bei „gesunden" Rauchern günstig zu beeinflussen (Blache u. Mitarb., 1992).

2.3.1.2. Plasmatische Koagulation

In antithrombotischen Dosen (≤ 1 g) beeinflußt ASS die plasmatische Koagulation nicht (Björnsson u. Mitarb., 1989). Dies ist ein weiteres Argument dafür, daß die Verlängerung der Blutungszeit nach ASS primär auf einer Hemmung der Thrombozytenfunktion und eventuell Gefäßtonusabnahme durch Hemmung der Sekretion spasmogener Thrombozytenfaktoren beruht (Verheggen u. Schrör, 1986), aber nicht auf einer Beeinflussung der plasmatischen Gerinnung (Fiore u. Mitarb., 1990). In Übereinstimmung damit verlängert ASS die Blutungszeit bei Patienten mit massiv gestörter plasmatischer Koagulation (Hämophilie) in gleichem Ausmaß wie bei Gesunden (Miehlke, 1981).

In höheren, antirheumatischen Dosierungen ($\geq 3-4$ g) kann dagegen ASS die plasmatische Koagulation hemmen. Es kommt zu einer Störung der Prothrombinsynthese (Wising, 1952) sowie einer verminderten Bildung der ebenfalls Vitamin K-abhängigen Gerinnungsfaktoren VII, IX und X. Der molekulare Wirkungsmechanismus ist nicht bekannt. Auch eine Azetylierung von Antithrombin III wurde nachgewiesen mit möglicher Abschwächung der Heparinwirkung (Villanueva u. Allen, 1986). Damit resultiert die blutungszeitverlängernde Wirkung hoher ASS-Dosen aus einer kombinierten Störung thrombozytärer und plasmatischer Gerinnungsfaktoren.

2.3.1.3. Fibrinolyse

ASS kann die Fibrinolyse auf verschiedenen Ebenen beeinflussen und wirkt dabei wahrscheinlich über unterschiedliche Mechanismen (s.u.). Daher ist die Reaktion abhängig von den jeweiligen pathophysiologischen Bedingungen. Die Basalaktivität von t-PA oder Plasminogen-Aktivator-Inhibitor (PAI-I) wird nicht beeinflußt (Krishnamurti u. Mitarb., 1988; Björnsson u. Mitarb., 1989), auch nicht die Zunahme der fibrinolytischen Aktivität nach Gefäßverletzung (Kyrle u. Mitarb., 1987) oder körperlicher Belastung (Keber u. Mitarb., 1987). Dagegen wurde in mehreren Untersuchungen, vorzugsweise bei gesunden Probanden, eine Hemmung der ischämieinduzierten Fibrinolysesteigerung durch ASS beschrieben und eine Hemmung der endothelialen t-PA- Freisetzung als Mechanismus postuliert. Auch hierbei blieb die PAI-I-Aktivität unverändert (Keber u. Mitarb., 1987; Woods u. Lazzari, 1987; Levin u. Mitarb., 1989; Bertelé u. Mitarb., 1989).

Für Patienten mit endothelialer Dysfunktion aufgrund atherothrombotischer Gefäßläsionen bei transienten ischämischen Attacken (TIA) wurde eine Abnahme der basalen t-PA-Aktivität nach ASS (Hampton u. Mitarb., 1990) trotz erheblicher Zunahme (Verdoppelung) der Blutungszeit berichtet (Woods u. Lazzari, 1988). Die ischämieinduzierte Fibrinolysesteigerung wurde bei TIA-Patienten, im Gegensatz zu Gesunden (s.o.), durch ASS nicht gehemmt (Carriero u. Mitarb., 1987).

Thrombozytenstimulation und Fibrinolyse: Sowohl Fibrinolytika (Streptokinase) als auch Fibrinspaltprodukte können die Thrombozytenaktivität in vitro und in vivo beeinflussen. In vitro stimuliert Streptokinase die Thrombozytenaktivierung. Dieser Effekt ist durch ASS und Thromboxanrezeptorenblocker hemmbar. Auch Streptokinasetherapie des akuten Myokardinfarktes stimuliert Plättchenfunktion und Thromboxanbildung (FitzGerald u. Mitarb., 1988). Allerdings läßt sich auch eine Hemmung der Plättchenaggregation ex vivo nach (langsamer) Streptokinaseinfusion zeigen. Einen ausschließlich plättchen-inhibitorischen Effekt zeigen auch Plasmin und t-PA (Heptinstall u. Mitarb., 1990). Damit scheint Streptokinase direkt die Plättchenfunktion zu stimulieren, ein Effekt, den andere Fibrinolytika, einschließlich t-PA und Urokinase (Terres u. Mitarb., 1989), nicht zeigen und der von plättchen-inhibitorischen Wirkungen durch gebildetes Plasmin abgetrennt werden kann. ASS hat keinen direkten Effekt auf die Antiplasminbildung von Thrombozyten (Woods u. Lazzari, 1988). Aufgrund dieser Befunde wird für jede Lysetherapie mit Streptokinase eine vorherige Plättchenfunktionshemmung empfohlen (Heptinstall u. Mitarb., 1990). Die klinische Bedeutung einer synergistischen Wirkung von ASS und Streptokinase wurde eindrucksvoll in der ISIS-II-Studie (s. 3.2.2.3.) demonstriert.

Mögliche Mechanismen von ASS-induzierten Veränderungen der Fibrinolyse: Die ASS-Wirkungen auf die Fibrinolyse werden durch unterschiedliche Mechanismen vermittelt. Die plättchenfunktionshemmende Wirkung der Substanz ist daran ebenso beteiligt wie eine Hemmung der Freisetzung profibrinolytischer Faktoren aus dem Endothel (t-PA, Prostazyklin) und eine Plättchenaktivierung durch Fibrin(ogen)spaltprodukte.

Bertelé u. Mitarb. (1989) zeigten, daß die Hemmung der ischämieinduzierten Stimulation der Fibrinolyse (venöse Stase) durch ASS nach Vorbehandlung mit einem Prostazyklinmimetikum (Iloprost) aufgehoben wird (Tab. 5).

Tabelle 5 Hemmung der ischämieinduzierten Fibrinolysestimulation durch ASS ex vivo und Aufhebung dieses Effektes durch Iloprost

Behandlung	Euglobulinlyse [mm^2]		nach/vor	P
	vor Stase	nach Stase		
Plazebo	67±13	232±56	4,4	<0,01
ASS	92±15	197±42	2,2	n.s.
Iloprost	79±19	255±93	4,5	<0,01
ASS + Iloprost	76±12	285±37	4,3	<0,01

Die Daten sind Mittelwerte ± Standardfehler (SEM) aus einem Einfachblind-Crossover-Ansatz bei 6 gesunden Probanden. Die Probanden erhielten 2 x 650 mg ASS und/oder 1 ng/kg x min ASS i.v. Iloprost für 1 h vor 10-minütiger venöser Stase des Oberarms
(nach Bertele u. Mitarb., 1989)

In Übereinstimmung mit diesen in vivo Befunden konnten Terres und Mitarb. an einem in vitro-Modell zeigen, daß ASS-Vorbehandlung die Lyse eines Plättchen/Fibrinthrombus durch Urokinase hemmt, während ASS-Zusatz nach abgeschlossener Thrombusbildung keinen Effekt auf die Lysegeschwindigkeit zeigt. PGE$_1$, ein vasodilatierendes Prostaglandin mit plättchenfunktionshemmenden und fibrinolytischen Eigenschaften im Vollblut, verstärkt die Urokinase-Wirkung auf den kombinierten Plättchen/Fibrin-Thrombus. PGE_1 beeinflußt aber nicht die Lyse eines reinen Fibrinthrombus in plättchenfreiem Plasma und verstärkt auch nicht die Urokinasewirkung unter diesen Bedingungen (Terres u. Mitarb., 1989).

Diese Ergebnisse sprechen für Inhibition der vaskulären Prostazyklinsynthese und Inhibition der Thrombozytenfunktion als zwei unterschiedlichen und in der Richtung entgegengesetzten Mechanismen der Fibrinolysebeeinflussung durch ASS. Unabhängig davon kann ASS die Fibrinolyse auch durch eine Azetylierung des Fibrinogens stimulieren. Dies könnte zu einer erhöhten Empfindlichkeit des Fibrins im Thrombus gegenüber Lyse führen (Björnsson u. Mitarb., 1989). Eine neuere Studie berichtete auch über eine leichte Stimulation der Plasminaktivität in Gegenwart von 450 µM (!) ASS in vitro (Milwidsky u. Mitarb., 1991), ein Befund, der wahrscheinlich nicht klinisch relevant ist.

Diese Befunde zeigen, daß ASS die Fibrinolyse auf unterschiedlichen Wegen und z.T. in entgegengesetzter Richtung beeinflußt. Eine Hemmung der Fibrinolyse erfolgt durch Inhibition der Freisetzung profibrinolytischer Faktoren aus dem Endothel und eine Steigerung durch Plättchenfunktionshemmung bei gleichzeitiger Inhibition der Thrombozytenstimulation durch Fibrinolytika (Streptokinase) und Fibrinspaltprodukte. Als Nettoeffekt in der Klinik resultiert nach Ergebnissen einer kürzlich durchgeführten Metaanalyse zur Fibrinolysebeeinflussung durch ASS bei frischem Myokardinfarkt ein Trend zur synergistischen Wirkung von ASS und Fibrinolytika (Basinski u. Naylor, 1991) (s. 3.2.2.2.3.).

Zusammenfassung: Eine innerhalb von Sekunden erfolgende lokale Interaktion zwischen Gefäßwand und Thrombozyten mit Bildung eines wandständigen Thrombus ist die physiologische Aufgabe der Hämostasereaktion. Thromboxan A_2 sowie Thrombozytensekretionsprodukte (z. B. Serotonin) wirken synergistisch auf Plättchenfunktion und führen auch zu einer Gefäßkontraktion, die ein Auswaschen des Thrombus verhindert. Aktivierung der Bildung und Freisetzung thrombozytenfunktionshemmender Faktoren (Prostazyklin, Stickstoffmonoxid, Adenosin) im benachbarten, intakten Gefäßendothel sowie Stimulation der Fibrinolyse limitieren das Thromboswachstum und ermöglichen eine rasche Rekanalisierung des Thrombus mit Wiederherstellung der normalen Blutversorgung.
Bei degenerativen Gefäßwandveränderungen ist die Endothelfunktion gestört. Daraus resultiert eine Thrombozytenhyperreaktivität, die bei Belastung (Streß) sichtbar wird und mit einer erhöhten Thromboxanbildung einhergeht. ASS hemmt thromboxanabhängige Thrombozytenreaktionen, einschließlich der Sekretion von vasoaktiven Produkten (Serotonin), sowie Thromboxan-abhängige vasokonstriktorische Effekte der Thrombozyten auf den Gefäßtonus. Daraus resultiert eine Verlängerung der Blutungszeit. Die plasmatische Koagulation wird erst in sehr hohen ASS-Dosen ($\geq 3-4$ g) gehemmt.
ASS zeigt einen dualen Effekt auf die Fibrinolyse: Hemmung der Plasminogenaktivatorfreisetzung aus dem Endothel, eventuell im Zusammenhang mit der Hemmung der vaskulären Prostazyklinbildung, sowie Wirkungsverstärkung von Fibrinolytika synergistisch mit der Plättchenfunktionshemmung. Letzterer Effekt überwiegt in der Klinik.

Literatur 2.3.1.

Basinski, A., C.D. Naylor: Aspirin and fibrinolysis in acute myocardial infarction — meta analytical evidence for synergy. J. Clin. Epidemiol. 44 (1991) 1085

Bertelé, V., L. Mussoni, G. Pintucci, G. del Rosso, G. Romano: The inhibitory effect of aspirin on fibrinolysis is reversed by iloprost, a prostacyclin analog. Thromb. Haemost. 61 (1989) 286

Björnsson, T.D., D.E. Schneider, H. Berger: Aspirin acetylates fibrinogen and enhances fibrinolysis — fibrinolytic effect is independent of changes in plasminogen-activator levels. J. Pharmacol. Exp. Ther. 250 (1989) 154

Blache, D., D. Bouthillier, J. Davignon: Acute influence of smoking on platelet behaviour, endothelium and plasma lipids and normalization by aspirin. Atherosclerosis 93 (1992) 179

Bornmann, M.S., R.C. Franz, D.J. Jacobs, D.J. Du Plessis: Effect of single dose aspirin on the development of penile hypercoagulability during erection. Brit. J. Urol. 59 (1987) 267

Braun, M., J. Kramann, H. Strobach, M. Palmér, K. Schrör: Unterschiedliche Wirkungen von low-dose ASS auf Thromboxan-Synthese und Serotonin-Sekretion von Humanthrombozyten ex vivo. Z. Kardiol. 81 (Suppl. 1) (1992) 28

Carriero, M.R., G. Pintucci, M.N. Castagnoli, R. Colombo, B. Lombardi: Aspirin does not inhibit fibrinolytic activity in TIA patients after venous occlusion. Thromb. Haemost. 58 (1987) 442

Covatto, R.H., S. Niewiarowski: Platelet thromboxane- A_2/prostaglandin-H_2 receptors in human volunteers on low doses of aspirin. Biochem. Pharmacol. 40 (1990) 1559

Davis, J.W., L. Shelton, D.A. Eigenberg, C.E. Hignite: Lack of effect of aspirin on cigarette smoke-induced increase in circulating endothelial cells. Haemostasis 7 (1987) 66

De Caterina, R., D. Gianessi, A. Boem u. Mitarb.: Equal antiplatelet effects of aspirin 50 or 324 mg/day in patients after acute myocardial infarction. Thromb. Haemost. 54 (1985) 528

Dorn II, G.W., N. Liel, J.L. Trask, D.E. Mais, M.E. Assey, P.V. Halushka: Increased platelet thromboxane A_2/prostaglandin H receptors in patients with acute myocardial infarction. Circulation 81 (1990) 212

Doutremepuich, C., O. Deseze, D. Leroy, M.C. Lalanne, M.C. Anne: Aspirin at very ultra low dosage in healthy volunteers — effects on bleeding time, platelet aggregation and coagulation. Haemostasis 20 (1990) 99

Evans, G., M.A. Packham, E.E. Nishizawa, J.F. Mustard, E.A. Murphy: The effect of acetylsalicylic acid on platelet function. J. Exp. Med. 128 (1968) 877

Fiore, L.D., M.T. Brophy, A. Lopez, P. Janson, D. Deykin: The bleeding time response to aspirin — identifying the hyperresponder. Am. J. Clin. Pathol. 94 (1990) 292

FitzGerald, G.A., J.A. Oates, J.A. Hawiger u. Mitarb.: Endogenous biosynthesis of prostacyclin and thromboxane and platelet function during chronic administration of aspirin in man. J. Clin. Invest. 71 (1983) 676

FitzGerald G.A., B. Smith, A.K. Pedersen, A.R. Brash. Increased prostacyclin biosynthesis in patients with severe atherosclerosis and platelet activation. New Engl. J. Med. 310 (1984) 1065

Fitzgerald, D.J., F. Catella, L. Roy, G.A. FitzGerald: Marked platelet activation in vivo after intravenous streptokinase in patients with acute myocardial infarction. Circulation 77 (1988) 142

Folts, J.D., E.D. Crowell, G.G. Rowe: Platelet aggregation in partially obstructed vessels and its elimination with aspirin. Circulation 54 (1976) 365

Folts, J.D., R.L. Levine, P.L. Kaufman: Cyclic flow reductions in stenosed monkey carotid arteries due to acute platelet thrombus formation: inhibited with aspirin but renewed with epinephrine. Circulation 84 (1991) II—32

Gasser, J.A., K.C.B. Tan, R.H. Jay, J.D. Betteridge: Decreased platelet sensitivity to adenosine and prostacyclin after 150 mg aspirin in patients with acute myocardial infarction and healthy controls. Circulation 82 (1990) III—134

Gordon, J.L., D.E. Bowyer, D.E. Evans u. Mitarb.: Human platelet reactivity during stress in diagnostic procedures. J. Clin. Pathol. 26 (1973) 958

Hampton, K.K., C. Cerletti, L.A. Loizou, F. Bucchi, M.B. Donati: Coagulation, fibrinolytic and platelet function in patients on long term therapy with aspirin 300 mg or 1,200 mg daily compared with placebo. Thromb. Haemost. 64 (1990) 17

Hatt, J.I., K. Fani: Intravascular platelet aggregation in the heart induced by stress. Circulation 47 (1973) 353

Heptinstall, S., D.C. Berridge, H. Judge: Effects of streptokinase and recombinant tissue

plasminogen activator on platelet aggregation in whole blood. Platelets 1 (1990) 177
Jaschonek, K., K.R. Karsch, H. Weisenberger, S. Tidow, C. Faul, W. Renn: Platelet prostacyclin binding in coronary artery disease. J. Am. Coll. Cardiol. 8 (1986) 259
Keber, I., M. Jereb, D. Keber: Aspirin decreases fibrinolytic potential during venous occlusion, but not during acute physical activity. Thromb. Res. 46 (1987) 205
Krishnamurti, C., D.B. Tang, C.F. Barr, B.M. Alving: Plasminogen activator and plasminogen activator inhibitor activities in a reference population. Am. J. Clin. Pathol. 89 (1988) 747
Kyrle, P.A., J. Westwick, M.F. Scully, V.V. Kakkar, G.P. Lewis: Investigation of the interaction of blood-platelets with the coagulation system at the site of plug formation in vivo in man — effect of low-dose aspirin. Thromb. Haemost. 57 (1987) 62
Lanza, F., A. Berettz, A. Stierle, D. Hanau, M. Kubina, J.-P. Cazenare: Epinephrine potentiates human platelet activation but is not an aggregating agent. Am. J. Physiol. 255 (1988) H1276
Levin, R.I., P.C. Harpel, J.G. Harpel, P.A. Recht: Inhibition of tissue plasminogen activator activity by aspirin in vivo and its relationship to levels of tissue plasminogen activator antigen, plasminogen activator inhibitor, and their complexes. Blood 74 (1989) 1635
Marcus, A.J., L.B. Safier, K.A. Hajjar, H.L. Ullman, N. Islam, M.J. Broekman, A.M. Eiroa: Inhibition of platelet function by an aspirin-insensitive endothelial cell ADPase. Thromboregulation by endothelial cells. J. Clin. Invest. 88 (1991) 1690
Martin, J.F., P.M.W. Bath, M.L.W. Burr: Influence of platelet size on outcome after myocardial infarction. Lancet 338 (1991) 1409
McLeod, L.J., M.S. Roberts, P.A. Cossum, J.H. Vial: The effects of different doses of some acetylsalicylic acid formulations on platelet function and bleeding times in healthy subjects. Scand. J. Haematol. 36 (1986) 379
Miehlke, C.H.: Comparative effects of aspirin and acetaminophen on hemostasis. Ann. Int. Med. 141 (1981) 305
Milwidsky, A., Z. Finci-Yeheskel, M. Mayer: Stimulation of plasmin activity by aspirin. Thromb. Haemost. 65 (1991) 389
Moake, J.L., N.A. Turner, N.A. Stathopoulos, L. Nolasco, J.D. Hellums: Shear-induced platelet-aggregation can be mediated by VWF released from platelets, as well as by exogenous large or unusually large VWF multimers, requires adenosine-diphosphate, and is resistant to aspirin. Blood 71 (1988) 1366
Mueller HS, Rao PS, Greenberg MA, Buttrick PM, Sussman II, Levite HA, Grose RM, Perez-Davila V, Strain JE, Spaet TH: Systemic and transcardiac platelet activity in acute myocardial infarction in man: resistance to prostacyclin. Circulation 72 (1985) 1336
Noseda, G., C. Fragiacomo, A. Fransioli, R. Soler, P. Maderno: Die Einflüsse von ASS auf die Plättchenaggregation. Schweiz. Med. Wochenschr. Suppl. 27, 119 (1989) 26
O'Brien, J.R.: Effects of salicylates on human platelets. Lancet I (1968) 779
Pengo, V., M. Boschello, A. Marzari, R. Schiavon, L. Schivazappa: ADP-induced α-granules release from platelets of native whole blood is not inhibited by the intake of aspirin in healthy volunteers. Thromb. Heamost. 54 (1985) 183
Philp, R., M. Paul: Low-dose aspirin renders platelets more vulnerable to inhibition of aggregation by prostacyclin (PGI_2). Prostaglandins Leukotrienes Med 11 (1983) 131
Rajagopalan, S., L.V. McIntire, E.R. Hall, K.K. Wu: The stimulation of arachidonic acid metabolism in human platelets by hydrodynamic stress. Biochim. Biophys. Acta 958 (1988) 108
Rasmanis, G., K. Green, O. Vesterqvist, O. Edhag, P. Henriksson: Effects of intermittent treatment with aspirin on thromboxane and prostacyclin formation in patients with acute myocardial infarction. Lancet 2 (1988) 245
Ratnatunga, C.P., S.F. Edmondson, G.M. Rees, I.B. Kovacs: High-dose aspirin inhibits shear-induced platelet reaction involving thrombin generation. Circulation 85 (1992) 1077
Reilly, I.A.G., G.A. FitzGerald: Inhibition of thromboxane formation in vivo and ex vivo: implication for therapy with platelet inhibitory drugs. Blood 69 (1987) 180
Roux, S.P., K.S. Sakariassen, V.T. Turitto, H.R. Baumgartner: Effect of aspirin and epinephrine on experimentally induced thrombogenesis in dogs. Arteriosclerosis Thromb. 11 (1991) 1182
Santamore, W.P., B.W. Yelton Jr., J.D. Ogilby: Dynamics of coronary occlusion in the pathogenesis of myocardial infarction. J. Am. Coll. Cardiol. 18 (1991) 1397
Schrör, K.: Plättchenfunktionshemmer — neue pharmakologische Ansätze. Hämostaseologie 11 (1991) 66
Schrör, K., M. Braun: Platelets as a source of vasoactive mediators. Stroke 21 (Suppl IV) (1990) 32

Schrör, K., R. Verheggen: Platelets, eicosanoids and coronary vasospasm. In: Prostaglandins in Clinical Research edited by H. Sinzinger, K. Schrör. Alan R. Liss, New York 1987 (p. 165)

Sills, T., A.J. Cowley, S. Heptinstall: Aspirin and dazoxiben as inhibitors of platelet behaviour: modification of their effects by agents that alter cAMP production. Thromb. Res. 42 (1986) 91

Sinzinger, H., J. O'Grady, P. Fitscha, J. Kaliman: Extremely low-dose aspirin (one milligram per day) renders human platelets more sensitive to antiaggregation prostaglandins. New Engl. J. Med. 312 (1984) 1052

Terres, W., C. Beythien, W. Kupper, W. Bleifeld: Effects of aspirin and prostaglandin E_1 on in vitro thrombolysis with urokinase. Evidence for a possible role of inhibiting platelet activity in thrombolysis. Circulation 79 (1989) 1309

Tremoli, E., P. Maderna, S. Colli, L. Mannucci, C.R. Sirtori: The platelet angiaggregatory effect of iloprost is enhanced by aspirin – in vitro and ex vivo studies in human subjects. Thromb. Haemost. 58 (1987) 178

Verheggen, R., K. Schrör: The modification of platelet-induced vasoconstriction by a thromboxane receptor antagonist. J. Cardiovasc. Pharmacol. 8 (1986) 183

Vesterqvist, O.: Measurements of the in vivo synthesis of thromboxane and prostacyclin in humans. Scand. J. Clin. Lab. Invest. 48 (1988) 401

Villanueva, G.B., N. Allen: Acetylation of antithrombin III by aspirin. Semin. Thromb. Haemost. 12 (1986) 213

Wising, P.: Haematuria, hypoprothrombinemia and salicylate medication. Acta Med. Scand. 141 (1952) 256

Woods, A.I., M.A. Lazzari: Aspirin effect on the release of plasminogen activators inhibitors by human platelets. Thromb. Res. 52 (1988) 119

Woods, A.I., M.A. Lazzari: Aspirin effect on platelet antiplasmin release. Thromb. Res. 47 (1987) 269

Yao, S.-K., J.C. Ober, J. McNatt, C.R. Benedict, M. Rosolowsky, H.V. Anderson, K. Cui, J.-P. Maffrand, W.B. Campbell, L.M. Buja, J.T. Willerson: ADP plays an important role in mediating platelet aggregation and cyclic flow variations in vivo in stenosed and endothelium-injured canine coronary arteries. Circ. Res. 70 (1992) 39

Zucker, M.B., J. Peterson:. Effect of acetylsalicylic acid, other nonsteroidal anti-inflammatory agents and dipyridamole on human blood platelets. J. Lab. Clin. Med. 76 (1970) 66–75

2.3.2. Entzündungsreaktionen und Schmerz

Eine Trias von Fiebersenkung, Entzündungshemmung und Analgesie ist für alle nicht-steroidalen Antiphlogistika typisch und Hinweis auf eine Beteiligung von Prostaglandinen (Trang, 1980). Ein solches Wirkungsspektrum zeigt auch ASS, die ursprünglich als antipyretisches Analgetikum eingeführt worden war. Obwohl nach der Entdeckung der Zyklooxygenasehemmung im Jahre 1971 (s. 1.1.) der Wirkungsmechanismus der Substanz geklärt zu sein schien, lassen neuere Befunde Zweifel an der Hypothese aufkommen, daß die Hemmung der Prostaglandinbildung tatsächlich der einzige klinisch relevante Wirkungsmechanismus für die antipyretisch-analgetische Wirkung von ASS und anderen Salicylaten darstellt. Sicher ist dagegen, daß ein erheblicher Anteil der antiphlogistischen Effekte von ASS durch Salicylsäure bewirkt wird.

In den letzten beiden Jahren haben sich durch die Molekularbiologie und Zytokinforschung völlig neue Ansatzpunkte zum Verständnis der antiphlogistischen, analgetischen und antipyretischen ASS-Wirkung ergeben. Hierbei wird zunehmend eine Hemmung zytokininduzierter Reaktionen (Hsia u. Tang, 1992) bzw. der Genexpression für die Synthese entzündungsassoziierter Proteine diskutiert, insbesondere auch die mitogen-induzierbare Isoform der Zyklooxygenase (Xie u. Mitarb., 1992) (s. 2.2.1.2.), die allerdings über das experimentelle Stadium noch nicht hinausgekommen sind. Neuere Untersuchungen sprechen für eine Interaktion von Salicylaten mit „heat-shock"-Proteinen, einer weiteren Klasse von Entzündungsmediatoren (Jurivich u. Mitarb., 1992) sowie eine „Aufregulation" der Genexpression für die Zyklooxygenase auch bei der Rheumatoidarthritis (Sano u. Mitarb., 1992). Man wird annehmen dürfen, daß sich auf diesem Gebiet in den nächsten Jahren ein ähnlich rasanter Erkenntniszuwachs ergibt wie für die antithrombotische Wirkung der Salicylate.

2.3.2.1. Fieber

Die physiologische Regulation der Körpertemperatur erfordert ein genau eingestelltes Gleichgewicht von Wärmeerzeugung und -verbrauch. Die Sollwerteinstellung der Temperatur erfolgt im Hypothalamus. Bei Fieber ist dieser Sollwert nach oben verschoben. ASS und verwandte Substanzen senken eine erhöhte Temperatur auf Kontrollwerte. Sie beeinflussen nicht die normale Körpertemperatur und nicht die Erhöhung der Körpertemperatur bei physischer Belastung oder Erhöhung der Umgebungstemperatur (Dascombe, 1985; Styrt u. Sugarman, 1990).
Ursache der Fieberentstehung ist eine erhöhte Bildung von Zytokinen wie Interleukin (IL)-1 und Tumornekrosefaktor (TNF) durch Leukozyten (Neutrophile, mononukleäre Zellen) und andere Zellen. Dies induziert eine PGE_2 Synthese in den Gefäßen des preoptischen Hypothalamus mit nachfolgender, cAMP-vermittelter Erhöhung der Körpertemperatur. ASS hemmt die Wirkungen dieser Pyrogene durch Hemmung der Prostaglandinsynthese. In Übereinstimmung damit führt PGE_2-Applikation in den Hypothalamus oder Hirnventrikel zu Fieber, das im Gegensatz zu IL-1 oder IL-1-stimulierenden Faktoren nicht durch ASS gehemmt wird. ASS hemmt auch den Anstieg der Körpertemperatur nach Gabe von Interferon, ohne die sonstigen Wirkungen der Substanz (Abgeschlagenheit, Kopfschmerzen, Myalgien) zu beeinflussen (Witter u. Mitarb., 1988).

2.3.2.2. Entzündung

ASS hemmt in antiphlogistischen Dosen die Fettsäurezyklooxygenase und damit die Prostaglandinbildung. Obwohl eine gute Korrelation zwischen diesem Effekt und der entzündungshemmenden Wirkung von nicht-steroidalen Antiphlogistika besteht (Vane u. Botting, 1987), scheint bei ASS die Azetylierung der Zyklooxygenase für die entzündungshemmende Wirkung nicht entscheidend zu sein. Da Salicylsäure mit vergleichbarer Effektivität wie ASS die Prostaglandinsynthese in vivo hemmt (s. 2.2.2.) und auch die Prostaglandinsynthese im entzündeten Gewebe (Chiabrando u. Mitarb., 1987) sowie Entzündungszellen (Higgs u. Mitarb., 1987) (Abb. 15), sollten neben der Azetylierung von Enzymprotein weitere Mechanismen zur antiphlogistischen Wirkung beitragen. Auch ist vorstellbar, daß die Abnahme der Prostaglandinspiegel nach Salicylsäure am Entzündungsort ein Sekundäreffekt ist und primär andere Wirkungen für die Entzündungshemmung entscheidend sind, z. B. Hemmung der Neutrophilenakkumulation und -aktivierung und Modulation der Zytokinproduktion.
Mechanismen der antiphlogistischen Wirkung der Salicylate: Salicylate hemmen die Neutrophilenaktivierung in vitro über einen Prostaglandin-unabhängigen Mechanis-

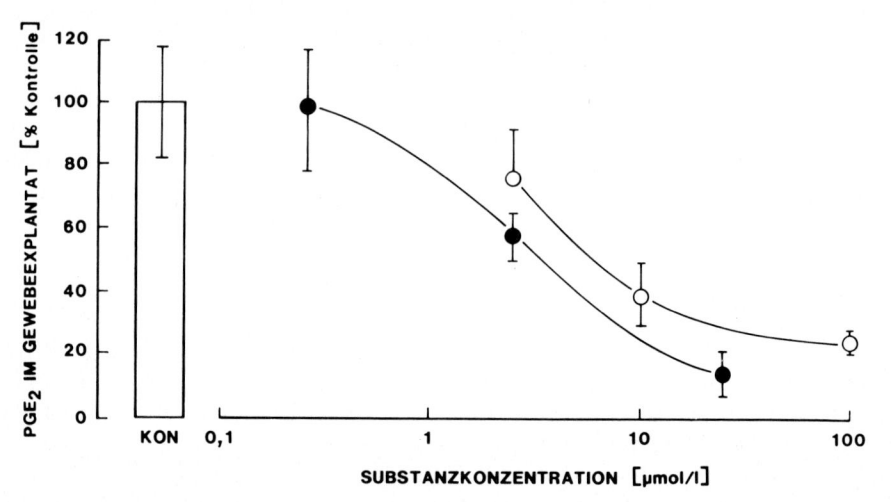

Abb. 15 Hemmung der PGE_2-Bildung in Gewebeexplantaten der Rattensynovia durch ASS (●) und Salicylsäure (○) (nach Higgs u. Mitarb., 1987).

mus (Abb. 13) (s. 2.2.3.2.). Ein solcher inhibitorischer Effekt von Salicylaten würde auch die Hemmung der erhöhten Leukotrien B_4-Synthese durch Neutrophile von Patienten mit Rheumatoidarthritis erklären (Smith u. Mitarb., 1989). In vivo Untersuchungen an Versuchstieren zeigten darüber hinaus, daß eine Prostaglandinsynthesehemmung für die antiinflammatorische Wirkung von ASS nicht erforderlich ist (Chiabrando u. Mitarb., 1987).

Interaktion mit Zytokinen: Zytokine sind (Glyko)proteine mit einem breiten biologischen Wirkungsspektrum, die die humorale und zelluläre Immunantwort in Art und Ausmaß entscheidend bestimmen. IL-1 aus Makrophagen induziert die Sekretion weiterer Zytokine und ist zentral in die Fieberentstehung involviert (s. 2.3.2.1.). ASS hemmt die IL-1 Produktion und stimuliert die Bildung von Interferon-gamma (s. 2.2.3.). Die klinische Bedeutung dieser Mechanismen könnte in einer Modulation entzündungsassoziierter Immunreaktionen sowie einer Beeinflussung von Wachstumsprozessen bestehen (O'Neill u. Mitarb., 1987; Libby u. Mitarb., 1988).

2.3.2.3. Schmerz

Ähnlich wie bei der Entzündungshemmung, ist auch für die analgetische Wirkung von ASS nicht eindeutig geklärt, ob und in welchem Ausmaß eine Prostaglandinsynthesehemmung zur biologischen Wirkung beiträgt. Eine Modellvorstellung über die Funktion von Prostaglandinen bei der Schmerzentstehung zeigt Abb. 16.

Daß Prostaglandine Schmerzen verstärken können („Hyperalgesie"), ist seit langem bekannt und sowohl für den Menschen (Ferreira, 1972) als auch Versuchstiere (Ferreira u. Mitarb., 1978) gut belegt. Noch länger bekannt, aber schon etwas in Vergessenheit geraten, ist die algetische und glattmuskulär stimulierende Wirkung der Arachidonsäure, letztere durch ASS, aber nicht durch Salicylsäure hemmbar (Jaques, 1959).

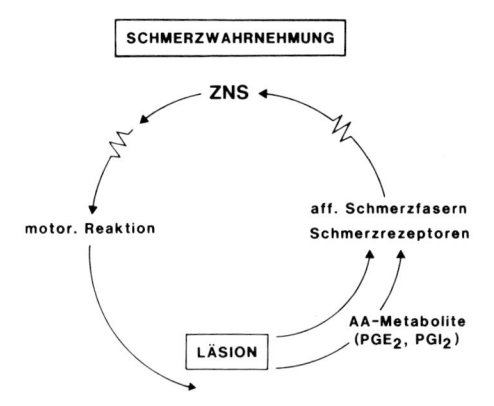

Abb. 16 Prostaglandine und Schmerzentstehung
Stimulation von Schmerzrezeptoren kann als Folge einer Verletzung eintreten. Diese führt nach Passage afferenter Schmerzbahnen letztlich zu einer Schmerzempfindung im sensorischen Kortex. Diese löst ihrerseits eine motorische Reaktion aus mit der möglichen Folge, den Circulus vitiosus zu unterbrechen.
Freisetzung von Arachidonsäure (AA) aus Membranphospholipiden an der Läsionsstelle erlaubt eine lokale Biosynthese von vasodilatierenden Prostaglandinen (PGE$_2$, PGI$_2$), die Schmerzrezeptoren sensibilisieren und damit den Effekt der Läsion auf der Rezeptorebene verstärken (Hyperalgesie).

Prostaglandine und andere Schmerzmediatoren: Die am Entzündungsherd gemessenen Konzentrationen von E- und I-Prostaglandinen sind zu gering, um direkt Nozizeptoren zu erregen (Arturson u. Mitarb., 1973; Brodie u. Mitarb., 1980). Prostaglandine wirken daher eher als „Sensitizer" von afferenten Schmerzfasern bzw. -rezeptoren gegenüber anderen körpereigenen Substanzen, z. B. Histamin, Bradykinin, Serotonin oder Dopamin. Auch scheint diese hyperalgetische Prostaglandinwirkung nach dem Ergebnis tierexperimenteller Studien lediglich einige Minuten anzuhalten, so daß bei längerdauernden Schmerzen andere Entzündungsmediatoren beteiligt sind (Mizumura u. Mitarb., 1991) oder nervale Effekte, z. B. eine Noradrenalin-induzierte Stimulation postganglionärer sympathischer Nervenendigungen (Levine u. Mitarb., 1986), hinzukommen.

Dem sympathischen Nervensystem scheint eine erhebliche Bedeutung für verschiedene Schmerzformen, insbesondere auch dem Entzündungsschmerz, zuzukommen (Koltzenburg u. Mitarb., 1991). Schmerzkorrelate in Tierversuchen sind nur bei funktionsfähigen postganglionären adrenergen Nervenfasern nachweisbar (Levine u. Mitarb., 1986). Eine Hemmung der Prostaglandinsynthese hebt die algetischen adrenergen (Langzeit)effekte auf, Hinweis auf eine Prostaglandin-induzierte Sensitisicrung von Nozizeptoren. Ähnliche Befunde ergaben sich auch für Bradykinin (Levine u. Mitarb., 1986; Taiwo u. Mitarb., 1990; Koltzenburg u. Mitarb., 1991).

Subdermale Infusion von PGE$_1$ gemeinsam mit Subschwellendosen von Bradykinin oder Histamin verursacht Schmerz (Ferreira, 1972). Diese Hyperalgesie nach Gabe von Prostaglandinen wird durch ASS nicht beeinflußt, wohl aber die algetische Wirkung von Arachidonsäure. Dies spricht für eine Hemmung der Prostaglandinsynthese als Mechanismus der analgetischen Wirkung von ASS in diesem Versuchsansatz und eine synergistische Wirkung von (vasodilatierenden) Prostaglandinen mit anderen Schmerzmediatoren.

Zyklooxygenasehemmung und analgetische Wirkung von Salicylaten: Salicylsäure hemmt die Zyklooxygenase in analgetischen Dosierungen nicht (Brune u. Mitarb., 1981). Bei chiralen nicht-steroidalen Antiphlogistika erwies sich auch das nicht-prostaglandinsynthesehemmende Stereoisomer als praktisch gleichpotentes Analgetikum, Hinweis für eine von der Prostaglandinsynthesehemmung unabhängige Wirkkomponente (Brune u. Mitarb., 1991). Untersuchungen an gesunden Probanden konnten keine Korrelation zwischen Salicylatplasmaspiegeln und analgetischer Wirkungsstärke nachweisen (Bromm u. Mitarb., 1991). Ähnliche Befunde wurden kürzlich auch beim Vergleich von Ibuprofen mit dem nicht-antiphlogistisch wirkenden Parazetamol erhalten: Die therapeutische Effektivität hinsichtlich Besserung der klinischen Schmerzsymptomatik von Patienten mit Rheumatoidarthritis war gleich (Bradley u. Mitarb., 1991). Alle diese Befunde machen es sehr wahrscheinlich, daß die analgetische Wirkung von ASS komplexer Natur ist und sowohl zentrale als auch periphere Mechanismen zusätzlich zu Prostaglandinen beinhaltet.

Zusammenfassung: Die analgetische, antipyretische und antiphlogistische Wirkung von ASS beinhaltet unterschiedliche Wirkungsmechanismen. Eine Hemmung der Prostaglandinsynthese ist wahrscheinlich an allen drei Effekten beteiligt. Hinzu kommen Eigenwirkungen der Salicylsäure, wie Hemmung der Neutrophilenaktivierung sowie Modulation der Zytokinbildung und -wirkung. Letztere Effekte scheinen für die Entzündungshemmung eine besondere Bedeutung zu haben. Die „Hyperalgesie" wird entscheidend durch die Prostaglandinbildung bestimmt. Sie wird vorwiegend durch ASS, aber sehr viel weniger durch Salicylsäure gehemmt. Insgesamt ist ASS vorzugsweise für solche Schmerzformen geeignet, bei denen ASS-sensitive Mediatoren für die Schmerzempfindung entscheidend beteiligt sind. Damit verbunden ist allerdings auch ein potentielles Risiko, das Signal „Schmerz" als Zeichen einer Homoiostasestörung zu übersehen. Dies gilt z. B. für das Magenulkus und belastungsinduzierte Myokardischämien bei Risikopatienten unter ASS-Therapie (s. 3.2.2.2.).

Literatur 2.3.2.

Abramson, S., H. Korchak, R. Ludewig, H. Edelson, K. Haines, R.I. Levin, R. Herman, L. Rider, S. Kimmel, G. Weissmann: Modes of action of aspirin-like drugs. Proc. Natl. Acad. Sci. (USA) 82 (1985) 7227

Arturson, G., M. Hamberg, C.-E. Jonsson: Prostaglandins in human burn blister fluid. Acta Physiol. Scand. 87 (1973) 270

Bradley, J.D., K.D. Brandt, B.P. Katz, L.A. Kalasinski, S.I. Ryan: Comparison of an anti-inflammatory dose of ibuprofen, an analgesic dose of ibuprofen, and acetaminophen in the treatment of patients with osteoarthritis of the kull. New Engl. J. Med. 325 (1991) 87

Brodie, M.J., C.N. Hensby, A. Parke, D. Gordon: Is prostacyclin the major proinflammatory prostanoid in joint fluid? Life Sci. 27 (1980) 603

Bromm, B., Rundshagen, I., Scharein, E: Central analgesic effects of acetylsalicylic acid in healthy men. Arzneimittelforsch. 41 (1991) 1123

Brune, K., W.S. Beck, G. Geisslinger, S. Menzel-Soglowek, B.M. Peskar, B.A. Peskar: Aspirin-like drugs may block pain independently of prostaglandin synthesis inhibition. Experientia 47 (1991) 257

Brune, K., K.D. Rainsford, K. Wagner, B.A. Peskar: Inhibition by anti-inflammatory drugs of prostaglandin production in cultured macrophages. Naunyn-Schmiedeberg's Arch. Pharmacol. 315 (1981) 269

Chiabrando, C., M.G. Castelli, E. Cozzi, R. Fanelli, A. Campoleoni: Antiinflammatory action of salicylates: aspirin is not a prodrug for salicylate against rat carrageenin pleurisy. Eur. J. Pharmacol. 159 (1989) 257

Dascombe, M.J.: The pharmacology of fever. Prog. Neurobiol. 25 (1985) 327

Ferreira, S.H.: Prostaglandins, aspirin-like drugs and analgesia. Nature New Biol. 240 (1972) 200

Ferreira, S.H., M. Nakamura, M.S.A. Castro: The hyperalgesic effects of prostacyclin and prostaglandin E_2. Prostaglandins 16 (1978) 31

Higgs, G.A., J.A. Salmon, B. Henderson, J.R. Vane: Pharmacokinetics of aspirin and salicylate in relation to inhibition of arachidonate cyclooxygenase and antiinflammatory activity. Proc. Natl. Acad. Sci. (USA) 84 (1987) 1417

Hsia, J., T. Tang: Aspirin as a biological response modifier. In: Goldstein, A.L., E. Garaci: Combination Therapies. Plenum Press, New York 1992, pp. 131–137

Jacques, R.: Arachidonic acid, an unsaturated fatty acid which produces slow contractions of smooth muscle and causes pain. Pharmacological and biochemical characterisation of its mode of action. Helv. Physiol. Acta 17 (1959) 255

Juan, H.: Prostaglandins as modulators of pain. Gen. Pharmacol. 9 (1978) 403

Jurivich, D.A., L. Sistonen, R.A. Kroes, R.I. Morimoto: Effect of sodium salicylate on the human heat shock response. Science 255 (1992) 1243

Koltzenburg, M., S.B. McMahon: The enigmatic role of the sympathetic nervous system in chronic pain. TiPS 12 (1991) 399

Levine, J.D., Y.O. Taiwo, S.D. Collins, J.K. Tam: Noradrenaline hyperalgesia is mediated through interaction with sympathetic postganglionic neurone terminals rather than activation of primary afferent nociceptors. Nature 323 (1986) 158

Libby, P., S.J.C. Warner, G.B. Friedman: Interleukin 1: A mitogen for human vascular smooth muscle cells that induces the release of growth-inhibitory prostanoids. J. Clin. Invest. 81 (1988) 487

Milton, A.S.: Prostaglandins in fever and the mode of action of antipyretic drugs. In: Pyretics and Antipyretics, Handbook of Experimental Pharmacology, Vol. 60, edited by A.S. Milton, Springer Berlin 1982 (pp. 257-303)

Mizumura, K., J. Sato, T.G. Kumazawa: Comparison of the effects of prostaglandins E_2 and I_2 on testicular nociceptor activities studied in vitro. Naunyn-Schmiedeberg's Arch. Pharmacol. 344 (1991) 368

O'Neill, L.A.J., M.L. Barrett, G.P. Lewis: Induction of cyclo-oxygenase by interleukin-1 in rheumatoid synovial cells. FEBS Lett. 212 (1987) 35

Sano, H., T. Hla, J.A.M. Maier, L.J. Crofford, J.P. Case, Th. Maciag, R.L. Wilder: In vivo cyclooxygenase expression in synovial tissues of patients with rheumatoid arthritis and osteoarthritis and rats with adjuvant and streptococcal cell wall arthritis. J. clin. Invest. 89 (1992) 97

Smith, D.M., H. Gonzales, J.A. Johnson, R.C. Franson, R.A. Turner: Phospholipid-metabolism in polymorphonuclear leukocytes from rheumatoid-arthritis patients – effects of non-steroidal anti-inflammatory agents and clotrimazole. Int. J. Immunopharmacol. 11 (1989) 45

Styrt, B., B. Sugarman: Antipyresis and fever. Arch. Intern. Med. 150 (1990) 1589

Trang, L.E.: Prostaglandins and inflammation. Sem. Arthritis Rheum. 9 (1980) 153

Vane, J.R., R. Botting: Inflammation and the mechanism of action of antiinflammatory drugs. FASEB J. 1 (1987) 89

Vane, J.R.: Inhibition of prostaglandins biosynthesis as a mechanism of action of aspirin-like drugs. Nature New Biol. 231 (1971) 232

Velagapudi, R., R. Brueckner, J.G. Harter, C.C. Peck, C.T. Viswanathan: Pharmacokinetics (PK) and pharmacodynamics (PD) of aspirin analgesia. Clin. Pharmacol. Ther. 47 (1990) 179

Wilkinson, M.F., N.W. Kasting: Central vasopressin V1-blockade prevents salicylate but not acetaminophen antipyresis. J. Appl. Physiol. 68 (1990) 1793

Witter, F.R., A.S. Woods, M.D. Griffin, C.R. Smith, P. Nadler: Effects of prednisone, aspirin, and acetaminophen on an in vivo biologic response to interferon in humans. Clin. Pharmacol. Ther. 44 (1988) 239

Xie, W., D.L. Robertson, D.L. Simmons: Mitogen-inducible prostaglandin G/H synthase: A new target for nonsteroidal antiinflammatory drugs. Drug Develop. Res. 25 (1992) 249

3. Klinische Anwendung von Acetylsalicylsäure

Die klinischen Anwendungsmöglichkeiten von ASS sind ebenso vielfältig wie das Wirkungsspektrum der Substanz. Allerdings werden nicht alle Wirkqualitäten von ASS auch therapeutisch genutzt. Dies gilt z. B. für die hypoglykämische und urikosurische Wirkung der Substanz, die bei höheren Dosen (>2 g/die) beobachtet werden. Für beide Indikationen stehen besser verträgliche und wirksamere Alternativen zur Verfügung. Eine mögliche Beeinflussung der Tumorrate, insbesondere von Kolonkarzinomen, bei langdauernder Einnahme ist noch nicht geklärt (s. 3.3.1., s. 4.1.2.3.). Die Prostaglandinsynthesehemmung in Magen-Darm-Mukosa (s. 4.3.1.) und Niere (s. 4.3.2.) sowie zentralnervöse Effekte auf das audiovestibuläre System (s. 4.3.3.) sind ausschließlich toxikologisch bedeutsam.

Im Vordergrund der klinisch-therapeutischen Anwendung von ASS stehen heute zwei Indikationsbereiche: entzündliche Erkrankungen mit Fieber und Schmerzen sowie thrombotische Erkrankungen, vorzugsweise aufgrund einer intravaskulären Thrombozytenaktivierung. Zwischen beiden Anwendungsformen von ASS besteht ein entscheidender Unterschied: Die Ausnutzung der entzündungshemmenden sowie antipyretisch-analgetischen Wirkung erfolgt in kurativer Absicht und erfordert eine höhere Dosierung ($\geq 1-2$ g/die). Die Ausnutzung der thrombozytenfunktionshemmenden Eigenschaften der Substanz bei kardiovaskulären Erkrankungen (s. 3.2.2., s. 3.2.4.), zerebrovaskulären Erkrankungen (s. 3.2.3.) und Präeklampsie (s. 3.2.5.) erfolgt ausschließlich präventiv, wobei niedrige Dosierungen ($\leq 0,1$ g/die) offenbar ausreichend sind. Der Gedanke ist daher naheliegend, daß auch unterschiedliche Wirkqualitäten von ASS für diese klinischen Effekte verantwortlich sind, z. B. Salicylsäure als antiinflammatorischer und antipyretischer Wirkstoff und Acetylsalicylsäure, d. h. (Plättchen)zyklooxygenasehemmung, für die antithrombotische Wirkung.

3.1. Entzündliche Erkrankungen, Schmerzen und Fieber

ASS wurde ursprünglich als antipyretisches Analgetikum in die Therapie eingeführt und über 70 Jahre allein zu diesem Zweck verwendet. Auch heute noch ist ASS für diese Indikation ein bei Medizinern und Laien gleichbeliebtes Hausmittel („Take an Aspirin!").

Dabei wird häufig übersehen, daß ASS ein hochpotentes Arzneimittel ist mit einer, gemessen an der antiphlogistischen Dosierung von $\geq 3-4$ g/die, vergleichsweise geringen therapeutischen Breite von ca. 3–4. Dies bedeutet, daß Einnahme der vierfachen antiphlogistischen Dosis beim Erwachsenen zu einer letalen Vergiftung führen kann. Probleme anderer Art, aber nicht weniger wichtig, bestehen bei der chronischen Salicylat-Intoxikation. Beide Themen werden im Kapitel „Toxikologie" separat besprochen.

An dieser Stelle wird lediglich die therapeutische Anwendung von ASS zur Behandlung akuter sowie chronischer Entzündungen und Schmerzzustände diskutiert. Dabei zeigt sich, daß ASS und nichtazetylierte Salicylsäureverbindungen äquipotente Substanzen sind. Eine Sonderstellung nimmt das Kawasaki- Syndrom ein. Hier sind

für eine erfolgreiche Behandlung sowohl antiphlogistische als auch plättchenfunktionshemmende Wirkungen der Salicylate erforderlich. Damit ist eine Präferenz für ASS gegeben.
Die analgetische Wirkung von ASS ist von der Schmerzform abhängig. Dabei sprechen entzündungs- bzw. ischämieassoziierte Schmerzzustände besonders gut auf ASS an. Eine Sonderstellung nimmt hier der Kopfschmerz ein und die mögliche Gefährdung des Patienten durch unkontrollierte Langzeiteinnahme analgetischer Mischpräparate.

3.1.1. Schmerzhafte Zustände

3.1.1.1. Antiphlogistisch-antirheumatische Therapie

ASS ist nach wie vor Standardtherapeutikum zur Therapie des akuten rheumatischen Fiebers und wird auch bei anderen Erkrankungen des rheumatischen Formenkreises angewendet. Die erforderlichen Tagesdosen liegen bei Patienten mit rheumatischen Gelenkerkrankungen im Bereich von 3–4 g und darüber. Dabei können erhebliche Nebenwirkungen auftreten (Blutungen, Magen-Darm-Beschwerden, Tinnitus) (Kolodny, 1988). Diese Nebenwirkungen sowie die schlechte Verträglichkeit der Substanz in der erforderlichen hohen Dosierung haben heute in diesem Indikationsbereich zum weitgehenden Verzicht auf ASS und Ersatz durch symptomatische Antirheumatika vom Indometazin-Typ geführt.
ASS und Salicylsäure scheinen eine ähnliche antiphlogistisch/antipyretische Wirkungsstärke aufzuweisen und hemmen beide in antiphlogistischer Dosierung die Prostaglandinsynthese entzündeter Gewebe (s. 2.3.2.2.). Damit stellt sich die Frage, ob eine Azetylierung von Salicylsäure die antiphlogistische Wirkungsstärke zusätzlich steigert oder ASS lediglich ein besser verträgliches „Prodrug" für den eigentlichen Wirkstoff Salicylsäure ist.

April u. Mitarb. verglichen in einer randomisierten Doppelblindstudie die klinische Wirksamkeit von ASS (3,6 g/die) mit Salsalat (3 g/die) bei 233 Patienten mit Rheumatoidarthritis. Die Therapiedauer betrug 12 Wochen. 12% der Patienten beider Gruppen brachen die Therapie wegen nicht zufriedenstellender klinischer Verbesserung ab, 4% der Salsalat-behandelten und 6% der ASS-behandelten Patienten wegen Ineffektivität und Nebenwirkungen (Magenblutungen, Hörstörungen u.a.). Die klinische Wirksamkeit (Gelenkschwellungen u.a.) von ASS war etwas schlechter als die von Salsalat und die Nebenwirkungsinzidenz, einschließlich erforderlicher Komedikation von Antazida, höher. Aus den Ergebnissen wurde geschlossen, daß eine Azetylierung die entzündungshemmende Wirkung der Salicylsäure nicht verstärkt. Zu ähnlichen Ergebnissen kamen Preston u. Mitarb. beim Vergleich von mikroverkapselter ASS mit mikroverkapseltem Na-Salicylat (jeweils 1,2 g q.i.d. für 2 Wochen): Die antiphlogistisch-analgetische Wirkungsstärke beider Präparate war gleich (April u. Mitarb., 1989; Preston u. Mitarb., 1989).

Diese Befunde stimmen mit der Hypothese überein, daß für die antiphlogistisch-analgetische Wirkung der Salicylate eine Azetylierung nicht erforderlich ist. Entsprechend wurde auch die Empfehlung ausgesprochen, nicht-azetylierte Salicylate mit geringer lokaler Reizwirkung bei der Therapie entzündlich-rheumatischer Gelenkerkrankungen der ASS vorzuziehen (Altman, 1988).

3.1.1.2. Analgetisch-antipyretische Therapie

Chronische Schmerzzustände, z. B. im Zusammenhang mit Ischämie, Spasmen, Frakturen, Tumoren oder fieberhaften Erkrankungen werden durch unterschiedlichste Noxen ausgelöst und erfordern entsprechend auch eine differenzierte analgetische Therapie (Zimmermann, 1986). ASS ist aufgrund der Prostaglandinsynthesehemmung (s. 2.3.2.) vor allem zur Behandlung von prostaglandinassoziierten fieberhaften Schmerzzuständen geeignet. Fieber ist eine natürliche Abwehrreaktion des Organismus. Daher sollte die Entscheidung über eine analgetisch/antipyretische Therapie in Abwägung zu möglichen unerwünschten Effekten (Kreislaufbelastung, neurologische Funktionsstörungen, Fieberkrämpfe) im konkreten Einzelfall getroffen werden (Styrt u. Sugarman, 1990). ASS ist vermutlich auch ein wirksames Prophylaktikum für die temperaturinduzierte Thrombozytenaktivierung beim Hitzschlag (Gader u. Mitarb., 1990).

Beurteilung der analgetischen Wirkungsstärke: Die analgetische Wirksamkeit von ASS läßt sich, ähnlich wie bei allen Arzneimitteln, nur im Doppelblindvergleich gegen ein Referenzpräparat bzw. Plazebo quantifizieren. Dabei gilt als Erfahrungswert, daß die Verum- (ASS)Wirkung etwa das Doppelte der Plazebowirkung beträgt. Allerdings besteht eine Abhängigkeit von der Art der Schmerzen: Postoperative Schmerzen sind wesentlich schwerer zu beeinflussen als Krämpfe glattmuskulärer Organe (Uterus) (Laska u. Mitarb., 1982) (Tab. 6).

Tabelle 6 Analgetische Wirkungsstärke von ASS in Abhängigkeit von Schmerzursache und -stärke bei akuten geburtshilflich/gynäkologischen Schmerzzuständen

Art des Schmerzes	subj. Beurteilung des Schmerzgrades	n (=100%)	Patienten mit vollständiger Schmerzfreiheit [%]			
			Plazebo 325	ASS [mg] 650	1330	1950
Uterusspasmen	mäßig	657	38	54	66	67
	schwer	1795	22	51	53	60	70
Episiotomie	mäßig	296	11	25	40	45
	schwer	1239	5	23	32	36	47
post-chirurgisch (30% Sectio)	schwer	3244	0	10	28	33	33

(nach Laska u. Mitarb., 1982)

Diese unterschiedliche Schmerzperzeption erschwert die objektive Bewertung der analgetischen Wirkungsstärke von Substanzen beträchtlich. Als Modell zur Abschätzung der analgetischen Potenz wird häufig der postoperative Schmerz nach Extraktion eines Backenzahnes verwendet. Die Schmerzintensität wird dabei mit Hilfe einer visuellen Analogskala quantifiziert. Abb. 17 zeigt die analgetische Wirkung von ASS in einem solchen Versuchsansatz (Skjelbred, 1984).

Bedeutung der galenischen Zubereitung: Aus pharmakokinetischen Untersuchungen ist bekannt, daß (vor)gelöste ASS rascher und vollständiger resorbiert wird und zu höheren Plasmaspiegeln führt als Standard-ASS-Tabletten (s. 2.1.1.1.) (Abb. 4). Dies spiegelt sich auch in der analgetischen Wirkung wider. Die Schmerzintensität

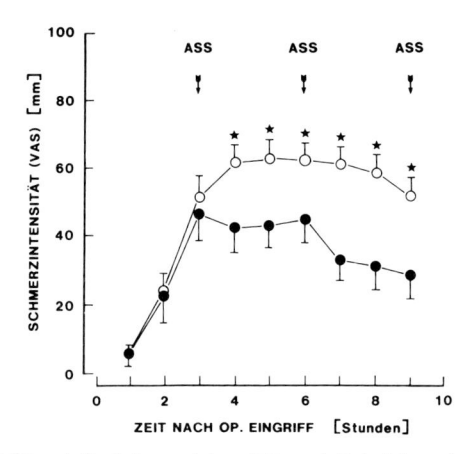

Abb. 17 Wirkung von ASS auf die Schmerzintensität nach Extraktion eines Backenzahns im Vergleich zu Plazebo.
ASS (0,5 g) (●) oder Plazebo (○) wurden in einem 3-stündigen Intervall nach dem operativen Eingriff gegeben. Die erste Gabe erfolgte zum Zeitpunkt 3 h. Die Schmerzintensität wurde mit einer visuellen Analogskala (VAS) von „O" (kein Schmerz) bis „100" (unerträgliche Schmerzen) quantifiziert.
Während unter Plazebo die Schmerzintensität unverändert blieb, führte ASS zu einer signifikanten (*) Reduktion der Schmerzwahrnehmung (nach Skjelbred, 1984).

nach Zahnextraktion war in einer Doppelblind-Studie nach 1,2 g ASS als Standardtablette im Vergleich zu Plazebo um 50% reduziert und um 65% nach Einnahme der gleichen ASS-Dosis in gelöster Form (Seymour u. Mitarb., 1986). Ähnliche Befunde wurden auch von anderen Autoren berichtet (Holland u. Mitarb., 1988; Nelson u. Mitarb., 1989) und sprechen insgesamt für eine bessere Wirkung (vor)gelöster ASS. Allerdings ist nicht klar, ob die analgetische Wirkung von ASS mit dem Salicylatplasmaspiegel korreliert ist (Velagapudi u. Mitarb., 1990).

Migräne und Spannungskopfschmerz: ASS gehört zu den Standardmedikationen bei der Behandlung des akuten Migräneanfalls sowie anderer Formen von Kopfschmerz. Der exakte Wirkungsmechanismus ist nicht bekannt. Antiserotoninerge Effekte im Zusammenhang mit Hemmung der Thromboxanbildung und Serotoninsekretion der Thrombozyten werden ebenso diskutiert wie rein zentrale Wirkungen im Zusammenhang mit einer Aktivierung antinozizeptiver Hirnstammreflexe (Soyka, 1985; Diamond u. Millstein, 1988; Göbel u. Mitarb., 1992).

In der US-amerikanischen Ärztestudie zur Primärprophylaxe des Myokardinfarkts (s. 3.2.1.) wurde als Nebenbefund auch eine signifikante Senkung der „Migräne"rate um 20% in der ASS- Gruppe berichtet. Der Beobachtungszeitraum betrug 5 Jahre. Die Inzidenz eines nach Selbsteinschätzung der Probanden „gelegentlichen Nicht-Migräne-Kopfschmerzes" blieb dagegen unverändert und betrug 38% in der ASS- und 39% in der Plazebogruppe (Buring u. Mitarb., 1990).

Chronische Kopfschmerzen gehören zu den häufigsten Ursachen eines Analgetikamißbrauchs. Diese Gefahr ist für rezeptfrei erhältliche Wirkstoffe wie ASS besonders relevant. ASS allein oder in Kombination mit anderen „Wirkstoffen" (Barbiturate, Vitamine, Homöopathika u.a.) kann bei chronischem Langzeitgebrauch selbst

Kopfschmerzen hervorrufen. Interessanterweise tritt dieser pharmakoninduzierte Kopfschmerz nur bei Patienten auf, die schon primär an Kopfschmerzen leiden, nicht dagegen bei Gesunden (Lance u. Mitarb., 1988; Edmeads, 1990). Dies wird als Hinweis auf eine Anomalie von antinozizeptiven Hirnstammfunktionen angesehen (Göbel u. Mitarb., 1992).

Regelmäßige Einnahme von ASS bei Kopfschmerzen (>45 g/Monat) kann zu Analgetika-induziertem Dauerkopfschmerz führen. Mögliche Erklärung dafür ist eine ASS-induzierte kontinuierliche Erhöhung antinozizeptiver Hirnstammaktivitäten. Mögliche Folge davon ist eine zunehmende Erschöpfung des serotoninergen Systems mit Toleranzentwicklung und erforderlicher Dosissteigerung des Analgetikums. Absetzen der Substanz geht dann mit dem Auftreten von Kopfschmerzen als „rebound" Phänomen einher (Göbel u. Mitarb., 1992).

Aus diesen Gründen gehört das Absetzen analgetischer (Misch)medikationen zu den ersten wirksamen Maßnahmen bei der Behandlung chronischer Kopfschmerzen (Diener u. Mitarb., 1989).

Schmerzzustände und Kombinationspräparate: Eine vieldiskutierte Frage ist, ob Zusatz von Begleitstoffen in analgetischen Mischpräparaten die analgetische Wirkungsstärke des Analgetikums erhöht. Einige wenige Untersuchungen haben z. B. bei Spannungskopfschmerz (Coffein) (Thoden u. Mitarb., 1990) oder Schmerzen infolge Alkoholneuropathie (Thiamin) Hinweise für eine additive analgetische Wirkung ergeben. Eine geringfügige (+6%) Zunahme des Salicylatplasmaspiegels wurde bei gleichzeitiger Einnahme von Coffein (120 mg) beschrieben (Yoovathaworn u. Mitarb., 1986). Dabei ist allerdings nicht belegt, daß eine Erhöhung des Salicylatspiegels im Plasma zu einer Verstärkung der analgetischen Wirkung von ASS führt (Bromm u. Mitarb., 1991). Für die weit überwiegende Anzahl analgetischer Mischpräparate ist eine Wirkungsverstärkung durch Zusatzkomponenten nicht belegt. Dagegen nimmt das Allergierisiko statistisch mit der Anzahl der (preiserhöhenden) Zusätze zu.

Eine weitere potentielle Gefährdung des Konsumenten durch fixe Analgetikakombinationen besteht im Risiko einer Sucht- bzw. Gewohnheitsbildung. Dies wird z. B. für Coffein beschrieben (Griffiths u. Woodson, 1988). Bei jahrelangem Analgetikaabusus können neben Kopfschmerzen (s.o.) auch toxische Organfunktionsstörungen resultieren. Am bekanntesten ist die Analgetikanephropathie („Phenazetinniere"), für die Coffein ein besonderer Risikofaktor zu sein scheint (s. 4.3.2.1.). Aus diesen Gründen sind fixe analgetische Arzneimittelkombinationen ohne Nachweis einer Wirkungsverstärkung im kontrollierten klinisch-pharmakologischen Ansatz grundsätzlich abzulehnen.

Zusammenfassung: ASS gehört zu den am häufigsten verwendeten antipyretischen Analgetika. Die für diesen Effekt erforderlichen Einzeldosen liegen im Bereich von 0,5–1 g. Für die antiphlogistische Therapie sind Dosierungen von mindestens 2 g/die erforderlich. Die analgetische Wirksamkeit von ASS bei Entzündungsschmerzen wird wahrscheinlich durch Salicylsäure vermittelt. ASS ist in Form gut wasserlöslicher bzw. (vor)gelöster Zubereitungen besser und rascher wirksam. Der Nutzen ASS-haltiger analgetischer Mischpräparate ist vielfach nicht belegt und steht in keinem Verhältnis zur Menge und Zusammensetzung der angebotenen Substanzgemische. Das Risiko unerwünschter Nebenwirkungen, einschließlich

Organschäden (Analgetikanephropathie) sowie Gewöhnung und Abhängigkeit, ist vor allem bei chronischem Mißbrauch erheblich. Eine der ersten sinnvollen Maßnahmen bei chronischen Schmerzzuständen mit Analgetikamißbrauch, z. B. Kopfschmerzen, besteht daher darin, alle Schmerzmedikationen abzusetzen.

Literatur 3.1.1.

Altman, R.D.: Salicylates in the treatment of arthritic disease. How safe and effective? Postgrad. Med. 84 (1988) 206

April, P.A., M. Abeles, H.S.B. Baraf, S.A. Cohen, N.N.: Does the acetyl group of aspirin contribute to the antiinflammatory efficacy of salicylic acid in the treatment of rheumatoid arthritis? J. Rheumatol. 16 (1989) 321

Bromm, B., I. Rundshagen, E. Scharein: Central analgesic effects of acetylsalicylic acid. Arzneim.Forsch./Drug Res. 41 (1991) 1123

Buring, J.E., R. Peto, C.H. Hennekens: Lowdose aspirin for migraine prophylaxis. JAMA 264 (1990) 1711

Diamond, S. Millstein, E.: Current concepts of migraine therapy. J. Clin. Pharmacol. 28 (1988) 193

Diener, H.C., J. Dichgans, E. Scholz, S. Geiselhart, W.D. Gerber: Analgesic induced chronic headache: long-term results of withdrawal therapy. J. Neurol. 236 (1989) 9

Edmeads, J.: Analgesic-induced headache: an unrecognized epidemic. Headache 30 (1990) 614

Gader, A.M.A., S.A. Al-Mashhadani, S.S. Al-Harthy: Direct activation of platelets by heat is the possible trigger of the coagulopathy of heat stroke. Br. J. Haematol. 74 (1990) 86

Göbel, H., M. Ernst, J. Jeschke, R. Keil, L. Weigle: Acetylsalicylic acid activates antinociceptive brain-stem reflex activity in headache patients and in healthy subjects. Pain 48 (1992) 187

Griffiths, R.R., P.P. Woodson: Caffeine physical dependence: a review of human and laboratory animal studies. Psychopharmacology 94 (1988) 437

Holland, I.S., R.A. Seymour, R.P. Ward-Booth, R.A. Ord, K.L.M. Lim: An evaluation of different doses of soluble aspirin and aspirin tablets in postoperative dental pain. Br. J. Clin. Pharm. 26 (1988) 463

Kolodny, A.L.: Two double-blind trials of diclofenac sodium with aspirin and with naproxen in the treatment of patients with rheumatoid-arthritis. J. Rheumatol. 15 (1988) 1205

Lance, E., C. Parkes, M. Wilkinson: Does analgesic abuse cause headaches de novo? Headache 28 (1988) 61

Laska, E.M., A. Sunshine, J.A. Wanderling, M.J. Meisner: Quantitative differences in aspirin analgesia in three models of clinical pain. J. Clin. Pharmacol. 22 (1982) 531

Nelson, S.L., S.F. Adair, M.A. Hale, J.S. Brahim, N.M. Schryer: Double blind trial of diclofenac sodium in dental pain. J. Clin. Pharmacol. 29 (1989) 856

Preston, S.J., M.H. Arnold, E.M. Beller, P.M. Brooks, W.W. Buchanan: Comparative analgesic and antiinflammatory properties of sodium salicylate and acetylsalicylic acid (aspirin) in rheumatoid arthritis. Br. J. Clin. Pharmacol. 27 (1989) 607

Seymour, R.A., F.M. Williams, N.M. Luyk, M.A. Boyle, P.M. Whitefield: Comparative efficacy of soluble aspirin and aspirin tablets in postoperative dental pain. Eur. J. Clin. Pharmacol. 30 (1986) 495

Skjelbred. P.: The effects of acetylsalicylic acid on swelling, pain and other events after surgery. Br. J. Clin. Pharmacol. 17 (1984) 379

Soyka, D.: Migräne und Migränemittel. Dtsch. Apoth. Ztg. 125 (1985) 2699

Styrt, B., Sugarman, B.: Antipyresis amd fever. Arch. Int. Med. 150 (1990) 1589

Thoden, W.R., M.A. Klausner, J.P. Konerman, B.P. Schachtel: Aspirin 1000 mg with caffeine 64 mg (ASA + CAF), Acetaminophen 1000 mg (APAP), and placebo (PLC) in muscle-contraction headache (MCH). J. Clin. Pharmacol. 30 (1990) 846

Velagapudi, R., Brückner, R., Harter, J.G., Peck, C.C., Viswanathan, C.T.: Pharmacokinetics (PK) and pharmacodynamics (PD) of aspirin analgesia. Clin. Pharmacol. Ther. 47 (1990) 179

Yoovathaworn, K.C., K. Sriwatanakaul, A. Thithapandha: Influence of caffeine on aspirin pharmacokinetics. Eur. J. Drug Metab. Pharmacokin. 11 (1986) 71

Zimmermann, M.: Mechanismen der Schmerzentstehung und der Schmerzbehandlung. Internist 27 (1986) 405

3.1.2. Kawasaki-Syndrom

Das Kawasaki-Syndrom (mukokutanes Lymphknotensyndrom) ist eine fieberhafte Erkrankung mit diffuser Vaskulitis, die vorzugsweise im Kindesalter auftritt. Die Erkrankung wurde zuerst in Japan entdeckt (Kawasaki, 1967), später aber auch in Europa und den USA beschrieben. Ätiologie und Pathogenese sind unklar. Eine infektiös-virale Genese (Rotaviren, Retroviren, Epstein-Barr-Virus) wird ebenso diskutiert (Nakashima u. Mitarb., 1990) wie eine primär pathologische Immunreaktion (Levin u. Mitarb., 1985).

Symptomatik: Zum typischen Krankheitsbild gehören Lymphknotenschwellungen, Fieber und Exantheme an Haut und Schleimhäuten. Bei etwa 40% der Patienten treten arthritische Veränderungen ein. Ein frühes Auftreten dieser Symptome ist prognostisch ungünstig und geht häufig mit Herzbeteiligung und unzureichendem Ansprechen auf entzündungshemmende Therapie einher. Bei 20–30% der Erkrankten kommt es zu einer Herzbeteiligung, vorzugsweise in der subakuten Phase der Erkrankung (Nakashima u. Edwards, 1990; Tizard u. Mitarb., 1991). Schon bei der Erstbeschreibung der Erkrankung wurde auf diese kardiovaskulären Manifestationen hingewiesen (Kawasaki, 1967). Aneurysmen der Koronararterien treten bei 20–60% der erkrankten Kinder auf und sind ebenfalls prognostisch ungünstig (Nakashima u. Mitarb., 1990; Schaad u. Mitarb., 1990). Die Inzidenz des Koronararterienbefalls scheint bei Kleinkindern (<5 Jahre) höher zu sein (Ichida u. Mitarb., 1987). Bei 1–3% der Patienten verläuft die Erkrankung innerhalb der ersten 3 Monate letal. Todesursachen sind kardiovaskuläre Komplikationen, insbesondere Myokardinfarkt und Aneurysmaruptur. Innerhalb von 1–3 Jahren nach Ausbruch der Erkrankung bilden sich die kardiovaskulären Symptome einschließlich Aneurysmen zurück (Newburger u. Mitarb., 1989). Bei letzteren wurde in einer japanischen Untersuchung für Knaben eine vollständige, für Mädchen nur eine 42%ige Rückbildung beschrieben (Takahashi u. Mitarb., 1987).

Pathophysiologie und Klinik der kardiovaskulären Veränderungen: Etwa 3 Wochen nach Ausbruch der Erkrankung kommt es zu einer Thrombozytose, deren Schweregrad mit der Häufigkeit der später auftretenden Koronararterienaneurysmen korreliert. Eine latente Myokardinsuffizienz mit signifikant herabgesetzter Ventrikelfunktion läßt sich innerhalb der ersten Woche nach Auftreten der Symptome nachweisen (Newburger u. Mitarb., 1989). Die Thromboxan-Plasmaspiegel sind erhöht, die Plasmaspiegel von PGE_2 und Prostazyklin nicht (Fulton u. Mitarb., 1988), Hinweis für eine Thrombozytenaktivierung. Im Plasma finden sich thrombozytenstimulierende Immunkomplexe, die denen bei Polyarthritis ähnlich sind und bei aktiver Erkrankung über Monate und Jahre im Blut nachweisbar bleiben. Dies legt den Verdacht auf eine Immunkomplexvaskulitis nahe (Levin u. Mitarb., 1985). Auch Interleukin-2-Rezeptoren lassen sich im Serum nachweisen. Ihre Anzahl ist bei Kindern, die später Koronararterienaneurysmen entwickeln, signifikant höher als bei solchen, bei denen diese Komplikation nicht eintritt (Barron u. Mitarb., 1990). Ähnliches gilt für Tumornekrosefaktor-alpha (TNF) (Mauri u. Mitarb., 1989) sowie interzelluläre Adhäsionsmoleküle (ICAM-I) (Furukawa u. Mitarb., 1992). Diese Befunde sind weitere Argumente für eine primär pathologische Immunreaktion mit einer Zytokin-induzierten Bildung zirkulierender zytotoxischer Antikörper für Gefäßwandzellen und Thrombozyten. Eine damit einhergehende Überlastung des retikuloendothelialen Systems könnte die zunächst paradox erscheinende Kombination von zirkulierenden Plättchenaggregaten und Thrombozytose erklären (Levin u. Mitarb., 1985).

Therapie des Kawasaki-Syndroms: Die Therapie erfolgt initial mit ASS in hoher, entzündungshemmender Dosierung von ca. 50 mg/kg/die, unterstützt durch Immunglobuline (Gamma-Globulin i.v., ca. 400 mg/kg/die). Nach einigen Wochen wird die ASS-Menge auf eine thrombozytenfunktionshemmende Dosis von 3−5 mg/kg/die reduziert (Ichida u. Mitarb. 1987; Fulton u. Mitarb., 1988; Mousa u. Mitarb., 1989; Schaad u. Mitarb., 1990; Koren u. Mitarb., 1991, Furukawa u. Mitarb., 1992).

Bei der hohen initialen ASS-Dosierung beträgt der freie Salicylsäureanteil etwa 45%, in der subakuten Phase nach Dosisreduktion nur noch etwa 10%. Der hohe Anteil freier Salicylsäure beruht wahrscheinlich auf einer verminderten Bindung an Plasmaproteine, gefördert durch die Hypalbuminämie (Koren u. Mitarb.). Damit sind überproportional hohe Wirkspiegel von freier Salicylsäure bei hochdosierter ASS-Behandlung in der Initialphase der Erkrankung zu erwarten (Koren u. Mitarb., 1988, 1991) (s. 2.2.1.2.).

Eine frühzeitige Zusatztherapie mit Immunglobulinen senkte in einer kontrollierten Studie die Inzidenz von Koronargefäßerweiterungen und -aneurysmen 2 und 7 Wochen nach Therapiebeginn (Plotkin u. Mitarb., 1988) und führte in einer weiteren prospektiven kontrollierten Studie zu einer Normalisierung der herabgesetzten Myokardkontraktilität. Ein solcher Effekt trat nach ASS allein nicht ein (Newburger u. Mitarb., 1989).

Frühe Diagnosestellung und entsprechend früher Therapiebeginn sind entscheidend für die Prognose der entzündlichen Gefäßveränderungen, d. h. die Aneurysmabildung (Daniels u. Mitarb., 1987). Eine hohe Initialdosis von ASS führt bei diesen Patienten zu einer mäßigen Abnahme der erhöhten Thromboxanspiegel (−50%) im Plasma. Die Prostazyklin- und PGE_2-Spiegel im Plasma sind nach ASS wenig oder nicht verändert (Fulton u. Mitarb., 1988). Dies spricht für eine limitierte antithrombotische Wirksamkeit von ASS bei diesen Patienten.

Zusammenfassung: Das Kawasaki-Syndrom (mukokutanes Lymphknotensyndrom) ist eine fieberhafte Erkrankung unklarer Ätiologie, die vorzugsweise im Kindesalter auftritt. Typisch für die Erkrankung ist eine pathologische Immunreaktion mit zirkulierenden Antithrombozytenantikörpern, erhöhten Zytokin- (IL-2, TNF_α) Plasmaspiegeln und erhöhten Spiegeln zirkulierender Adhäsionsmoleküle (ICAM-I). Prognostisch ungünstig sind frühzeitige arthritische Veränderungen (40%) und kardiovaskuläre Komplikationen mit Gefäßaneurysmen und Herzinsuffizienz (20−60%).
Die Therapie erfolgt initial hochdosiert mit ASS (ca. 50 mg/kg/die), kombiniert mit Immunglobulinen und wird später mit ASS in einer thrombozytenfunktionshemmenden Dosierung von 3−5 mg/kg x Tag fortgesetzt. Immunglubuline scheinen die Inzidenz der kardiovaskulären Komplikationen günstig zu beeinflussen.

Literatur 3.1.2.

Barron, K.S., J.F. Montalvo, A.K. Joseph, M.O. Hilario, C. Saadeh: Soluble interleukin-2 receptors in children with Kawasaki syndrome. Arthritis Rheum. 33 (1990) 1371

Daniels, S.R., B. Specker, T.E. Capannari, D.C. Schwartz, M.J. Burke: Correlates of coronary artery aneurysm formation in patients with Kawasaki disease. Am. J. Dis. Child 141 (1987) 205

Fulton, D.R., H.C. Meissner, M.B. Peterson: Effects of current therapy of Kawasaki disease on eicosanoid metabolism. Am. J. Cardiol. 61 (1988) 1323

Furukawa, S., K. Imai, T. Matsubara, K. Yone, A. Yachi, K. Okumura, K. Yabuta: Increased levels of circulating intercellular adhesion molecule 1 in Kawasaki disease. Arthr. Rheumat. 35 (1992) 672

Ichida, F., N.S. Fatica, M.A. Engle, J.E. Oloughlin, A.A. Klein: Coronary artery involvement in Kawasaki disease syndrome in Manhattan, New York — risk factors and role of aspirin. Pediatrics 80 (1987) 828

Kawasaki, T.: Acute febrile mucocutaneous lymph node syndrome with specific exfoliation of the fingers and toes. Arerugi 18 (1967) 178

Koren, G., E. Silverman, R. Sundel, P. Edney, J.W. Newburger: Decreased protein binding of salicylates in Kawasaki disease. J. Pediatr. 118 (1991) 456

Koren, G., F. Schaffer, E. Silverman, S. Walker, C. Duffy: Determinations of low serum concentrations of salicylate in patients with Kawasaki disease. J. Pediatr. 112 (1988) 663

Levin, M., P. Holland, T.J.C. Nokes, V. Novelli, M. Mola, R.J. Levoinsky, M.J. Dillon, T.M. Barratt, W.J. Marshall: Platelet immune complex interaction in pathogenesis of Kawasaki disease and childhood polyarthritis. Br. Med. J. 290 (1985) 1456

Maury, C.P.J., E. Salo, P. Pelkonen: Elevated circulating tumor necrosis factor alpha in patients with Kawasaki disease. J. Lab. Clin. Med. 113 (1989) 651

Mousa, F.M., E.A. Michail, A.M. El-Sowailem: Kawasaki syndrome in Saudi children. Ann. Saudi. Med. 9 (1989) 565

Nakashima, L., D.L. Edwards: Treatment of Kawasaki disease. Clin. Pharm. 9 (1990) 755

Newburger, J.W., S.P. Sanders, J.C. Burns, I.A. Parness, A.S. Beiser: Left ventricular contractility and function in Kawasaki syndrome. Effect of intravenous gamma-globulin. Circulation 79 (1989) 1237

Plotkin, S.A., R.S. Daum, G.S. Giebink, C.B. Hall, M. Lepow: Intravenous gamma-globulin use in children with Kawasaki disease. Pediatrics 82 (1988) 122

Schaad, U.B., K. Odermatt, F.P. Stocker, J.W. Weber, J. Wedgwood: Kawasaki syndrome. Schweiz. Med. Wochenschr. 120 (1990) 539

Takahashi, M., W. Mason, A.B. Lewis: Regression of coronary aneurysms in patients with Kawasaki syndrome. Circulation 75 (1987) 387

Tizard, E.J., A. Suzuki, M. Levin, M.J. Dillon: Clinical aspects of 100 patients with Kawasaki disease. Arch. Dis. Child. 66 (1991) 185

3.2. Thrombembolische Erkrankungen

Die Prophylaxe thrombembolischer Erkrankungen steht heute im Mittelpunkt des klinisch-pharmakologischen Interesses an ASS. Ausgangspunkt war der Befund von Craven (1953), daß ASS das Auftreten von Myokardinfarkten bei Risikopatienten verhindert (s. 1.1.). Zunehmende Erkenntnisse über Bedeutung und Funktion von Thrombozyten bei Progression der Atherosklerose und Pathogenese akuter Gefäßverschlüsse (Fuster u. Mitarb., 1992) sowie die Korrelation zwischen regelmäßiger ASS-Einnahme und Reduktion von Myokardinfarkten (Boston Collaborative Drug Surveillance Group, 1974) veranlaßten erste systematische Arbeiten über die klinische Nutzung der antithrombotischen Wirkung von ASS. Die Erkenntnis, daß Myokardinfarkte, im Gegensatz zu früheren Auffassungen, fast immer durch thrombembolische Verschlüsse von Koronargefäßen ausgelöst werden, hat diese Überlegungen erheblich beschleunigt.

Pharmakologischer Ansatz für den Gebrauch von ASS bei thrombembolischen Erkrankungen ist die Thrombozytenhyperaggregabilität mit erhöhter Thromboxanbildung, insbesondere bei akuten Belastungen (s. 2.3.1.1.). Dies erhöht das Risiko eines akuten thrombembolischen Insults, d. h. eines Myokardinfarkts, Schlaganfalls oder eines anderen peripheren Gefäßverschlusses. Dies gilt vor allem dann, wenn aufgrund einer vorausgegangenen Gefäßläsion, z. B. nach PTCA oder akutem thrombembolischen Verschluß, bereits eine endotheliale Dysfunktion besteht.

An dieser Stelle bietet sich ein Vergleich von ASS mit einer weiteren Substanzklasse an, die ebenfalls zur Prävention kardiovaskulärer Erkrankungen, einschließlich Myokardinfarkte, verwendet wird: die β-Rezeptoren-Blocker. ASS und β-Blocker interferieren nicht oder nur wenig mit der Basalaktivität des hämostaseologischen bzw. β-adrenergen Systems. Ihre pharmakologische Wirkung setzt verstärkt ein, wenn eine unkontrollierte Entgleisung des jeweiligen Systems droht: Thrombusbildung mit drohendem arteriellen Gefäßverschluß infolge einer Aktivierung thromboxanabhängiger Mechanismen der Thrombozytenaktivierung, Herzüberlastung mit Myokardischämie infolge eines belastungs(streß)-induzierten akuten Mißverhältnisses zwischen myokardialem Sauerstoffbedarf und -angebot.

Zwei im Vordergrund der Diskussion stehende Fragestellungen sind die Dosis von ASS sowie die Anwendung von ASS zur primären Prävention, d. h. zur Herabsetzung des kardiovaskulären Risikos bei Personen *ohne* bereits bekannte kardiovaskuläre Erkrankung bzw. eingetretenes kardiovaskuläres Ereignis (z. B. Myokardinfarkt, Schlaganfall) (Primärprophylaxe). In beiden Fällen spielt die Nutzen-Risiko-Abwägung vor allem für den älteren Patienten eine entscheidende Rolle (Scott, 1988).

3.2.1. Primäre Prävention kardiovaskulärer Erkrankungen

Die Anwendung von ASS zur primären Prävention kardiovaskulärer Erkrankungen geht von der Vorstellung aus, daß eine regelmäßige Einnahme von ASS auf Dauer die thrombozytäre Thromboxanbildung blockiert und damit jegliches Thromboxan A_2-assoziierte Risiko eines akuten Gefäßverschlusses aufhebt. Eine möglichst geringe Dosierung wird dabei aus Gründen der Verträglichkeit sowie des Aussparens der Prostaglandinsynthesehemmung in anderen Organen, vorzugsweise Gefäßwand(endothel) und Magenmukosa, angestrebt.
Ergebnisse der Ärztestudien: Im Jahre 1988 wurden zwei große prospektive Studien publiziert, die die Brauchbarkeit von ASS für die primäre Prophylaxe von kardiovaskulären Erkrankungen bei männlichen Ärzten untersuchten (Peto u. Mitarb., 1988; Steering Committee, 1988). Die erstgenannte Studie wurde nach etwa 5 Jahren aufgrund einer signifikanten Senkung der Reinfarktinzidenz um 47% nach ASS (325 mg jeden 2. Tag) vorzeitig beendet. Dagegen ergab die zweite Studie über 6 Jahre keine signifikante Reduktion der Gesamtsterblichkeit. Hier wurden 300–500 mg ASS/die mit einer offenen Kontrollgruppe verglichen.

In der US-amerikanischen Studie wurden randomisiert und doppelblind insgesamt 22071 männliche Ärzte auf 2 Hauptbehandlungsgruppen mit jeweils 2 Subgruppen aufgeteilt. Jeweils die Hälfte erhielt ASS in einer Dosis von 324 mg jeden zweiten Tag, die andere Hälfte erhielt Plazebo. Der Untersuchungszeitraum bis zur ersten abschließenden Auswertung betrug 60 Monate. Bei der ASS-behandelten Gruppe kam es in diesem Zeitraum zu 139 Myokardinfarkten (10 davon tödlich), in der Plazebogruppe dagegen zu 239 (28 davon tödlich). Dies entsprach einer Reduktion des Infarktrisikos um 44% bei leichter (nicht-signifikanter) Zunahme der Schlaganfälle. Diese Wirkung war am ausgeprägtesten innerhalb der ersten 3 h nach dem Aufstehen (−55%) und wurde mit der zu diesem Zeitpunkt auftretenden Thrombozytenaktivierung in Zusammenhang gebracht (Abb. 18). Bei Betrachtung der Subgruppen waren diese

Klinische Anwendung von Acetylsalicylsäure

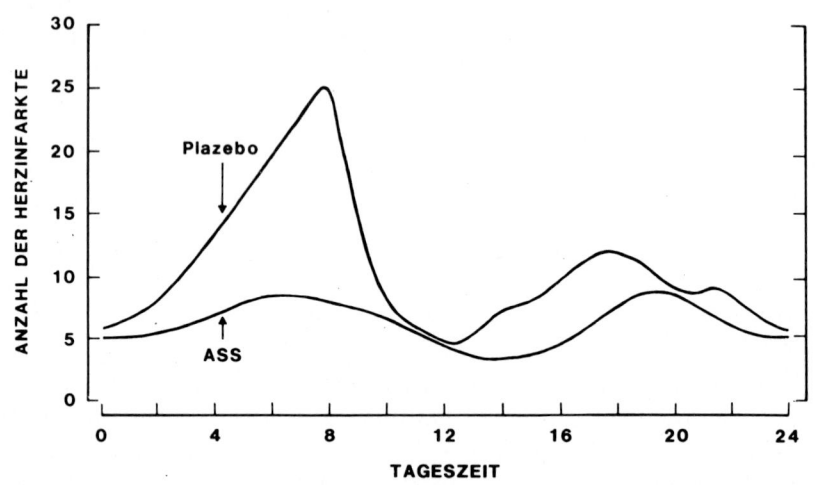

Abb. 18 Häufigkeit des Auftretens von Herzinfarkten in Abhängigkeit von der Tageszeit. Die Inzidenz von Myokardinfarkten in der US-amerikanischen Ärztestudie zeigte für die Plazebogruppe eine zirkadiane Rhythmik mit einem Häufigkeitsgipfel in den Morgenstunden. Die Zunahme der Infarkthäufigkeit zeigte einen ähnlichen Zeitverlauf wie die Zunahme der Sympathikusaktivität. In der ASS-Gruppe war diese morgendliche Aktivitätszunahme selektiv unterdrückt. (Nach Ridker u. Mitarb., 1990).

protektiven Effekte nur bei der Altersgruppe der über 50jährigen signifikant, vorzugsweise bei niedrigem Cholesterolspiegel. Die Gesamtsterblichkeit an kardiovaskulären Erkrankungen war durch ASS nicht reduziert. Insgesamt verstarben im Beobachtungszeitraum 217 Patienten in der ASS- und 227 in der Plazebogruppe. Die ASS-behandelten Probanden hatten ein insgesamt höheres Blutungsrisiko.

In der britischen Ärztestudie wurde über einen 6-Jahres-Zeitraum (1978–1984) bei insgesamt 5139 gesunden männlichen Ärzten die Wirkung von ASS (300–500 mg/die) (65% der Teilnehmer) mit einer offenen Kontrollgruppe (35% der Teilnehmer) verglichen, die aufgefordert wurde, ASS-haltige Präparate zu vermeiden. Etwa 25% der Patienten in der ASS- Gruppe beendeten die Behandlung vorzeitig und 9% der Patienten der Kontrollgruppe nahmen von sich aus ASS. Die Gesamtsterblichkeit der ASS-Gruppe war um 10% geringer, die Anzahl der nicht-vaskulären Todesfälle um 15% und der vaskulären Todesfälle um 6% reduziert. Keine dieser Veränderungen war signifikant (Ridker u. Mitarb., 1990).

Tab. 7 faßt die Inzidenz letaler und nicht-letaler Ereignisse aus beiden Ärztestudien zusammen.

Kritik an den Ärztestudien: An beiden Studien ist Kritik geübt worden. Hierzu gehört bei der US-amerikanischen Ärztestudie die extrem geringe Inzidenz kardiovaskulärer Ereignisse einschließlich der Infarktletalität (nur 12% der statistisch zu erwartenden kardiovaskulären Todesfälle). Letzteres ließ vermuten, daß ein Teil der ungewöhnlich hohen Anzahl „plötzlicher" Todesfälle auf Myokardinfarkten beruhten. Hinzu kam eine Tendenz zu gehäuftem Auftreten von hämorrhagischen Schlaganfällen (P = 0,06) bei unveränderter Gesamtzahl ischämischer + hämorrhagischer Schlaganfälle: 119 in der ASS-Gruppe und 98 in der Plazebogruppe. In der britischen Studie schieden im ersten Jahr 20% und in den folgenden 4 Jahren noch einmal 25% der Ärzte (Studienteilnehmer) aus der ASS-Gruppe aus (s.o.), überwiegend aufgrund von Nebenwirkungen der ASS (Magen-Darm-Blutungen, Dyspepsie,

Tabelle 7 Primäre Prävention. Daten über relatives Risiko (RR) aus der Britischen und US-amerikanischen Ärztestudie

Ereignis	Britische Studie			US-amerikanische Studie		
	(Ereignishäufigkeit, bezogen auf 10000 Lebensjahre)					
	ASS	Kontrolle	RR	ASS	Kontrolle	RR
Letal						
Myokardinfarkt	47,3	49,6	0,95	1,8	5,1	0,31**
Schlaganfall	16,0	12,7	1,26	1,8	1,3	1,44
Alle vaskulären Todesfälle	78,6	83,5	0,94	14,8	15,1	0,96
Alle nicht-vaskulären Todesfälle	64,8	76,0	0,85	22,6	24,2	0,93
Todesfälle insgesamt	143,5	159,5	0,90	39,5	41,4	0,96
Nicht-letal						
Myokardinfarkt	42,5	43,3	0,98	23,6	39,2	0,59***
Schlaganfall	32,4	28,5	1,14	20,1	16,8	1,20
TIA	15,9	27,5	0,58*	-	-	-

*): $P<0,05$ **): $P<0,005$ ***): $P<0,00001$ (nach einer tabellarischen Zusammenstellung der Canadian Task Force on the Periodic Health Examination, 1991)

Obstipation) (Peto u. Mitarb., 1988), so daß im Endeffekt die Ergebnisse einer Gruppe, in der 65% ASS einnahmen mit einer zweiten verglichen wurde, in der 90—95% kein ASS einnahmen. In bezug auf den Therapieeffekt ist der US-amerikanischen Studie hinsichtlich unerwünschter Wirkungen und Therapiesicherheit mehr Glauben zu schenken als der britischen (s. Schrör, 1988).
Wenn man die Daten beider Studien zusammennimmt, ergibt sich eine signifikante Reduktion der nicht-letalen Myokardinfarkte um $33\pm9\%$ (Hennekens u. Mitarb., 1988). Dagegen ergab sich keine Differenz hinsichtlich der vaskulären Todesfälle sowie im Gegensatz zur sekundären Prävention eine negative Wirkung auf die Inzidenz von Schlaganfällen : $2P=0,016$ (Hennekens u. Mitarb., 1988). Ähnliche Ergebnisse wurden auch bei einer epidemiologischen Untersuchung an 87000 US-amerikanischen Krankenschwestern erhalten. Der Beobachtungszeitraum betrug 6 Jahre (Manson u. Mitarb., 1991) (s. u.). In allen diesen Studien war jedoch die Gesamtsterblichkeit (Mortalität) unverändert (Willard u. Mitarb., 1992).

Interessant ist in diesem Zusammenhang die subjektive Einschätzung einer ASS-Prophylaxe durch die Ärzte selbst. Eine *vor* Publikation der Ärztestudien durchgeführte Befragung von 400 Teilnehmern einer US-amerikanischen Kardiologentagung 1987 ergab altersabhängig einen linearen Anstieg der prophylaktischen ASS-Einnahme bei mehr als der Hälfte aller befragten Kardiologen im Alter von über 60 Jahren (Mehta u. Mehta).
Dagegen ergab eine im Jahre 1989 *nach* Veröffentlichung der Ärztestudien durchgeführte Befragung von Ärzten und Wohnbevölkerung in einem ländlichen Gebiet Kanadas (Middlesex County, Ontario), daß nur 16% der männlichen Ärzte über 50 Jahre und 19% der männlichen Wohnbevölkerung dieser Altersgruppe ASS zur primären Prävention einnahmen. Auch gaben nur 2% der Befragten einen Langzeit-ASS-Gebrauch ohne medizinische Überwachung an (Mahon u. Mitarb.). Danach ist (in Nordamerika) nur eine geringe Akzeptanz von ASS zur primären Prävention bei Ärzten und medizinischen Laien zu verzeichnen (Mehta u. Mehta, 1989; Mahon u. Mitarb., 1991).

Entwicklung und Progression der KHK bei Teilnehmern der US-amerikanischen Ärztestudie: Ungeachtet der positiven Initialbefunde in der US-amerikanischen Ärztestudie (Steering Committee, 1989) zeigen neuere Befunde aus der gleichen Untersuchung, daß ASS nicht die Entstehung einer Angina pectoris bei einer Behandlungsdauer von mehr als 5 Jahren reduziert (Manson u. Mitarb., 1990; Ridker u. Mitarb., 1991).

Periphere arterielle Durchblutungsstörungen: Etwas andere Daten ergeben sich eventuell für periphere Durchblutungsstörungen: Nach dem 5-jährigen Beobachtungszeitraum war für 36 Teilnehmer aus der Plazebogruppe, aber nur für 20 Teilnehmer aus der ASS-Gruppe ein gefäßchirurgischer Eingriff im Zusammenhang mit Durchblutungsstörungen erforderlich. Dies entsprach einer 46%igen Risikoreduktion und ging einher mit einer Claudicatio intermittens bei 8 Plazebo-, aber nur 1 ASS-Patienten (P=0,07). Dies sind deutliche Hinweise auf einen präventiven ASS-Effekt hinsichtlich peripherer Durchblutungsstörungen bei (vorher) gesunden Probanden (Goldhaber u. Mitarb., 1991). Ein wesentlich ungünstigeres Bild für ASS ergibt sich allerdings bei fortgeschrittenen Stadien der Erkrankung (s. 3.2.4.).

Diabetiker: Interessant ist auch eine Subgruppenanalyse für Diabetiker. Von den 275 Diabetikern in der ASS-Gruppe erlitten 11 (4%) einen Herzinfarkt, dagegen 26 (10%) der Diabetiker in der Plazebogruppe. Dies entspricht einer Risikoreduktion um 60% durch ASS, die allerdings aufgrund der kleinen Zahl nicht signifikant war. Mehr Information ist zu erwarten, wenn die Daten der ETDRS-Studie vorliegen werden (s. 3.2.6.).

ASS und Migräneprophylaxe: In einer weiteren Subgruppenanalyse wurde eine signifikante Senkung von Migräneanfällen beobachtet (s. 3.1.1.2.). Dagegen wurde die Inzidenz von „gelegentlichem Nicht-Migräne-Kopfschmerz" nicht beeinflußt.

ASS und primäre Prävention bei Frauen: Positive Ergebnisse für die Prävention kardiovaskulärer Ereignisse mit ASS scheinen auch bei Frauen beobachtet zu werden. Manson u. Mitarb. (1991) untersuchten in einer epidemiologischen Studie bei 87678 Frauen im mittleren Lebensalter die Inzidenz kardiovaskulärer Ereignisse. Diese Frauen hatten nach eigenen Angaben über einen Zeitraum von 6 Jahren regelmäßig ASS eingenommen (1–6 Tabletten pro Woche). Dabei ergab sich für ASS ein um 27% vermindertes Risiko für einen Myokardinfarkt, während das Risiko eines Schlaganfalls unverändert blieb. Die Reduktion des kardiovaskulären Risikos insgesamt betrug 16%. Die Effekte waren am deutlichsten bei Frauen > 50 Jahre und Rauchern bzw. Hypercholesterolämie (Manson u. Mitarb., 1991).

Primäre vs. sekundäre Prävention: Die günstigen Effekte von ASS und anderen Plättchenfunktionshemmern bei der sekundären Prävention sind ausschließlich durch Senkung des erhöhten vaskulären Risikos bedingt (s. 3.2.2.). Eine Meta-Analyse von 25 randomisierten Studien an über 29000 Patienten mit kardiovaskulären Erkrankungen und einer Therapie mit Thrombozytenfunktionshemmern ergab eine signifikante, 20–30%ige Reduktion des vaskulären Risikos (Inzidenz und Mortalität) für Herzinfarkt, TIA und instabile Angina pectoris, während die nicht-vaskuläre Mortalität unverändert blieb (Antiplatelet Trialists' Collaboration, 1988; Hennekens u. Mitarb., 1989). Damit ist bei der primären Prävention, d. h. dem Fehlen eines erhöhten vaskulären Risikos, eine individuelle Nutzen-Risiko-Abwägung bei jeder regelmäßigen prophylaktischen ASS-Einnahme erforderlich. Auch das Risiko eines arteriellen Gefäßverschlusses bei Gefäßgesunden ist sehr gering und beträgt

≤1% pro Jahr. Dies ist deutlich weniger als die wahrscheinliche Inzidenz unerwünschter Nebenwirkungen durch ASS (Fuster u. Mitarb., 1990). Anders verhält es sich bei Patienten mit nachgewiesener Gefäßerkrankung, die eine Ereignisrate von ca. 3% pro Jahr aufweisen (s. 3.2.2.).

Aus den Daten der US-amerikanischen Ärztestudie ergibt sich eine Risikoreduktion des tödlichen akuten Myokardinfarkts von 3,3 auf 10000 Lebensjahre zugunsten von ASS (Tab. 7). Anders ausgedrückt bedeutet dies, daß man 666 (gefäß)gesunde Probanden bzw. Personen ohne bekanntes kardiovaskuläres Ereignis über einen Zeitraum von 5 Jahren regelmäßig (324 mg ASS jeden 2. Tag) mit ASS behandeln muß, um 1 herzinfarktbedingten Todesfall (statistisch) zu verhindern.

Sympathikusstimulation als Risikofaktor: Ein möglicher Risikofaktor ist die streß- bzw. belastungsinduzierte Änderung der koronaren Hämodynamik durch ASS, auch bei Probanden ohne koronare Herzkrankheit. ASS in einer Dosierung von ca. 1 g (15 mg/kg) i.v. beeinflußt nicht die Koronardurchblutung unter Ruhebedingungen. Dagegen wird die durch Sympathikusstimulation („cold-pressure-Test")-induzierte Zunahme der Koronardurchblutung und Freisetzung vasodilatierender Prostaglandine durch ASS signifikant herabgesetzt (Derneri u. Mitarb., 1990). Ähnliche Befunde wurden auch für stenosierte Zerebral- und Koronargefäße im Tierversuch erhalten. Hier wurden die durch Plättchenaktivierung ausgelösten zyklischen Durchblutungsabnahmen zwar durch ASS aufgehoben, konnten aber durch Adrenalin-Infusion trotz ASS restituiert werden (s. 2.3.1.1.). Diese Befunde sprechen für einen geringen oder fehlenden ASS-Schutz gegenüber Adrenalin-, d. h. streßinduzierten Änderungen von regionaler Durchblutung und Thrombozytenfunktion. Andererseits ergaben epidemiologische Studien, daß ASS vorzugsweise die Zunahme der Herzinfarkte in den Morgenstunden blockiert (Ridker u. Mitarb., 1990) (Abb. 18), ein Zeitpunkt, zu dem zirkulierende Katecholaminspiegel und basale Thrombozytenaktivität am höchsten sind (Tofler u. Mitarb., 1987). Eine Erklärung dieser diskrepanten Befunde steht bisher aus.

Die heutige Bewertung der Rolle von ASS zur primären Prophylaxe des Myokardinfarktes läßt sich wie folgt zusammenfassen:

„It is important to view the clear benefits of aspirin in the primary prevention of myocardial infarction in the context of what is already known about the modification of other coronary risk factors. It would be unfortunate if a middle-aged smoker took aspirin instead of quitting smoking, because the benefits from quitting far exceed any protective effect of aspirin on infarction. Any decision to use aspirin prophylaxis should be made on an individual basis and, in general, should be considered only for those whose absolute risk of a first myocardial infarction is sufficiently high to warrant accepting the potential adverse effects of long-term aspirin use." (Manson u. Mitarb., 1992).

Zusammenfassung: Die Brauchbarkeit von ASS zur primären Prävention kardiovaskulärer Erkrankungen wurde in drei großen epidemiologischen Studien untersucht. Für die kombinierten vaskulären Endpunkte beider Studien (nicht-tödlicher Herzinfarkt, nicht-tödlicher Hirninfarkt, Tod an kardiovaskulärer Erkrankung) ergab sich für ASS bei Männern eine Risikoreduktion um 18±7%. Die Gesamtsterblichkeit an kardiovaskulären Erkrankungen (2±15%) oder nicht-vaskulären Erkrankungen war nicht signifikant herabgesetzt. Ähnliche Befunde wurden bei Frauen erhalten. Diese negativen Ergebnisse von ASS beruhen eventuell auf Zusatzeffekten der Substanz, insbesondere einer Tendenz zur Zunahme hämorrhagischer Hirninfarkte (19±15%, nicht signifikant) (Hennekens u. Mitarb., 1989). Auch die optimale Dosierung sowie die Einnahmedauer sind noch unklar. Neuere Auswertungen der US-amerikanischen Ärztestudie sprechen für eine Prävention peripherer Durchblutungsstörungen sowie der Migräne, aber nicht für eine Hemmung der Progression der Atherosklerose. Das Nutzen-Risiko-Verhältnis von ASS bei der primären Prävention ist im Gegensatz zur sekundären Prävention bei Patienten mit erhöhtem kardiovaskulären Risiko (s. 3.2.2.) ungünstig und rechtfertigt nicht die unkontrollierte Langzeitanwendung der Substanz.

Literatur 3.2.1.

Antiplatelet trialists' collaboration: Secondary prevention of vascular disease by prolonged antiplatelet treatment. Br. Med. J. 296 (1988) 320

Canadian Task Force on the Periodic Health Examination, 1991 update: 6. Acetylsalicylic acid and the primary prevention of cardiovascular disease. Can. Med. Assoc. J. 145 (1991) 145

Derneri, G.G., G.F. Gensini, R. Abbate, S. Castellani, F. Bonechi: Physiologic role of coronary PGI_2 and PGE_2 in modulating coronary vascular response to sympathetic stimulation. Am. Heart J. 119 (1990) 848

Fuster, V., B. Stein, J.L. Halperin, J.H. Chesebro: Antithrombotic therapy in cardiac disease: An approach based on pathogenesis and risk stratification. Am. J. Cardiol. 65 (1990) 38C

Goldbloom, R., Battista, R.N., Anderson, G., Beaulieu, M.D., R.W. Elford, J.W. Feightner. W. Feldman, A.G. Logan, B. Morrison, D. Offord et al: Periodic Health examination, 1991 update, 6. Acetylsalicylic acid and the primary prevention of cardiovascular disease. Canad. Med. Ass. J. 145 (1991) 1091

Goldhaber, S.Z., J.E.Manson, M.J. Stampfer, F. LaMotte, B. Rosner, J.E. Buring, C.H. Hennekens: Aspirin and peripheral arterial surgery in the physicians' health study. Circulation 84, Suppl. (1991) II–335

Hennekens, C.H., J.E. Buring, P. Sandercock, R. Collins, R. Peto: Aspirin and other antiplatelet agents in the secondary and primary prevention of cardiovascular disease. Circulation 80 (1989) 749

Mahon, J., K. Steel, B.G. Feagan, A. Laupacis, L.L. Pederson: Use of acetylsalicylic acid by physicians and in the community. Can. Med. Assoc. J. 145 (1991) 1107

Manson, J.E., D.E. Grobbee, M.J. Stampfer, J.O. Taylor, S.Z. Goldhaber, J.M. Gaziano, P.M. Ridker, J.E. Buring, C.H. Hennekens: Aspirin in the primary prevention of angina pectoris in a randomized trial of United States physicians. Am. J. Med. 89 (1990) 772

Manson, J.E., M.J. Stampfer, G.A. Colditz, W.C. Willett, B. Rosner: A prospective study of aspirin use and primary prevention of cardiovascular disease in women. Circulation 83 (1991) 722

Manson, J.E., M.J. Stampfer, G.A. Colditz u. Mitarb.: A prospective study of aspirin use and primary prevention of cardiovascular disease in women. J. Am. Med. Assoc. 266 (1991) 521

Manson, J.E., H. Tosteson, P.M. Ridker, S. Satterfield, P. Hebert, G.T. O'Connor, J.E. Buring, Ch.H. Hennekens: The primary prevention of myocardial infarction. New Engl. J. Med. 326 (1992) 1406

Mehta, A., J.L. Mehta: Prophylactic aspirin use among US Physicians. Am. J. Cardiol. 63 (1989) 370

Peto, R., R. Gray, R. Collins, K. Wheatley, C. Hennekens u. Mitarb.: A randomised trial of prophylactic daily aspirin in British male doctors. Br. Med. J. 296 (1988) 313

Ridker, P.M., J.E. Manson, J.E. Buring, J.E. Muller, C.H. Hennekens: Circadian variation of acute myocardial infarction and the effect of low dose aspirin in a randomized trial of physicians. Circulation 82 (1990) 897

Ridker, P.M., J.E. Manson, J.E. Buring, S.Z. Goldhaber, C.H. Hennekens: The effect of chronic platelet inhibition with low-dose aspirin on atherosclerotic progression and acute thrombosis: Clinical evidence from the physicians' health study. Am. Heart J. 122 (1991) 1588

Schrör, K.: Acetylsalicylsäure – vom Antirheumatikum zum Antithrombotikum. Münchner Med. Wschr. 130 (1988) 809

Steering Committee of the Physician's Health Study Research Group: Preliminary report: Findings from the aspirin component of the ongoing physician's health study. New Engl. J. Med. 318 (1988) 262

Steering Committee of the Physician's Health Study Research Group: Final report on the aspirin component of the ongoing physician's health study. New Engl. J. Med. 321 (1989) 129

Tofler G.H., D.A. Brezinski, A.I. Schafer et al.: Concurrent morning increase in platelet aggregability and the risk of myocardial infarction and sudden cardiac death. New Engl. J. Med. 316 (1987) 1514

Willard, J.E., R.A. Lange, L.D. Hillis: The use of aspirin in ischemic heart disease. New Engl. J. Med. 327 (1992) 175

3.2.2. Chronisch-ischämische Herzkrankheit

ASS ist das am besten untersuchte, am wenigsten toxische und am meisten verwendete antithrombotische Agens bei chronisch ischämischer Herzkrankheit und ihren akuten Komplikationen (Fuster u. Mitarb., 1992). Eine ASS-Prophylaxe bei bereits bestehendem erhöhten kardiovaskulären Risiko unterscheidet sich von der Primärprophylaxe beim Gefäßgesunden durch das günstigere Nutzen-Risiko-Verhältnis. Keine günstigen prophylaktischen Wirkungen von ASS sind für thrombembolische Komplikationen zu erwarten, die primär auf einer Aktivierung der Fibrinbildung beruhen, z. B. Vorhofthromben bei chronischem Vorhofflimmern (Petersen u. Mitarb., 1989). Das gleiche scheint für Inzidenz, hämatologische Aktivität und embolisches Potential von Thromben bei Patienten mit frischem Myokardinfarkt zu gelten (Funke-Küpper u. Mitarb., 1989).

Eine ausführliche Diskussion aller mit ASS durchgeführten Studien würde den Rahmen dieser Übersicht sprengen. Hier werden nur die neueren bzw. aus historischen Gründen besonders interessanten, kontrollierten Studien angeführt. Eine umfassende Darstellung und kritische Würdigung aller Arbeiten findet sich in mehreren Übersichten (Antiplatelet trialists' cooperation, 1988; Reilly u. FitzGerald, 1988; Stein et al., 1989; Basinski u. Naylor, 1991; Roux u. Mitarb., 1992; Willard u. Mitarb., 1992).

3.2.2.1. Stabile Angina pectoris

Thrombozytenfunktionshemmung durch ASS bei stabiler Angina pectoris: Grundlage einer prophylaktischen ASS-Anwendung bei chronisch ischämischer Herzkrankheit (stabile Angina pectoris) ist die Thrombozytenfunktionshemmung durch Ausschaltung der thrombozytären Thromboxanbildung. Dies ist besonders effektiv bei einer bereits vorbestehenden Thrombozytenaktivierung, z. B. beim frischen Myokardinfarkt (Abb. 14) oder rupturierten atheromatösen Plaques. Erhöhte Plasma-Thromboxanspiegel sind hier noch 2–4 Monate nach dem akuten Ereignis nachweisbar (Nidorf u. Mitarb., 1989), ebenso ein signifikant erhöhtes Plättchenvolumen (Martin u. Mitarb., 1991), beides Ausdruck einer langdauernden Funktionsstörung der Thrombozyten, die vermutlich schon auf der Megakaryozytenebene besteht.

Dagegen ist eher zweifelhaft, daß eine chronisch ischämische Herzkrankheit ohne vorangegangenen Myokardinfarkt oder andere akute thrombembolische Ereignisse regelmäßig mit einer Thrombozytenhyperreaktivität einhergeht (Elwood u. Mitarb., 1991). Obwohl eine mit Streß bzw. körperlicher Belastung verbundene Thrombozytenaktivierung sicher ein potentielles Risiko darstellt, ist die Wirksamkeit von ASS unter diesen Bedingungen noch nicht geklärt (s. 2.3.1.1., s. 3.2.1.). Auch bei vollständigem Fehlen der Thrombozytenzyklooxygenase infolge eines genetischen Defektes wurde eine schwere systemische Atherosklerose mit Angina-pectoris-Symptomatik und transienten ischämischen Attacken beschrieben (Boda u. Mitarb., 1981). Davon abzutrennen ist ein Schutz vor akutem thrombembolischen Gefäßverschluß, z. B. im Zusammenhang mit Rupturen oder Fissuren atherosklerotischer Plaques (Davies u. Mitarb., 1985).

Interessante neue Befunde zu diesem Thema enthält eine weitere Auswertung der US-amerikanischen Ärztestudie (s. 3.2.1.).

Insgesamt 333 Teilnehmer der US-amerikanischen Ärztestudie hatten zu Beginn der Studie eine chronisch ischämische Herzkrankheit ohne anamnestischen Myokardinfarkt, Schlaganfall oder TIA. Sie wurden in gleicher Weise randomisiert und mit ASS oder Plazebo behandelt wie die anderen Studienteilnehmer. Nach 5 Jahren war im Vergleich zu Plazebo die Anzahl der Herzinfarkte signifikant reduziert, die Anzahl der (überwiegend ischämischen) Schlaganfälle signifikant erhöht. Häufigkeit und Schweregrad der Angina blieben unverändert. Die Gesamtzahl der Todesfälle war unverändert (Ridker u. Mitarb., 1991) (Tab. 8).

Tabelle 8 Relatives Risiko (RR) von Myokardinfarkten, Schlaganfällen und kardiovaskulären Todesfällen bei 333 Patienten mit chronischer stabiler Angina pectoris und Behandlung mit ASS (320 mg/2. Tag) oder Plazebo

Endpunkt	ASS (n = 178)	Plazebo (n = 155)	RR	P ASS vs. Plazebo
Myokardinfarkte insgesamt	7	20	0,37	0,02
davon tödlich	0	4		
Schlaganfälle insgesamt	11	2	5,37	0,02
davon tödlich	k.A.	k.A.		
Todesfälle insgesamt	7	11	0,51	>0,2
davon kardiovaskulär	6	7	0,75	>0,2

k.A.: = keine Angaben (nach Ridker u. Mitarb., 1991)

Damit scheint ASS das Risiko eines ersten Myokardinfarktes bei Angina pectoris-Patienten zu reduzieren, ohne allerdings die Inzidenz kardiovaskulärer Todesfälle insgesamt zu vermindern.

Thrombozytenunabhängige Wirkungen von ASS: Hemmung von Thrombozytenfunktion und Thromboxanbildung durch ASS hat keine Konsequenzen für die akute Belastungstoleranz von Patienten mit stabiler Angina pectoris (Davis u. Mitarb., 1978; Frishman u. Mitarb., 1979). ASS verbessert auch nicht den klinischen Verlauf einer vasomotorischen Angina pectoris mit Gefäßspasmen (Robertson u. Mitarb., 1981). Diese Befunde sowie Daten über (unveränderte) Infarktgröße und Ventrikelfunktion nach Myokardinfarkt (s.u.) zeigen insgesamt, daß ASS zwar das Risiko eines thrombotischen Gefäßverschlusses senkt, aber keine Wirkungen hat, die über diesen Effekt hinausgehen.

3.2.2.2. Instabile Angina und Infarktprävention

Thrombozytenfunktionshemmung durch ASS bei instabiler Angina pectoris: Eine belastungsinduzierte Myokardischämie beruht primär auf einem, gemessen an den Versorgungsmöglichkeiten, zu hohen Blut- bzw. Sauerstoffbedarf des Herzens. Dagegen ist bei der instabilen Angina pectoris die primäre Funktionsstörung eine Reduktion der Blutzufuhr, z. B. durch koronare Vasokonstriktion bzw. Plaqueruptur (Davies u. Thomas, 1985). Im Gegensatz zur belastungsinduzierten Angina pectoris ist eine Thrombozytenaktivierung mit Thrombusbildung und Freisetzung vasoaktiver Mediatoren bei instabiler Angina pectoris (Theroux u. Mitarb., 1987) und Myokardinfarkt (Kristensen u. Mitarb., 1990) die Regel. Dies läßt auch einen günstigen prophylaktischen Effekt für Thrombozytenfunktionhemmer vom Typ der ASS erwarten, d. h. eine Hemmung des Thrombuswachstums mit möglichem akuten Gefäßverschluß (Chesebro u. Fuster, 1992).

Infarktprävention bei Patienten mit instabiler Angina pectoris: Eine Zusammenstellung von plazebokontrollierten Studien mit ASS bei Patienten mit instabiler Angina pectoris oder „Non-Q-wave-Infarkt" zeigt Tab. 9.

Tabelle 9 Ergebnisse randomisierter, plazebokontrollierter Studien mit ASS bei Patienten mit instabiler Angina oder non-Q-wave-Infarkt

Studie	Jahr	Anzahl der Patienten	mittlere Therapiedauer	ASS [mg/Tag]	Reduktion in der Ereignisrate (%) unter Therapie	Sterblichkeit kardiovaskulär Gesamt
Lewis u. Mitarb.	1983	1266	12 Wochen	324[1])	51†	51†
Cairns u. Mitarb.	1985	555	18 Monate	1300	71≠	51§
				200 Sulfinpyrazon	9	(−6)
Theroux u. Mitarb.	1988	479	6 Tage	−	−	72§
				+ Heparin	−	89†
RISC-Studie	1990	796	3 Monate	75	n.s.	50†
	1991		1 Jahr		n.s.	35†

*) p < 0,05; ≠) p < 0,001; †) p < 0,005; §) p < 0,01.
[1]) jeden 2. Tag
(auszugsweise und ergänzt nach einer tabellarischen Zusammenstellung von Stein u. Mitarb., 1989)

Die Veterans Administration Trial (Lewis u. Mitarb.) war die erste plazebokontrollierte Doppelblindstudie, die eine prophylaktische Wirkung von ASS auf Infarktinzidenz und -letalität bei Männern mit instabiler Angina pectoris nachwies: 324 mg/die ASS für 3 Monate senkten Infarktrisiko und Infarkttodesrate um jeweils 50%. Zu praktisch gleichen Ergebnissen kamen Cairns u. Mitarb. In dieser Studie wurden 4 x 325 mg ASS/die für 18 Monate verabfolgt. Allerdings waren in dieser Untersuchung die ASS-Nebenwirkungen seitens des Magen-Darm-Traktes signifikant höher als bei Plazebo. Ähnlich positive Befunde wurden für 650 mg ASS beschrieben (Lewis u. Mitarb., 1983; Cairns u. Mitarb., 1985; Theroux u. Mitarb., 1988).

Obwohl diese Studien nicht direkt miteinander vergleichbar sind (unterschiedliche Beobachtungsdauer, nur Männer vs. Männer + Frauen) und der Einfluß einer Be-

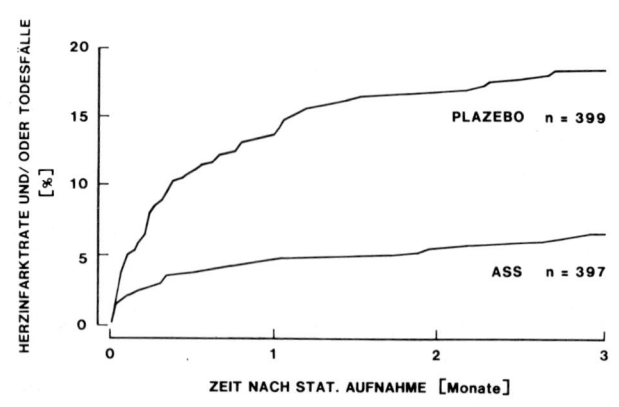

Abb. 19 Reduktion von Herzinfarkten und Todesfällen innerhalb der ersten 3 Monate nach Therapie mit ASS (75 mg/die) (+ Heparin) im Vergleich zu Plazebo (RISC-Studie) (Nach Wallentin u. Mitarb., 1991)

gleittherapie (β-Blocker, Nitrate, Kalzium-Antagonisten) auf das Ergebnis bisher unklar ist, sind sie ein überzeugendes Argument für die klinische Wirksamkeit von ASS bei dieser Indikation. Die gleiche Wirkungsstärke von 324, 650 und 1300 mg ASS spricht für eine dosis-unabhängige ASS-Wirkung infolge eines bereits bei 324 mg eintretenden therapeutischen Maximaleffekts. Mit anderen Worten ist anzunehmen, daß niedrigere ASS-Dosierungen einen gleichen therapeutischen Effekt erwarten lassen.

Neuere kontrollierte Untersuchungen haben diese Hypothese bestätigt. Die skandinavische RISC-Studie (Wallentin, 1990) untersuchte 75 mg ASS bei Patienten mit instabiler Angina pectoris oder Non-Q-wave-Infarkt im Vergleich zu Plazebo bzw. Heparin. Im Ergebnis fand sich auch hier eine 50%ige Reduktion des Infarktrisikos bei einer Beobachtungsdauer von 3 Monaten (Abb. 19). Eine Weiterführung der ASS-Therapie bis zur Dauer von einem Jahr erbrachte keine zusätzliche Verbesserung (Wallentin, 1991). Damit bestätigt diese Studie für ASS eine ca. 50%ige Senkung des Infarktrisikos bei Patienten mit instabiler Angina pectoris auch für 75 mg ASS/die. Sie zeigt zusätzlich, daß der volle therapeutische Effekt während der ersten 3 Monate der Behandlung erreicht wird. Antikoagulation mit Heparin verbessert das Ergebnis nicht (Theroux u. Mitarb., 1988; Wallentin, 1990).

Ein interessanter Nebenbefund der Studie von Cairns u. Mitarb. (1985) war, daß Sulfinpyrazon allein weder die Infarktinzidenz reduzierte noch die Infarktletalität herabsetzte. Allerdings dürfte Sulfinpyrazon in der verwendeten Dosierung die Plättchenzyklooxygenase nur partiell gehemmt haben (Pedersen u. FitzGerald, 1985). Es existieren auch keine positiven Berichte über andere Zyklooxygenasehemmer mit plättchenfunktionshemmender Wirkung auf die Ischämiesymptomatik. Im Gegenteil, für Indometazin wurde sogar eine Verschlechterung der Koronarperfusion bei Post-Infarktpatienten beschrieben. Dies führt zu der naheliegenden Frage, ob die klinische Wirkung von ASS bei diesen Patienten ausschließlich auf einer Hemmung der Thromboxanbildung beruht (Cairns u. Mitarb., 1985; Forman u. Mitarb., 1985; Pedersen u. FitzGerald, 1985).

Mediatoren der myokardialen Ischämie bei instabiler Angina pectoris: Alle bisher durchgeführten Untersuchungen mit ASS haben für 50% der Patienten *keine* Protektion nachweisen können, obwohl davon auszugehen ist, daß eine adäquate Hemmung der Thromboxansynthese bei allen Patienten vorhanden war. Damit stellt sich die Frage, ob außer Thromboxan-A_2-abhängigen Reaktionen noch andere Mechanismen zur myokardialen Ischämie bei der instabilen Angina pectoris beitragen. Neben den bereits erwähnten Katecholaminen (s. 3.2.1.) und dem Thrombozytensekretionsprodukt Serotonin kann eine koronare Vasokonstriktion auch durch Mediatoren ausgelöst werden, die nicht thrombozytären Ursprungs sind. Hierzu gehören Neuropeptid Y, Leukotrien D_4 und Endothelin. Ihre Wirkung kann durch eine Hyperreaktivität der Koronargefäße zusätzlich verstärkt werden (Maseri u. Mitarb., 1990). Für Situationen, bei denen die Angina pectoris-Symptomatik überwiegend durch diese Mediatoren vermittelt und durch vaskuläre Hyperreaktivität verstärkt wird, ist daher nicht anzunehmen, daß ASS trotz Thrombozytenfunktions- und Thromboxansynthesehemmung einen therapeutischen Effekt zeigt. Dies gilt z. B. für die vasotonische Angina pectoris (Prinzmetal) (Robertson u. Mitarb., 1981; Chierchia u. Patrono, 1987).

Analgetische vs. durchblutungsfördernde Wirkung von ASS: Die günstigen Effekte von ASS auf die Infarktprophylaxe von Hochrisikopatienten mit instabiler Angina pectoris lassen vermuten, daß die Substanz über ihre antithrombotische Wirkung hinaus noch weitere Effekte auf das Myokard hat, die die myokardiale Durchblutung zusätzlich verbessern (s. 2.3.1.1.). Hierzu gehören eine spasmolytische Wirkung im Zusammenhang mit Hemmung der Thromboxanfreisetzung sowie eventuell direkte Effekte auf den Gefäßtonus. In diesem Zusammenhang stellt sich auch die Frage nach dem analgetischen Effekt der Substanz als mögliche Begleitkomponente der antianginösen Wirkung.

Bei Patienten mit schwerer, angiographisch nachgewiesener, koronarer Dreigefäßerkrankung sowie mindestens 5 ST-Segment-Depressionen von mehr als 1 min Dauer pro Tag, die aufgrund ihres Zustandes inoperabel waren, wurde ein 24 h Holter-EKG aufgenommen. Anschließend erhielten die Patienten für 3 Tage 325 mg/die mikroverkapseltes ASS mit Dosissteigerung auf 325 mg b.i.d. an den Tagen 4–6 und 650 mg an den Tagen 7–9. EKG- Kontrollen wurden an den Tagen 3, 6 und 9 durchgeführt.
Während der Kontrolluntersuchungen betrug die mittlere Ischämiedauer 85–798 min (Mittel 367 min) pro Tag und die mittlere Dauer der einzelnen Ischämiephase 14 min bei einer mittleren Zahl von 28 Anfällen pro 24 h. Am 9. Tag der ASS-Therapie betrug die Ischämiedauer 112 min/24 h bei einer mittleren Dauer des Einzelanfalls von 8 min und 15 Attacken pro 24 h. 90% der ischämischen Phasen wurden vom Patienten nicht bemerkt! (Mahony, 1989).

Diese Untersuchungen zeigen, daß eine analgetische Wirkung von ASS auch bei der Myokardischämie vorhanden ist und ggf. die Ischämiesymptomatik verdecken kann. Auch kann ASS im Belastungstest bei frischem Myokardinfarkt die Inzidenz stummer Ischämie erhöhen, ohne die linksventrikuläre Kontraktionsfunktion zu beeinflussen (Ronnevik u. Mitarb., 1991). Andere Autoren zeigten, daß Patienten mit instabiler Angina pectoris, die trotz regelmäßiger ASS-Einnahme eine akute Myokardischämie entwickeln, bei Klinikaufnahme dem gleichen vaskulären Risiko unterliegen wie Patienten ohne ASS- Prävention (Cohen u. Mitarb., 1991). Wenn trotz prophylaktischer Einnahme ein Myokardinfarkt eintritt, senkt ASS nicht die Kurzzeitletalität (4 Wochen) (McNamara u. Mitarb., 1991). Bei refraktärer, instabiler Angina pectoris zeigte ASS (im Gegensatz zu Heparin) keinen Effekt auf die Ischämiesymptomatik (Neri–Serneri u. Mitarb., 1990). Auch hemmte ASS zwar die mit

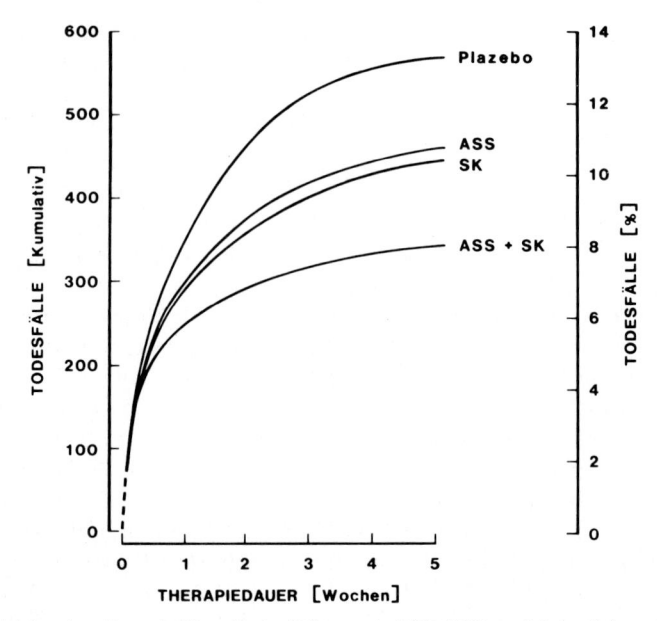

Abb. 20 Reduktion kardiovaskulärer Todesfälle nach ASS (162 mg/die) allein oder kombiniert mit Streptokinase (SK) im Vergleich zu Plazebo
Sowohl ASS allein als auch Streptokinase allein führen zu einer hochsignifikanten Senkung kardiovaskulärer Todesfälle nach 5-wöchiger Beobachtungsdauer. Kombinierte Gabe von ASS + Streptokinase zeigt einen zusätzlichen Effekt, der über die Wirkung der beiden Einzelkomponenten hinausgeht (ISIS-2 Studie, 1988).

anginösen Anfällen einhergehende Thrombozytenaktivierung und Thromboxanbildung, besserte aber nur bei einem Teil der Patienten die myokardiale Ischämiesymptomatik (Vejar u. Mitarb., 1990).
Diese Befunde bestätigen insgesamt einen therapeutischen Effekt von ASS auf Ischämieschmerz und Infarktprävention für die Mehrzahl, aber nicht alle Patienten mit instabiler Angina pectoris. Grund für dieses differente Verhalten dürfte die Beteiligung anderer, d. h. nicht ASS-sensitiver vasokonstriktorischer und/oder thrombozytenaktivierender Mediatoren sein.

3.2.2.3. Reinfarktprävention und Fibrinolyse

Thrombozytenaktivierung und ASS bei Lysetherapie: Lysetherapie des frischen Myokardinfarkts mit Streptokinase geht einher mit einer erheblichen Thrombozytenaktivierung. Dabei kommt es im Vergleich mit nicht-lysierten Infarktpatienten zu einer mehr als 20-fachen Zunahme der Thromboxanausscheidung im Urin (FitzGerald u. Mitarb., 1988) (s. 2.3.1.3.). Diese Fibrinolytika-induzierte Hyperkoagulabilität des Blutes kann zu thrombotischen Gefäßverschlüssen führen und ist abzutrennen von späteren Verschlüssen innerhalb der ersten 24 h (Sherry, 1988). Die klinische Bedeutung einer Thrombozytenfunktionshemmung durch ASS bei Lysetherapie mit Streptokinase wurde erstmals in der ISIS-II Studie dokumentiert.

Die „International Study for Infarct Survival" (ISIS-2) war die erste große prospektive Studie, die den Einfluß von ASS auf die Lysetherapie mit Streptokinase beim frischen Myokardinfarkt untersuchte. Bei 17987 Patienten mit frischem Myokardinfarkt wurde die Wirkung von Streptokinase i.v. im Vergleich zu 162 mg ASS allein oder in Kombination mit Streptokinase geprüft. Der Beobachtungszeitraum betrug 5 Wochen. Alle Gruppen der Studie waren plazebokontrolliert. 5 Wochen nach Randomisierung ergaben sich 804 vaskuläre Todesfälle in den beiden ASS-Gruppen, aber 1016 Todesfälle in den beiden Gruppen mit Plazebo. Dies entsprach einer vaskulären Letalität von 9% bzw. 12% und einer hochsignifikanten Reduktion des vaskulären Risikos um 23%. ASS reduzierte auch signifikant die Letalität in der Gruppe von Patienten mit s.c. oder i.v. Heparin, ein Hinweis darauf, daß i.v. Heparin allein keine optimale antithrombotische Wirkung hat. Auch die Anzahl der Reinfarkte sowie Schlaganfälle wurde durch ASS hochsignifikant um 50% bzw. 46% herabgesetzt (Abb. 20).

Dieser positive Effekt von ASS und Fibrinolyse auf die Reinfarktrate innerhalb von 5 Wochen wurde durch die ISIS-3- Studie bestätigt.

Insgesamt 41299 Patienten erhielten ASS (162 mg/die) sowie eines der folgenden Fibrinolytika: Streptokinase, r-tPA, ABSAC oder Heparin.
Die Letalität nach 5 Wochen betrug 10,6% in der ASS-Gruppe und 10,3% in der Gruppe ASS + Heparin. Dieser Unterschied war nicht signifikant. Allerdings traten in der Heparingruppe signifikant mehr Blutungen und hämorrhagische Schlaganfälle auf. Signifikante Unterschiede zwischen den verschiedenen Fibrinolytika bezüglich des therapeutischen Effektes bestanden nicht (ISIS-3, 1992).

Damit bestätigt diese Studie die klinische Wirksamkeit einer kombinierten Anwendung von ASS und Fibrinolyse bei der Akuttherapie des frischen Myokardinfarkts. Die Art des angewandten Fibrinolytikums spielt dabei keine oder allenfalls eine untergeordnete Rolle.
Eine Übersicht plazebokontrollierter Studien mit ASS zur Prophylaxe des Reinfarktes und einer Behandlungsdauer von mindestens 1 Monat zeigt Tab. 10.

Der Stellenwert einer ASS-Therapie für Reverschlüsse und rekurrente Ischämien nach Lysetherapie frischer Myokardinfarkte war Gegenstand einer Meta-Analyse von insgesamt 32 Studien, davon 19 randomisiert, mit einer Gesamtzahl von 4930 Patienten. Mit Ausnahme von 2 Studien wurde zusätzlich Heparin gegeben. Die tägliche ASS-Dosis variierte zwischen 80–1000 mg, der Beobachtungszeitraum (Angiogramm) variierte zwischen 90 Minuten und 14 Tagen. Die Lysetherapie in diesen Studien wurde innerhalb der ersten 6 Stunden nach dem akuten Ereignis begonnen.
Die Zahl der Reverschlüsse betrug 11% in der ASS-Gruppe und 25% in der Plazebogruppe (P<0,001). Rekurrente Ischämien traten bei 25% der Patienten der ASS-Gruppe aber 41% der Plazebo-Patienten ein (P<0,001) (Roux u. Mitarb., 1992).

Eine kürzlich durchgeführte Meta-Analyse aller randomisierten Studien über die Beeinflussung der Fibrinolyse (r-tPA, APSAC, Streptokinase) bei frischem Myokardinfarkt durch ASS ergab für ca. 1 Monat nach dem akuten Ereignis folgende Zahlen: Fibrinolyse allein senkt die vaskuläre Letalität im Vergleich zu Plazebo um 24% (Plazebo 3%), Fibrinolyse + ASS um 40% (Plazebo 8%). Dies entspricht einem sowohl klinisch als auch statistisch signifikanten Synergismus zwischen ASS und Fibrinolytika. Dabei spielt die Art des verwendeten Fibrinolytikums (r-tPA, Streptokinase, APSAC) für den Therapieerfolg keine Rolle (Basinski u. Naylor, 1991; Roux u. Mitarb., 1992).
ASS vs. Antikoagulantien: In einer vergleichenden Studie von ASS (80 mg/die) ge-

Tabelle 10 Ergebnisse randomisierter, plazebokontrollierter Studien mit ASS für die sekundäre Prävention nach Myokardinfarkt (Nachbeobachtungsdauer ≥ 1 Monat)

Studie	Jahr	Anzahl der Patienten	ASS [mg/Tag]	Therapiebeginn	mittlere Therapiedauer [Monate]	Reduktion der Ereignisrate unter Therapie (%)		
						Sterblichkeit Gesamt	Sterblichkeit Kardiokoronar	koronar- (vaskuläre) Ereignisse
MRC-I	(1974)	1239	300	10 Wochen	10	25	n.v.	n.v.
CDP	(1976)	1529	972	>5 Jahre in 75 % der Fälle	22	30	28	22
GARS	(1980)	626	1500	4–6 Wochen	24	18	42	37
MRC-II	(1979)	1682	900	50% innerhalb 7 Tagen	12	17	22	28*
AMIS	(1980)	4524	1000	25 Monate	38	(−10)	(−8)	5
PARIS-I	(1980)	2206	972 972 + 225 DIP	2–60 Monate	41	18	21	24
PARIS-II	(1986)	3128	990 + 225 DIP	1–4 Monate	23	3	6	24*
ISIS-II	(1988)	17987	163	5 Stunden	1		23*	50*
Husted u. Mitarb.	(1989)	293	100 1000	≤7 Stunden	3	—	—	55* −6
Verheugt u. Mitarb.	(1990)	50	100 1000	4 Stunden	3		20	44*

*) $p<0.05$; n.v. = nicht verfügbar
(auszugsweise und ergänzt nach einer tabellarischen Zusammenstellung von Stein u. Mitarb., 1989)

gen Heparin bei Myokardinfarktpatienten mit rtPA-Lyse ergaben sich initial bessere Lyseraten für Heparin, jedoch kein Unterschied nach 1 Woche für beide Behandlungsmaßnahmen. Die Reverschlußraten nach 1 Woche betrugen 12% (Heparin) bzw. 5% (ASS). Damit bestanden keine Differenzen zwischen beiden Behandlungsformen (Hsia u. Mitarb., 1990). Ein Vergleich zwischen ASS und Coumadin bzw. Heparin wurde in der APRICOT-Studie durchgeführt (APRICOT- Trial, 1991).

300 Patienten mit frischem Myokardinfarkt erhielten initial i.v. Streptokinase und Heparin. Bei erfolgreicher Lyse mit entsprechendem Angiogramm innerhalb 48 h erfolgte Randomisierung und Weiterbehandlung mit ASS (300 mg/die), Coumadin oder Plazebo mit zweitem Angiogramm nach 3 Monaten. Die Zahl der Restenosen für ASS, Coumadin und Plazebo betrug 25%, 30% und 32%, die Zahl der Reinfarkte 3%, 7% und 12%. Diese Befunde belegen eine verbesserte Erholung unter ASS und zeigen keinerlei therapeutischen Effekt für Coumadin. Die verbesserte funktionelle Erholung nach ASS zeigte sich auch in einer signifikanten (um 4,5%) Zunahme der linksventrikulären Auswurffraktion.

Damit scheint ASS sowohl hinsichtlich Effektivität als auch Nebenwirkungen Antikoagulantien bei dieser Indikation überlegen zu sein. Darüber hinaus zeigen die Ergebnisse der APRICOT-Studie, daß ASS trotz gleicher Anzahl der Reokklusionen die funktionelle Erholung des Myokards verbessern kann. Allerdings konnte ein solcher Effekt bisher in anderen ASS-Studien nicht bestätigt werden.

Reinfarktprophylaxe mit Low-dose-ASS: Zu den ersten Arbeiten über „low-dose" ASS bei Infarktpatienten zur Verhinderung von Reinfarkten gehört eine Studie von Förster u. Hoffmann (1989). Verabfolgung von 30 mg ASS/die im Vergleich zu 1000 mg ASS senkte signifikant die Infarktletalität. Diese günstigen Effekte konnten auch noch 4 und 6 Jahre nach Ende der systematischen Untersuchung nachgewiesen werden: Die Anzahl nicht-tödlicher Reinfarkte war in der früheren 30 mg ASS-Gruppe um 50% niedriger als in der früheren 1000 mg Gruppe (Hoffmann u. Mitarb., 1991). Allerdings war die Studie vom Design her offen und nicht-plazebokontrolliert.

Zwei kürzlich veröffentlichte, plazebokontrollierte Studien haben die Wirksamkeit von 100 mg ASS/die gegenüber Plazebo und 1000 mg ASS bei der Prävention des Reinfarkts an Hochrisikopatienten überzeugend demonstriert (Husted u. Mitarb., 1989; Verheugt u. Mitarb., 1990). Eine signifikante Reduktion der Reinfarkthäufigkeit, aber nicht der infarktabhängigen Todesfälle, Myokardkontraktilität oder Infarktgröße wurde beschrieben (Verheugt u. Mitarb., 1988, 1990).

ASS und Ventrikelfunktion beim Myokardinfarkt: Trotz günstiger Wirkungen auf den thrombotischen Reverschluß nach eingetretenem Myokardinfarkt (ISIS-2) hat ASS, ähnlich wie bei der instabilen Angina pectoris (s.o.), in der Mehrzahl der Studien keine zusätzlichen (günstigen) Wirkungen auf Myokard- und Koronarfunktion (Verheugt u. Mitarb., 1990) und reduziert nicht die Infarktgröße (Tab. 11). Dies bestätigt Tierexperimente, die ebenfalls keine protektiven Wirkungen von ASS auf die Infarktgröße nachweisen konnten (Shi u. Mitarb., 1990). Im Gegenteil, ASS kann sogar die kardioprotektiven Effekte einer Prostazyklinstimulation nach Thromboxansynthesehemmung (Mullane u. Fornabaio, 1988) oder Defibrotide (Hohlfeld u. Mitarb., 1992) aufheben. Ein interessanter Zusatzbefund der Studie von Husted u. Mitarb. (1989) (s. Tab. 10) war, daß beide ASS-Dosen (100 und 1000 mg/die) trotz des unterschiedlichen klinischen Ergebnisses zu einer vergleichbaren Hemmung von Thrombozytenaggregation und Thromboxanbildung führten. Dies bedeutet, daß

Tabelle 11 Klinisches Ergebnis bei Herzinfarktpatienten, die für 3 Monate ASS (100 mg/die) oder Plazebo in einer randomisierten Doppelblindstudie erhielten. Therapiebeginn war <12 h nach Beginn der akuten Symptomatik

Parameter	ASS (n=50)	Plazebo (n=50)	Signifikanz (ASS vs. Plazebo)
Letalität	10 (20%)	12 (24%)	n.s.
Reinfarkt	2 (4%)	9 (18%)	<0,05
instabile Angina	14 (28%)	11 (22%)	n.s.
Infarktgröße (kumulative LDH-Freisetzung in 72 h: IU/l±SD)	1431±782	1592±1082	n.s.

Alle Patienten erhielten zusätzlich 5000 IU Heparin bis zur vollständigen Mobilisierung (Verheugt u. Mitarb., 1990)

das klinisch schlechtere Ergebnis mit 1000 mg ASS nicht durch eine stärkere Hemmung der Thromboxanbildung erklärt werden kann, sondern eventuell auf anderen Wirkungen von ASS beruht, die erst bei höheren Dosen auftreten. Auch eine Studie von Ishikawa u. Mitarb. (1991) bestätigte für 50 mg ASS/die, kombiniert mit Ticlopidin oder Dipyridamol bei fast 6-jähriger Untersuchungsdauer, den günstigen Effekt der Substanzen: Im Vergleich zu einer Plazebogruppe ohne Plättchenfunktionshemmer war die Inzidenz von Reininfarkten von 7,4% auf 4,2% signifikant herabgesetzt.

Entscheidender Vorteil von „low-dose" (75—150 mg/die) ASS gegenüber der auch heute noch (Rote Liste 1992) empfohlenen Standarddosierung von 300—1000 mg für diese Indikation (Reinfarktprophylaxe) ist die bessere Verträglichkeit und damit höhere Patientencompliance.

Interessanterweise ist trotz des zweifellos günstigen Nutzen-Risiko-Verhältnisses von ASS bei der Reinfarktprophylaxe diese Medikation selbst im Land der vielzitierten „Antiplatelet Trialists' Collaboration" nicht generell akzeptiert. Nach Ergebnissen einer vor kurzem publizierten Postinfarktstudie bei 1877 Männern nahmen nur 6,6% der Patienten ASS zur antithrombotischen Sekundärprophylaxe ein (Martin u. Mitarb., 1991).

3.2.2.4. Aortokoronarer Venenbypass

Dynamik und Mechanismen von Bypassverschlüssen: Ähnlich wie bei der PTCA (s.u.), ist ein erneuter Gefäßverschluß auch das Hauptproblem der (erfolgreichen) koronaren Bypass-Chirurgie: Etwa 20—30% der Gefäßimplantate okkludieren innerhalb des ersten Jahres nach der Operation, etwa die Hälfte davon während des ersten Monats nach dem chirurgischen Eingriff. Nach 10 Jahren sind etwa 50% der Gefäßimplantate verschlossen.

Die Pathogenese der Gefäßimplantat-Verschlüsse läßt sich in mehrere Phasen unterteilen: Initiale Endothelschädigung beim operativen Eingriff und Plättchenablagerung mit Beginn der Durchblutung. Dies fördert die Freisetzung von Wachstumsfaktoren mit Intimahyperplasie, Proliferation der glatten Gefäßmuskelzellen und erneuter Plättchenablagerung am vorgeschädigten Endothel. Es folgt eine atherosklerotische Wachstumsphase, die weitgehend der in anderen Gefäßen entspricht. Damit gibt es zwei unterschiedliche Ursachen des Gefäßverschlusses: frühe thrombotische Okklusion in der post-operativen Phase und Spätstenosierung mit Intimahyperplasie infolge Proliferation der glatten Gefäßmuskulatur, Gefäßimplantat-Thrombose und Bildung atherosklerotischer Plaques (Fuster u. Chesebro, 1986). Neuere Untersuchungen sprechen auch für einen Zusammenhang zwischen Plasma-Triglyzeriden und dem Auftreten von Spätverschlüssen (Gavaghan u. Mitarb., 1990).

ASS und frühe Transplantat-Verschlüsse: ASS erwies sich allein oder in Kombination mit Dipyridamol als wirksames Präparat zur Prävention früher Gefäßimplantat-Verschlüsse (Chesebro, 1990). Dies galt besonders dann, wenn die Behandlung vor oder während der ersten 24 h nach dem operativen Eingriff begonnen wurde (Goldman u. Mitarb., 1988, 1989). Ob Dipyridamol zusätzlich zu diesem Effekt beiträgt, ist zweifelhaft (Brown u. Mitarb., 1985; Chesebro, 1990).

Lorenz u. Mitarb. fanden eine Reduktion aortokoronarer Bypassthrombosierungen mit 100 mg ASS/die 4 Monate nach dem operativen Eingriff: 10% vs. 32% (P = 0,12). Behandlungsbeginn war der erste post-operative Tag. Allerdings bestand in dieser Untersuchung eine hohe Verschlußrate in der Plazebogruppe und die Patientenzahl (n=60) war vergleichsweise gering (Lorenz u. Mitarb., 1984).

Potentiell gefährlich ist hier vor allem ein erhöhtes Risiko von Nachblutungen zu Beginn der ASS-Behandlung. Dies gilt besonders dann, wenn die ASS-Therapie vor Durchführung des operativen Eingriffs begonnen wurde (Pacold, 1989; Sethi u. Mitarb., 1990; Bashein u. Mitarb., 1991).

In einer randomisierten, kontrollierten Doppelblindstudie wurde der Einfluß von ASS (325 mg/die) auf Blutverlust und Transplantatdurchgängigkeit (V. saphena oder A. mammaria int.) bei 350 Patienten in Abhängigkeit vom Behandlungsbeginn untersucht (Goldman u. Mitarb.). Innerhalb der ersten Woche nach dem operativen Eingriff betrug die Verschlußrate des Venenbypasses 7,4±1,3% bei ASS-Therapiebeginn vor der Operation im Vergleich zu 7,8±1,5% bei Therapiebeginn 6 h nach dem Eingriff (p=0,871). Dagegen ergab sich eine nicht-signifikante Tendenz zugunsten von ASS vor OP bei Y-Transplantaten (p=0,081) und A. mammaria int.-Transplantaten (p=0,066). Patienten, die ASS schon vor der Operation erhielten, hatten einen signifikant höheren Blutverlust (p=0,006) und eine höhere Reoperationsrate wegen Blutungen (p=0,036).

Aus den Ergebnissen wurde geschlossen, daß eine ASS-Therapie, die vor einer Venen-Bypassoperation begonnen wird, mit einem erhöhten Blutungsrisiko einhergeht und keine zusätzliche Verbesserung des operativen Ergebnisses mit sich bringt (Goldman u. Mitarb., 1991).

Spätverschlüsse und Restenosen: Trotz der in einigen Studien nachweisbaren positiven Trends für ASS (Guiteras u. Mitarb., 1989; Chesebro, 1990; Goldman u. Mitarb., 1988, 1990) ist insgesamt keine eindeutige Reduktion der Spätverschlußrate von Gefäßtransplantaten durch ASS festzustellen. Auch bei dieser Indikation hat Dipyridamolzusatz keinen zusätzlichen Effekt (Thaulow u. Mitarb., 1987; Sanz u. Mitarb., 1990). In einer umfangreichen, plazebokontrollierten Doppelblindstudie erwiesen sich ASS + Dipyridamol (25 mg + 200 mg b.i.d.) gleich wirksam mit Antikoagulantien (Phenprocoumon): 26% vs. 17% neue Verschlüsse innerhalb des ersten Jahres nach dem operativen Eingriff. Allerdings traten unter Antikoagulantientherapie Todesfälle, Herzinfarkte und schwere Blutungen signifikant häufiger auf als unter ASS + Dipyridamol (Pfisterer u. Mitarb., 1989). Ähnliche Befunde ergaben sich beim Vergleich ASS (100 mg/die) mit Heparin/Phenprocoumon (Weber u. Mitarb., 1990).

ASS zeigt damit, trotz insgesamt guter Wirkungen auf die thrombotisch verursachten Frühverschlüsse, keinerlei Effekt auf die Langzeitdurchgängigkeit der Gefäßimplantate. Hier ist zu ergänzen, daß keine wirksame Pharmakotherapie zur Prävention von Spätstenosen bekannt ist. Ähnlich wie bei Plaques anderer Lokalisation ist aber auch hier ein positiver Effekt von ASS durch Verhinderung von plaque-induzierten Thrombosen und daraus resultierender Gefäßverschlüsse zu erwarten und statistisch belegt (Johnson u. Mitarb., 1992).

3.2.2.5. Perkutane transluminale Koronarangioplastie (PTCA)

Die perkutane transluminale Angioplastie (PTCA) ist eine zunehmend genutzte Alternative zur chirurgischen Revaskularisierung verschlossener bzw. kritisch stenosierter Koronargefäße. Aufdehnung der stenotischen Region erlaubt eine sofort einsetzende Verbesserung der Durchblutung im post- stenotischen Bezirk. Bei diesem Vorgehen kommt es allerdings auch zu Endothelläsionen mit nachfolgender Plättchenablagerung und möglicher Ausbildung eines muralen Thrombus. Von dieser akuten Komplikation ist auch hier eine späte Restenosierung im Verlauf der ersten Wochen bis Monate nach zunächst erfolgreicher PTCA zu unterscheiden. Die Stenosierung verläuft progressiv. Die Pathogenese ist noch unklar. Sehr wahrscheinlich spielt die Bildung und Freisetzung von Wachstumsfaktoren, z. B. „platelet-derived growth factor" im Zusammenhang mit der Gefäßschädigung bzw. lokaler Stenosierung eine entscheidende Rolle, während ASS-sensitive Mechanismen der Plättchenaggregation eher in den Hintergrund treten (Yeager u. Mitarb., 1990; Willerson u. Mitarb., 1991). Die Verhältnisse sind damit ähnlich wie bei der Bypasschirurgie (s. 3.2.2.4.).

ASS und frühe Reverschlüsse: ASS reduziert die Vasokonstriktion und hemmt die Plättchenablagerung nach Endothelschädigung (Chesebro u. Mitarb., 1990). Wahrscheinlich als Folge davon, reduziert ASS allein oder in Kombination mit Dipyridamol signifikant das Risiko akuter thrombembolischer Verschlüsse (Barnathan u. Mitarb., 1987; White u. Mitarb., 1987a; Schwartz u. Mitarb., 1988). Vorbehandlung der Patienten mit ASS gehört daher heute zur Standardtherapie vor elektiver PTCA.
Bei Vergleich von ASS mit anderen Plättchenfunktionshemmern (Ticlopidin) oder in Kombination mit Dipyridamol (Lembo u. Mitarb., 1990) ergaben sich keine Unterschiede zur ASS-Monotherapie (Stein u. Mitarb., 1989). Die Befunde sind damit ähnlich wie bei der Bypasschirurgie (s.o.) und bestätigen eine Plättchenaktivierung als Ursache der frühen Gefäßverschlüsse.
Pharmakologische Prävention später Restenosen: Späte Restenosen sind das eigentliche Problem auch bei einer zunächst erfolgreichen PTCA. Die Inzidenz wird je nach verwendetem Meßverfahren, mit 25−50% innerhalb von 6 Monaten angegeben (Serruys u. Mitarb., 1988).
Alle bisher vorliegenden, kontrollierten klinischen Studien über die pharmakologische Prävention von späten Restenosen waren negativ. Dies gilt auch für ASS (Thornton u. Mitarb., 1984; Ellis u. Mitarb., 1989; Taylor u. Mitarb., 1991) sowie die Kombination von ASS mit Dipyridamol (Harker u. Mitarb., 1990), obwohl gelegentlich positive Tendenzen berichtet wurden (Schwartz u. Mitarb., 1988; Heiss u. Mitarb., 1990). Ticlopidin (250 mg b.i.d.) zeigte im Vergleich mit ASS + Dipyrida-

mol (325 mg b.i.d. + 75 mg t.i.d.) und Plazebo in einer multizentrischen Studie an 176 PTCA-Patienten über 6 Monate keine Verbesserung der koronarangiographischen Befunde (White u. Mitarb., 1987b). Auch Ohmann u. Mitarb. (1990) konnten bei einer Meta-Analyse aller publizierten Studien zu Restenosen unter ASS im Vergleich mit Fischöl keine konsistente Reduktion der Restenosierung durch ASS finden.
Wahrscheinlichste Erklärung dieser negativen Befunde ist, daß eine gesteigerte Thrombozytenaggregation bzw. Inzidenz thrombembolischer Ereignisse für späte Restenosen keine Rolle spielt. In Übereinstimmung damit besteht offenbar keine Korrelation zwischen dem Ausmaß der Plättchenfunktionshemmung durch ASS und der Inzidenz von Restenosen nach 3 Monaten (Terres u. Mitarb., 1992). Die ebenfalls negativen Ergebnisse mit einem selektiven Antagonisten von Thromboxanrezeptoren, Vapiprost (GR 32.191), im Vergleich zu Plazebo nach 6- monatiger Therapie bestätigen diese Auffassung (Serruys u. Mitarb., 1991). Hier ist von antiproliferativen Peptiden wie Angiopeptin und verwandten Substanzen mehr zu erwarten.
In vitro zeigen glatte Muskelzellen aus atherosklerotischem Plaque-Material von restenosierenden Gefäßen aus der Femoralarterie im Gegensatz zu solchen von primär stenosierten Gefäßen eine erhöhte mitotische Aktivität. Zusatz von ASS zum Kulturmedium (0,1−1 µM) hemmte die proliferative Aktivität über einen Beobachtungszeitraum von 8 Tagen (Voisard u. Mitarb., 1989).
Dieser Befund zeigt gewisse Parallelitäten zur Hemmung der IL- 1-induzierten Proteinsynthese durch ASS (s. 2.3.2.2.). Allerdings ist die Bedeutung für die PTCA-assoziierte Stimulation des Wachstums glatter Muskelzellen in vivo fraglich. Weder Tierversuche (Yeager u. Mitarb., 1990) noch die bisher vorliegenden klinischen Befunde zeigen einen positiven Effekt von ASS (und anderen Thrombozytenfunktionshemmern) auf diese Veränderungen.

Zusammenfassung: ASS ist als prophylaktische Medikation bei instabiler Angina pectoris und frischem Myokardinfarkt etabliert. Nach einer Initialdosis von 300−500 mg sind Erhaltungsdosen von ≤ 100 mg/die ausreichend, um eine maximale Hemmung der thrombozytären Thromboxanbildung zu erreichen, ohne gleichzeitig zu stärkeren Nebenwirkungen, z. B. im Magen-Darm-Trakt, zu führen.
ASS scheint außer seinen antithrombotischen Effekten keine direkten Wirkungen auf Herz- und Koronarfunktion zu haben und ist bei einigen Formen der Angina pectoris (z. B. Prinzmetal-Angina) trotz Hemmung der Thromboxanbildung wirkungslos. Dies weist auf die Beteiligung weiterer Mediatoren an der Pathophysiologie der Erkrankung bzw. eine pathologische Gefäßreaktivität hin. Die Definition von Subgruppen, die von einer prophylaktischen ASS-Anwendung bei chronisch ischämischer Herzkrankheit ohne vorausgegangenen akuten ischämischen Insult am meisten profitieren, ist noch nicht abgeschlossen. Für die Bewertung ist das individuelle Nutzen-Risiko-Verhältnis entscheidend.
ASS hat einen günstigen Effekt auf die Thrombozytenaktivierung bei frischem Myokardinfarkt, vor allem bei Lysetherapie mit Streptokinase. ASS reduziert auch (thrombembolische) Frühverschlüsse nach PTCA oder Bypass-Operationen. Restenosierungen infolge von Intimaproliferationen werden dagegen nicht beeinflußt, aber das Infarktrisiko gesenkt.

Literatur 3.2.2.

Antiplatelet trialists'collaboration: Secondary prevention of vascular disease by prolonged antiplatelet treatment. Br. Med. J. 296 (1988) 320

(The) APRICOT Study: Coumadin versus aspirin in the prevention of reocclusion after successful thrombolysis, a prospective placebo-controlled angiographic study. Meijer, A., Ch.J. Werter, F.W. A Verheugt. Circulation 84, Suppl. (1991) II-571

Barnathan, E.S., J.S. Schwartz, L. Taylor, W.K. Laskey, J.P. Kleaveland: Aspirin and dipyridamole in the prevention of acute coronary thrombosis complicating coronary angioplasty. Circulation 76 (1987) 125

Bashein, G., M.L. Nessly, A.L. Rice, R.B. Counts, G.A. Misbach: Preoperative aspirin therapy and reoperation for bleeding after coronary artery bypass surgery. Arch. Intern. Med. 151 (1991) 89

Basinski A., C.D. Naylor: Aspirin and fibrinolysis in acute myocardial infarction. Meta-analytical evidence for synergy. J. Clin. Epidemiol. 44 (1991) 1085

Boda, Z., E. Tamas, I. Altorjay, G. Pfliegler, K. Rak: Congenital deficiency of cyclooxygenase in a woman with generalized atherosclerosis. Scand. J. Haematol. 27 (1981) 65

Boston Collaborative Drug Surveillance Group: Regular aspirin intake and acute myocardial infarction. Br. Med. J. 1 (1974) 440

Brooks, N., J. Wright, M. Sturridge u. Mitarb.: Randomized placebo controlled trial of aspirin and dipyridamole in the prevention of coronary vein graft occlusion. Br. Heart J. 53 (1985) 201

Brown, B.G., R.A. Cukingnan, T. De Rouen u. Mitarb.: Improved graft patency in patients treated with platelet-inhibiting therapy after coronary bypass surgery. Circulation 72 (1985) 138

Cairns, J.A., M. Gent, J. Singer: Aspirin, sulfinpyrazone or both in unstable angina. Results of a Canadian Multicenter Trial. New Engl. J. Med. 313 (1985) 1369

Chesebro, J.H., I.P. Clements, V., Fuster u. Mitarb.: A platelet-inhibitor-drug trial in coronary artery bypass operations: benefit of perioperative dipyridamole and aspirin therapy on early postoperative vein graft patency. New Engl. J. Med. 307 (1982) 73

Chesebro, J.H., L. Badimon, V. Fuster: New approaches to treatment of myocardial infarction. Am. J. Cardiol. 65 (1990) 12C

Chesebro, J.H., V. Fuster, L.R. Elveback u. Mitarb.: Effect of dipyridamole and aspirin late vein-graft patency after coronary bypass operations. New Engl. J. Med. 310 (1984) 209

Chesebro, J.H., V. Fuster: Thrombosis in unstable angina. New Engl. J. Med. 327 (1992) 192

Chesebro, J.H.: Effect of dipyridamole and aspirin on vein graft patency after coronary bypass operations. Thromb. Res. 60 (1990) 5

Chierchia, S., C. Patrono: Role of platelets and vascular eicosanoids in the pathophysiology of ischemic heart disease. Fed. Proc. 46 (1987) 81

Cohen, M., A. Merino, L. Hawkins, S. Greenberg, V. Fuster: Clinical and angiographic characteristics and outcome of patients with rest-unstable angina occuring during regular aspirin use. J. Am. J. Cardiol. 18 (1991) 1458

Craven, L.L.: Experiences with aspirin (acetylsalicylic acid) in the non-specific prophylaxis of coronary thrombosis. Mississippi Valley Med. J. 75 (1953) 38

Davies, M.J., A.C. Thomas: Plaque fissuring — the cause of acute myocardial infarction, sudden ischaemic death, and crescendo angina. Br. Heart J. 53 (1985) 363

Davis, J.W., H.D. Lewis, P.E. Phillips, R.A. Schwegier, K.T. Yue u. Mitarb.: Effect of aspirin on exercise induced angina. Clin. Pharmacol. Ther. 23 (1978) 505

Dubach, U.C., B. Rosner, T. Stuermer: An epidemiologic study of abuse of analgesic drugs. Effects of phenacetin and salicylate on mortality and cardiovascular morbidity (1968 to 1987). New Engl. J. Med. 324 (1991) 155

Ellis, S.G., R.E. Shaw, G. Gershony, R. Thomas, G.S. Roubin: Risk factors, time course and treatment effect for restenosis after successful percutaneous transluminal coronary angioplasty of chronic total occlusion. Am. J. Cardiol. 63 (1989) 897

Elwood, P.C., S. Renaud, D.S. Sharp, A.D. Beswick, J.R. O'Brien: Ischaemic heart disease and platelet aggregation. The Caerphilly collaborative heart disease study. Circulation 83 (1991) 38

FitzGerald D.J., F. Cattela, L. Roy, G.A. FitzGerald: Marked platelet activation in vivo after intravenous streptokinase in patients with acute myocardial infarction. Circulation 77 (1988) 142

Forman, M.B., H. Uderman, E.K. Jackson, L. Roy, D. Bostick, D. Robertson, R.M. Robertson: Effect of indomethacin on systemic and coronary hemodynamics in patients with coronary artery disease. Am. Heart J. 110 (1985) 311

Förster, W., W. Hoffmann: Superior prevention of reinfarction by 30 mg per day aspirin compared with 1000 mg: Results of a two years follow-up study in Cottbus. In: Prostaglandins in Clinical Research, edited by K. Schrör, H. Sinzinger. Allan Liss Inc. New York (1989) (pp. 187–191)

Frishman, W.H., J. Christodoulou, B.B. Weksler, C. Smithen, T. Killip, S. Scheidt: Aspirin therapy in angina pectoris: effects on platelet aggregation, exercise tolerance, and echocardiographic manifestations of ischemia. Am. Heart J. 92 (1976) 3

Funke Küpper, A.J., F.W.A. Verheugt, C.H. Peels, T.W. Galema, W. den Hollander: Effect of low dose acetylsalicylic acid on the frequency and hematologic activity of left ventricular thrombus in anterior wall acute myocardial infarction. Am. J. Cardiol. 63 (1989) 917

Fuster, V., L. Badimon, J.J. Badimon, J.H. Chesebro: The pathogenesis of coronary artery disease and the acute coronary syndromes. New Engl. J. Med. 326 (1992) 242 u. 310

Fuster, V., J.H. Chesebro: Role of platelets and platelet inhibitors in aortocoronary vein-graft diseases. Circulation 73 (1986) 227

Gavaghan, T.P., J.B. Hickie, S.A. Krilis, D.W. Baron, V. Gebski: Increased plasma beta thromboglobulin in patients with coronary artery vein graft occlusion – response to low dose aspirin. J. Am. Coll. Cardiol. 15 (1990) 1250

Goldman, S., J. Copeland, T. Moritz, W. Henderson, K. Zadina: Saphenous vein graft patency 1 year after coronary bypass surgery and effects of antiplatelet therapy. Results of a Veterans Administration cooperative study. Circulation 80 (1989) 1190

Goldman, S., J. Copeland, T. Moritz, W. Henderson, K. Zadina u. Mitarb.: Starting aspirin therapy after operation. Effects on early graft patency. Circulation 84 (1991) 520

Goldman, S., J. Copeland, T. Moritz, W. Henderson, K. Zadina: Internal mammary artery and saphenous vein graft patency – effects of aspirin. Circulation 82 (1990) IV-237

Goldman, S., J. Gopeland, T. Moritz, W. Henderson, K. Zadina: Improvement in early saphenous vein graft patency after coronary artery bypass surgery with antiplatelet therapy: results of a veterans administration cooperative study. Circulation 77 (1988) 1324

Guiteras, P., J. Altimiras, A. Aris, J.M. Auge, T. Bassons: Prevention of aortocoronary vein graft attrition with low-dose aspirin and triflusal, both associated with dipyridamole – a randomized, double blind, placebo-controlled trial. Eur. Heart J. 10 (1989) 159

Haft, J.I.: Role of blood platelets in coronary artery disease. Am. J. Cardiol. 43 (1979) 1197

Harker, L., E. Bernstein, T. Scala, M. Gent, San Diego Restenosis Group: Effect of aspirin dipyridamole on restenosis after carotid endarterectomy – randomized placebo controlled clinical trial. Circulation 82 (1990) III-5

Heiss, H.W., H. Just, D. Middleton, G. Deichsel: Reocclusion prophylaxis with dipyridamole combined with acetylsalicylic acid following PTA. Angiology 41 (1990) 263

Hoffmann, W., M. Nitschke, J. Muche, W. Kampe, W. Handreg, W. Förster: Reevaluation of the Cottbus reinfarction study with 30 mg aspirin per day 4 years after the end of the study. Prostagl. Leukotr. Essent. Fatty Acids 42 (1991) 137

Hohlfeld, Th., H. Strobach, K. Schrör: Cardioprotective effects of endogenous prostacyclin stimulation in experimental myocardial ischemia. (1992) (subm.)

Hsia, J., W.P. Hamilton, N. Kleiman, R. Roberts, B.R. Chaitman: A comparison between heparin and low-dose aspirin as adjunctive therapy with tissue plasminogen activator for acute myocardial infarction. New Engl. J. Med. 323 (1990) 1433

Husted, S.E., H. Kraemmer-Nielsen, L.R. Krusell, O. Faergeman: Acetylsalicylic acid 100 mg and 1000 mg daily in acute myocardial infarction suspects: a placebo-controlled trial. J. Int. Med. 226 (1989) 303

Ishikawa, K., K. Kanamasa, I. Ogawa, T. Takenaka, T. Naito, N. Kamata, T. Yamamoto, S. Nakai, M. Oyalzu, R. Katori: Aspirin 50 mg per day with either dipyridamole or ticlopidine significantly reduced recurrent myocardial infarction. Circulation 84, Suppl. (1991) II-367

ISIS-2: Randomized trial of intravenous streptokinase, oral aspirin, both or neither among 17,187 cases of suspected acute myocardial infarction. Lancet 2 (1988) 349

ISIS-3: A randomised comparison of streptokinase vs. tissue plasminogen activator vs. anistreplase and of aspirin plus heparin vs. aspirin alone among 41299 cases of suspected acute myocardial infarction. Lancet 339 (1992) 753

Johnson, W.D., K.L. Kayser, A.J. Hartz, S.F. Saedi: Aspirin use and survival after coronary bypass surgery. Am. Heart J. 123 (1992) 603

Kerins, D.M., G.A. FitzGerald: The current role of platelet- active drugs in ischaemic heart disease. Drugs 41 (1991) 665

Kristensen, S.D., P.M.W. Bath, J.F. Martin: Differences in bleeding-time, aspirin sensitivity and adrenaline between acute myocardial infarction and unstable angina. Cardiovasc. Res. 24 (1990) 19

Lembo, N.J., A.J.R. Black, G.S. Roubin, J.R. Wilentz, L.H. Mufson: Effect of pretreatment with aspirin versus aspirin plus dipyridamole on frequency and type of acute complications of percutaneous transluminal coronary angioplasty. Am. J. Cardiol. 65 (1990) 422

Levine, S.P., J. Lindenfeld, J.B. Ellis, N.M. Raymond, L.S. Krentz: Increased plasma concentrations of platelet factor 4 in coronary artery disease. Circulation 64 (1981) 626

Lewis, H.D., J.W. Davis, D.G. Archibald, W.E. Steinke, T.C. Smitherman, J.E. Doherty III, J.W. Schnaper, N.M. LeWinter, E. Linares u. Mitarb.: Protective effects of aspirin against acute myocardial infarction and death in men with unstable angina. Results of a Veterans Administration Cooperative study. New Engl. J. Med. 309 (1983) 396

Lorenz, R.L., C. v. Schacky, M. Weber, W. Meister, J. Kotzur, B. Reichardt, K. Theisen, P.C. Weber: Improved aortocoronary bypass patency by low-dose aspirin (100 mg daily). Lancet 1 (1984) 1261

Mahony, C.: Effect of aspirin on myocardial ischemia. Am. J. Cardiol. 64 (1989) 387

Martin, J.F., P.M.W. Bath, M.L.W. Burr: Influence of platelet size on outcome after myocardial infarction. Lancet 338 (1991) 1409

Maseri, A., G. Davies, D. Hackett, J.C. Kaski: Coronary artery spasm and vasoconstriction. The case for a distinction. Circulation 81 (1990) 1984

Mayer Jr., J.E., W.G. Lindsay, W. Castenada, D.M. Nicoloff: Influence of aspirin and dipyridamole in patency of coronary artery bypass grafts. Ann. Thorac. Surg. 31 (1981) 204

McEnany, M.T., E.W. Salzman, E.D. Mundth u. Mitarb.: The effect of antithrombotic therapy on patency rates of saphenous vein coronary artery bypass grafts. J. Thorac. Cardiovasc. Surg. 83 (1982) 81

McNamara, B.T., R.D. Gregor, B.R. Mackenzie, P.M. Rautaharju, H.K. Wolf: Aspirin use before onset of myocardial infarction fails to reduce short term mortality. J. Am. Coll. Cardiol. Suppl. A 17 (1991) 114A

Mehta, P., J. Mehta: Platelet function studies in coronary disease. V. Evidence for enhanced platelet microthrombus formation activity in acute myocardial infarction. Am. J. Cardiol. 43 (1979) 757

Mullane, K.M., D. Fornabaio: Thromboxane synthetase inhibitors reduce infarct size by a platelet-dependent, aspirin-sensitive mechanism. Circ. Res. 62 (1988) 668

Neri-Serneri, G.G., G.F. Gensini, L. Poggesi, F. Trotta, P.A. Modesti: Effect of heparin, aspirin, or alteplase in reduction of myocardial ischaemia in refractory unstable angina. Lancet 335 (1990) 615

Neri-Serneri, G.G., D. Prisco, P.G. Rogasi, G.C. Casolo, S. Castellani: Cardiac prostaglandin synthesis in spontaneous and in effort angina. Adv. Prostaglandin Thrombox. Leukotr. Res. 13 (1985) 59

Nidorf, S.M., M. Sturm, J. Strophair, P.J. Kendrew, R.R. Taylor: Whole blood aggregation, thromboxane release and the lyso derivative of platelet activating factor in myocardial infarction and unstable angina. Cardiovasc. Res. 23 (1989) 273

Ohman, E.M., R.M. Califf, K.L. Lee, D.F. Fortin, D.J. Frid: Restenosis after angioplasty: overview of clinical trials using aspirin and omega-3 fatty acids. J. Am. Coll. Cardiol. Suppl. A, 15 (1990) 88A

Pacold, I.: The relationship of bleeding-time, aspirin and reoperation for bleeding after coronary artery bypass surgery. Clin. Res. 37 (1989) A930

Pantley, G.S., S.H. Goodnight, S.H. Rahimtoola u. Mitarb.: Failure of antiplatelet and anticoagulant therapy to improve patency of grafts after coronary bypass: a controlled, randomized study. New Engl. J. Med. 301 (1979) 962

Pedersen, A.K., G.A. FitzGerald: Cyclooxygenase inhibition, platelet function and metabolite formation during chronic sulfinpyrazone dosing. Clin. Pharmacol. Ther. 37 (1985) 36

Pfisterer, M., F. Burkart, G. Jockers, B. Meyer, S. Regenass: Trial of low-dose aspirin plus dipyridamole versus anticoagulants for prevention of aortocoronary vein graft occlusion. Lancet II (1989) 1

Rajah, S.M., M.C.P. Salter, D.R. Donaldson u. Mitarb.: Acetylsalicylic acid and dipyridamole improve the early patency of aortocoronary bypass grafts. J. Thorac. Cardiovasc. Surg. 90 (1985) 373

Reilly, I.A.G., G.A. FitzGerald: Aspirin in cardiovascular disease. Drugs 35 (1988) 154

Ridker, P.M., J.E. Manson, J.M. Gaziano, J.E. Buring, C.H. Hennekens: Low-dose aspirin therapy for chronic stable angina. Ann. Int. Med. 114 (1991) 835

RISC-Group: Risk of myocardial infarction and death during treatment with low-dose aspirin and intravenous heparin in man with unstable coronary artery disease. Lancet 336 (1990) 827

Robertson, R.M., D. Robertson, L.J. Roberts, R.L. Maas, G.A. FitzGerald: Thromboxane A_2 in vasotonic angina pectoris: Evidence from direct measurements and inhibitor trials. New Engl. J. Med. 304 (1981) 998

Ronnevik, P.K., M. Folling, D. Pedersen, S.A. Rodt, G. v.d. Lippe: Increased occurence of exercise-induced silent ischemia after treatment with aspirin in patients admitted for suspected acute myocardial infarction. Int. J. Cardiol. 33 (1991) 413

Roux, S., S. Christeller, E. Lüdin: Effects of aspirin on coronary reocclusion and recurrent ischemia after thrombolysis: a meta-analysis. J. Am. Coll. Cardiol. 19 (1992) 671

Sanz, G., A. Pajaron, E. Alegria, I. Coello, M. Cardona: Prevention of early aortocoronary bypass occlusion by low-dose aspirin and dipyridamole. Circulation 82 (1990) 765

Schrör, K., Th. Hohlfeld: Koagulation, Thrombose und Fibrinolyse bei myokardialer Ischämie. In: Pathophysiologie und rationale Pharmakotherapie der Myokardischämie, herausgegeben von G. Heusch, Steinkopff-Verlag Darmstadt (1990) (pp. 89–117)

Schrör, K.: Thromboxane A_2 and platelets as mediators of coronary arterial vasoconstriction in myocardial ischaemia. Eur. Heart J. 11 (Suppl B) (1990) 27

Schwartz, L., M.G. Bourassa, J. Lesperance, H.E. Aldridge, P.R. David: Aspirin and dipyridamole in the prevention of restenosis after percutaneous transluminal coronary angioplasty. New Engl. J. Med. 318 (1988) 1714

Scott, P.J.: Anticoagulant drugs in the elderly: the risks usually outweigh the benefits. Br. Med. J. 297 (1988) 1261

Serruys, P.W., H.E. Luijten, K.J. Beatt, R. Geuskens, P.J. De Feyter: Incidence of restenosis after successful coronary angioplasty: a time-related phenomenon. A quantitative angiographic study in 342 consecutive patients at 1, 2, 3 and 4 months. Circulation 77 (1988) 361

Serruys, P.W., W. Rutsch, G.R. Heyndrickx, N. Danchin, E. Gijs Mast, W. Mijns, B.J. Rensing, J. Vos, J. Stibbe: Prevention of restenosis after percutaneous transluminal coronary angioplasty with thromboxane A_2 receptor blockade. A randomized, double-blind placebo-controlled trial. Circulation 84 (1991) 1568

Sethi, G.K., J.G. Copeland, S. Goldman, T. Moritz, K. Zadina: Implications of preoperative administration of aspirin in patients undergoing coronary artery bypass grafting. J. Am. Coll. Cardiol. 15 (1990) 15

Sherry, S.: Dissimilar systemic and local adverse effects of thrombolytic therapy. Am. J. Cardiol. 61 (1988) 1344

Shi, Y., A. Zalewski, P. Walinsky, S. Goldberg: Does antiplatelet therapy enhance myocardial salvage coronary reperfusion? J. Am. Coll. Cardiol. 15 (1990) 1662

Stein, B., V. Fuster, D.H. Israel, M. Cohen, L. Backmon, J.J. Badimon, J.H. Chesebro: Platelet inhibitor agents in cardiovascular disease: An update. J. Am. Coll. Cardiol. 14 (1989) 813

Taylor, R.R., F.A. Gibbons, G.D. Cope, G.N. Cumpston, G.C. Mews, P. Luke: Effects of low-dose aspirin on restenosis after coronary angioplasty. Am. J. Cardiol. 68 (1991) 874

Terres, W., C.W. Hamm, A. Ruchelka, A. Weilepp, W. Küpper: Residual platelet function under acetylsalicylic acid and the risk of restenosis after coronary angioplasty. J. Cardiovasc. Pharmacol. 19 (1992) 190

Thaulow, E., J. Dale, E. Myhre: Effects of selective thromboxane synthetase inhibitor, dazoxiben and of acetylsalicylic acid on myocardial ischemia in patients with coronary artery disease. Am. J. Cardiol. 53 (1984) 1255

Thaulow, E., T. Froysaker, J. Dale, K. Vatne: Failure of combined acetylsalicylic acid and dipyridamole to prevent occlusion of aortocoronary venous bypass graft. Scand. J. Thorac. Cardiovasc. Surg. 21 (1987) 215

Theroux, P., J.-G. Lator, C. Leger-Gauthier, J. De Lara: Fibrinopeptide-A and platelet factor levels in unstable angina pectoris. Circulation 75 (1987) 156

Theroux, P., H. Ouimet, J. MacCans, J.G. Latour, P. Joly, G. Levy, B. Pelletier, M. Juneau, J. Stasiak, P. DeGuise, G. Pelletier, D. Rinzler, D. Waters: Aspirin, heparin or both to treat acute unstable angina. New Engl. J. Med. 319 (1988) 1105

Thornton, M.A., A.R. Gmentzig, J. Hollman, S.B. King, J.S. Douglas: Caumadin and aspirin in prevention of reccurence after transluminal coronary angioplasty: a randomized study. Circulation 69 (1984) 721

Vejar, M., G. Fragasso, D. Hackett, D.P. Lipkin, A. Maseri: Dissociation of platelet activation and spontaneous myocardial ischemia in unstable angina. Thromb. Haemost. 63 (1990) 163

Verheugt, F.W.A., A. van der Laarse, A.J. Funke Kuepper, L.G.W. Sterkman, T.W. Galema: Effects of early intervention with low-dose aspirin (100 mg) on infarct size, reinfarction and mortality in anterior wall acute myocardial infarction. Am. J. Cardiol. 66 (1990) 267

Verheugt, F.W.A., A.J. Funke Kupper, T.W.

Galema, J.P. Roos: Low dose aspirin after early thrombolysis in anterior wall acute myocardial infarction. Am. J. Cardiol. 61 (1988) 904

Voisard, R., P.C. Dartsch, G. Bauriedel, H. Dienemann, B. Hoefling: Smooth muscle cells from human atheroscerotic plaque material in vitro and the effect of acetylsalicylic acid on cell proliferation. Eur. Heart J. 10 (1989) 391

Wallentin, L.C.: Risk of myocardial infarction and death during treatment with low dose aspirin and intravenous heparin in men with unstable coronary artery disease. The RISC group. Lancet 336 (1990) 827

Wallentin, L.C.: Aspirin (75 mg/day) after an episode of unstable coronary artery disease: Long-term effects on the risk for myocardial infarction, occurence of severe angina and the need for revascularization. J. Am. Coll. Cardiol. 18 (1991) 1587

Weber, M.A.J., J. Hasford, C. Taillens, A. Zitzmann, G. Hahalis: Low-dose aspirin versus anticoagulants for prevention of coronary graft occlusion. Am. J. Cardiol. 66 (1990) 1464

White, C.W., B. Chaitman, T.A. Lassar, M.L. Marcus, R.J. Chisholm: Antiplatelet agents are effective in reducing the immediate complications of PTCA: results from the ticlopidine multicenter trial. Clin. Res. 35 (1987a) 880A

White, C.W., M. Knudson, D. Schmidt, R.J. Chisholm, M. Vandormael: Neither ticlopidine nor aspirin-dipyridamole prevents restenosis post PTCA – results from a randomized placebo-controlled multicenter trial. Circulation 76 (1987b) 213

Willard, J.E., R.A. Lange, L.D. Hillis: The use of aspirin in ischemic heart disease. New Engl. J. Med. 327 (1992) 175

Willerson, J.T., S.-K. Yao, J. McNatt, C.R. Benedict, H.V. Anderson, P. Golino, S.S. Murphree, L.M. Buja: Frequency and severity of cyclic flow alterations and platelet aggregation predict the severity of neointimal proliferation following experimental coronary stenosis and endothelial injury. Proc. Natl. Acad. Sci. (USA) 88 (1991) 10624

Yeager, R.A., D.R. Trune, S. Jacobson, R.S. Connell, W.T. Galey: The effect of prolonged aspirin therapy on experimental balloon catheter arterial wall injury. J. Invest. Surg. 3 (1990) 5

3.2.3. Zerebrovaskuläre Erkrankungen

Pathophysiologie ischämischer zerebraler Insulte: Etwa 85% der akuten Schlaganfälle sind ischämischer Natur und Folge des thrombembolischen Verschlusses einer oder mehrerer Zerebralarterien. Nur 15% der Verschlüsse werden durch eine intrakraniale Blutung ausgelöst. Der weit überwiegende Anteil (80%) ischämischer Schlaganfälle beruht auf atherosklerotischen Wandveränderungen der A. carotis oder anderer großer Zerebralarterien und wird ausgelöst durch einen embolischen Verschluß durch Plaquematerial, Plättchen-Fibrinthromben und/oder eine lokale Gefäßstenose. Bis zu 40% der Patienten mit transienter zerebraler Ischämie (TIA) erleiden innerhalb von 5 Jahren einen Zerebralinfarkt. Nur 15% der ischämischen Schlaganfälle werden durch kardiogene Thromben aus Vorhof oder Klappen bzw. Klappenprothesen ausgelöst. Damit ist die Thrombozytenaktivierung auch für zerebrale Durchblutungsstörungen von erheblichem Interesse (Russell, 1961; Gunning u. Mitarb., 1964) und eine Prophylaxe mit Plättchenfunktionshemmern angezeigt (Schrör u. Braun, 1990).

Veränderungen der Thrombozytenfunktion bei zerebraler Ischämie: Thrombozyten von Patienten mit zerebraler Ischämie befinden sich in einem hyperreaktiven Zustand (s. 2.3.1.1.), erkennbar an erhöhten zirkulierenden Spiegeln von Plättchensekretionsprodukten, z. B. Plättchenfaktor 4 (Shah u. Mitarb., 1985) und Sekretionsprodukten der elektronendichten Granula (Joseph u. Mitarb., 1989). Diese Hyperreaktivität geht einher mit einem signifikant erhöhten zytosolischen Kalzium-

spiegel sowie einer Aktivierung des Arachidonsäurestoffwechsels. Beide Veränderungen sind gemeinsam mit der zerebralen Dysfunktion durch ASS zu beseitigen (Joseph u. Mitarb., 1988). Bei Patienten mit Zustand nach Zerebralinfarkt normalisierte ASS in einer Dosis von 100 mg/die, über 7–10 Tage verabfolgt, den reduzierten Arachidonsäuregehalt der Thrombozyten. Langzeittherapie (2 Jahre) mit ASS 100 mg/die oder 300 mg/die reduzierte signifikant zirkulierende Plättchenaggregate, -stimulierbarkeit ex vivo und Plasma-Thromboxanspiegel bei Patienten nach ischämischem Schlaganfall (Lee u. Mitarb., 1989). Diese Befunde sprechen insgesamt für eine gesteigerte Plättchenaktivierung, verbunden mit erhöhter Thromboxanbildung bei Patienten mit zerebraler Ischämie (Lee u. Mitarb., 1988) und deren Hemmung durch ASS.
Ähnlich wie bei anderen Prädelektionsstellen atherosklerotischer Gefäßwandveränderungen, wird auch hier durch ASS die Progression der Erkrankung trotz reduzierten Thrombembolierisikos (s.u.) nicht verzögert (Carotid Stenosis Study Group, 1990). Auch können trotz ASS-Prophylaxe Schlaganfälle auftreten, die ätiologisch keine klare Zuordnung zu bestimmten Risikofaktoren erkennen lassen (Chimowitz u. Mitarb., 1990). Eventuell stellen hochgradige, symptomatische Karotisstenosen eine solche Subgruppe dar, die auf ASS-Prophylaxe nur unzureichend reagiert (Chyatte u. Chen, 1990), z. B. weil hier ADP und nicht Thrombin als primärer thrombozytenstimulierender Faktor involviert ist (s. 2.3.1.1.).

Schlaganfallbehandlung durch ASS: Obwohl für die Behandlung des akuten Schlaganfalls und seiner Folgen eine Vielzahl von Medikamenten unterschiedlicher Wirkstoffklassen verwendet werden, ist deren Effektivität trotz einzelner positiver Berichte an kleinen Patientengruppen (Meyer u. Mitarb., 1989) nicht gesichert und eine Überlegenheit einer Pharmakonklasse gegenüber einer anderen bisher nicht belegt (Harper u. Castleden, 1990). Eine skandinavische Studie an 505 Patienten mit manifestem Zerebralinfarkt und Behandlung mit 1500 mg/die ASS oder Plazebo konnte keine Senkung der Inzidenz von TIA, Reinfarkt oder Infarktletalität über einen Beobachtungszeitraum von 2 Jahren zeigen. Allerdings schieden 34% der Patienten im Beobachtungszeitraum wegen ASS-Nebenwirkungen aus der Studie aus (Swedish Cooperative Study Group, 1987).

Optimisten betrachten eine Plättchenfunktionshemmung als eine billige und vergleichsweise ungefährliche Behandlungsform, die die Letalität und Morbidität von Schlaganfällen senkt. Auch ist die Effektivität relativ unabhängig von der Art des zerebralen Thromboserisikos.
Pessimisten dagegen sehen eine Plättchenfunktionshemmung als eine generell überbewertete Minimaltherapie mit nur geringer Senkung der Schlaganfallinzidenz an, die, wenn sie unselektierten Patienten verabfolgt wird, bei Patienten und Arzt ein falsches Sicherheitsgefühl hervorrufen kann, verbunden mit einer Reduktion diagnostischer und therapeutischer Bemühungen, Risikofaktoren aufzudecken und zu eliminieren. Die Wahrheit liegt wahrscheinlich zwischen diesen beiden Extremen (nach Rothrock u. Heart, 1991).

Transiente ischämische Anfälle (TIA), reversibles ischämisches neurologisches Defizit (RIND) und Reinfarktprophylaxe: Die erste randomisierte klinische Studie zur prophylaktischen Anwendung von ASS bei TIA war die „Aspirin in transient ischemic attacks" (AITIA)-Studie. ASS in einer Dosis von 1300 mg/die bei 178 Patienten mit TIA ergab im Vergleich zu Plazebo eine signifikante Reduktion der Inzidenz von TIA, Schlaganfall und Todesfällen (Fields u. Mitarb., 1977). Eine spätere Studie der gleichen Autoren mit 1200 mg ASS/die bei 125 Patienten konnte diesen günstigen

Eindruck nicht bestätigen. Signifikante Unterschiede bezüglich Gesamtletalität und zerebrovaskulären Komplikationen bestanden nicht. Dagegen ließ sich nach Ausschluß der nicht-Schlaganfall-bedingten Todesfälle eine signifikante Differenz zugunsten von ASS nachweisen (Fields u. Mitarb., 1978).

Die Canadian Cooperative Study Group untersuchte ASS (1300 mg/die) allein oder in Kombination mit Sulfinpyrazon gegen Sulfinpyrazon allein oder Plazebo bei einem vergleichbaren Patientengut (Canadian Cooperative Study Group, 1978). In beiden ASS-Gruppen kam es zu einer signifikanten Senkung von Schlaganfallinzidenz und Letalität um 13%. Dieser Effekt war aber nur bei Männern nachweisbar, eventuell bedingt durch die geringe Anzahl der untersuchten Frauen.

Nachteile dieser und weiterer Studien waren vor allem die geringen Patientenzahlen und die damit verbundenen statistischen Schwierigkeiten bei der Datenaufbereitung. Sie veranlaßten mehrere große Multizenterstudien, die insgesamt heute ein klareres Bild vermitteln.

Die European Stroke Prevention Study (ESPS) untersuchte an 2500 Risikopatienten (TIA, RIND oder vorheriger Infarkt) die Wirksamkeit einer kombinierten Antiplättchentherapie mit ASS (325 mg t.i.d.) und Dipyridamol (75 mg t.i.d.) gegenüber Plazebo über 2 Jahre. Primäre Endpunkte waren vaskuläre Ereignisse und Todesfälle. Im Ergebnis kam es zu einer signifikanten Reduktion dieser Ereignisse um 33%. Allerdings schieden insgesamt 248 Patienten wegen Nebenwirkungen vorzeitig aus, davon 164 Patienten in der Verum- und 84 Patienten in der Plazebogruppe (European Stroke Prevention Study, 1987). Diese Ergebnisse sprechen insgesamt zwar für einen eher günstigen Effekt von ASS hinsichtlich Prävention ischämischer (Re)Verschlüsse. Sie zeigen aber auch, daß erhebliche Nebenwirkungen bei einer solchen Therapie eintreten können.

Die ESPS-Studie enthielt zu 45% Frauen. Bisher war, auch aufgrund der geringeren Inzidenz und besseren Prognose des Schlaganfalls bei Frauen im Vergleich zu Männern, die Frage offen, ob sich ein zusätzlicher ASS-Effekt auch bei dieser Subgruppe nachweisen läßt. In einer weiteren Auswertung dieser Studie wurde dieser prognostisch bessere Krankheitsverlauf für Frauen bestätigt sowie ein ähnlich positives Ergebnis hinsichtlich Risikoreduktion: 50% vs. 40% bei Frauen und Männern gezeigt (Sivenius u. Mitarb., 1991).

Die UK-TIA-Trial war die erste größere Studie, in der eine niedrige Dosis von 300 mg ASS/die mit einer hohen Dosis von 1200 mg/die und Plazebo verglichen wurde. Bei insgesamt 2435 Patienten, die im Zeitraum von 1979 bis 1985 untersucht wurden, reduzierte ASS im Vergleich zu Plazebo tendenziell das Risiko vaskulärer Komplikationen (Tod, nicht-letaler Schlaganfall, nicht-letaler Myokardinfarkt) um 19% (nicht-signifikant). Unterschiede zwischen beiden ASS-Dosen hinsichtlich dieser Parameter bestanden nicht. Beide ASS-Dosierungen unterschieden sich tendenziell in den Nebenwirkungen, 39 gastrointestinalen Blutungen nach 1200 mg ASS standen 25 Blutungen bei 300 mg ASS und 9 Blutungen nach Plazebo gegenüber (UK-TIA Trial, 1991). Das insgesamt enttäuschende Resultat wurde auf die (zu) kleine Patientenzahl zurückgeführt. Dabei ist interessant, daß die bei 120 Patienten gemessene Blutungszeit zwischen ASS- und Plazebogruppe mit Werten um 220 bis 240 sec nicht unterschiedlich war (Warlow u. Frith, 1988).

Die Dutch-TIA-Trial verfolgte einen ähnlichen Ansatz bei Vergleich von 30 mg mit 283 mg ASS pro Tag über einen mittleren Beobachtungszeitraum von 2,6 Jahren.

Vaskuläre Todesfälle wurden um 14,7% in der „low-dose" ASS-Gruppe und um 15,2% nach 283 mg ASS gesenkt. Diese Differenz war nicht signifikant und wurde im Sinne einer gleichstarken Wirkung beider Dosierungen interpretiert. Allerdings wurden hier die (positiven) Zwischenergebnisse der UK-TIA-Studie (1988) zugrundegelegt, die in der abschließenden Auswertung nur tendenziell bestätigt werden konnten (UK-TIA, 1991).

Interessanterweise war trotz signifikant geringerer Nebenwirkungen durch „minor bleeding" weder die Anzahl von „major bleedings" (40 vs. 53 – 30 vs. 283 mg) (nicht- signifikanter Trend zugunsten 30 mg) noch der Magen-Darm-Funktionsstörungen (164 vs. 179 Patienten, keine Signifikanzangabe) herabgesetzt. Signifikant reduziert waren „minor bleedings" insgesamt, vorzugsweise das Auftreten von Nasenbluten und Hämatomen, während die Inzidenz kleinerer Magen-Darm-Blutungen gleich blieb. Das Fehlen einer stärkeren Reduktion relevanter Nebenwirkungen (z. B. gastrointestinale Blutungen) ist überraschend und vielleicht auf die Unkenntnis des Plazeboeffektes bei dieser Patientengruppe zurückzuführen. Hierbei ist auch zu berücksichtigen, daß über die Hälfte der untersuchten Patienten zu Studienbeginn älter als 65 Jahre war.

Negativ verlief auch die „Danish very low aspirine study", in der 50 mg ASS/die mit Plazebo bei Patienten mit Karotis-Endarterektomie verglichen wurden: Die Inzidenz von Schlaganfall, Myokardinfarkt und vaskulären Todesfällen betrug 8% pro Jahr in der ASS- und 7% pro Jahr in der Plazebogruppe (Boysen u. Mitarb., 1988). Keine positiven Ergebnisse wurden für ein ähnliches Patientengut mit 325 mg ASS + 75 mg Dipyridamol im Vergleich zu Plazebo bei einjähriger Therapiedauer berichtet (Harker u. Mitarb., 1992).

Die derzeit letzte veröffentlichte, prospektive kontrollierte Langzeitstudie von lowdose ASS bei Patienten mit zerebraler Ischämie ist die schwedische SALT-Studie. Insgesamt 1360 Patienten (65% Männer) erhielten 1–4 Monate nach TIA, kleinerem Schlaganfall oder Retinathrombose randomisiert 75 mg ASS oder Plazebo über einen Nachbeobachtungszeitraum von 30 Monaten. Im Vergleich zu Plazebo ergab sich eine signifikante 16–20%ige Reduktion von nicht-letalen und letalen Schlaganfällen, TIA und Herzinfarkten. Die Nebenwirkungsrate betrug 22% bei ASS- und 18% bei Plazebo-Behandlung. Allerdings traten alle 5 tödlich verlaufenen hämorrhagischen Infarkte in der ASS-Gruppe auf (p=0,03) sowie 9 von 13 schweren Magen-Darm-Blutungen, die einen Therapieabbruch erforderten. Eine Aufschlüsselung nach Geschlechtern erfolgte nicht. Auch erscheint ein Plasma-Thromboxanspiegel von <100 ng/ml (!) als Compliancekontrolle ungeeignet. Die Studie belegt die Wirksamkeit von 75 mg ASS gegenüber Plazebo und ist damit ein weiteres Argument für die Hemmung der Thrombozyten-Zyklooxygenase als Wirkungsmechanismus. Allerdings zeigt sie auch, daß eine Reduktion schwerer Blutungskomplikationen durch low-dose ASS nicht eintritt.

Alternativen zu ASS: Ob, und wenn, welche pharmakotherapeutische Alternativen zur Anwendung von ASS zur sekundären Prophylaxe des Schlaganfalls bestehen, ist unklar. Sze u. Mitarb. (1988) kommen bei der Meta-Analyse von 7 randomisierten, kontrollierten Studien zu dem Schluß, daß ASS nur in Kombination mit anderen Präparaten (Sulfinpyrazon, Dipyridamol) effektiv war. Dagegen ergab eine US-amerikanische multizentrische Studie zur Prävention zerebraler Gefäßverschlüsse durch ASS (ACC Study, 1985), daß sich die klinische Effektivität von ASS durch Komedikation von Dipyridamol nicht steigern ließ (Hirsh u. Mitarb., 1989). Auch die pharmakologischen Wirkungen von ASS auf Plättchenfunktion, Sekretion und Thromboxanbildung wurden bei Komedikation von Dipyridamol nicht verstärkt (Weksler u. Mitarb., 1985).

ASS und Antikoagulantien: Eine Meta-Analyse von 15 randomisierten Studien über Antikoagulantientherapie bei TIA konnte keine eindeutig positiven Effekte für diese Substanzklasse nachweisen (Jonas, 1988). Eine neuere Zusammenstellung aller randomisierten, klinischen Studien zur Schlaganfallprophylaxe kommt zu dem Schluß, daß Antikoagulantien bei Patienten mit nicht-rheumatisch bedingtem Vorhofflimmern und nach Myokardinfarkt wirksam sind (Barnett, 1991).

Die „Copenhagen atrial fibrillation aspirin anticoagulation study" (AFASAK) (Boysen u. Mitarb., 1988) war die erste prospektive randomisierte Studie bei Patienten mit nicht-rheumatischem Vorhofflimmern, in der ASS (75 mg/die) mit Warfarin und Plazebo verglichen wurde. 1007 Patienten wurden über 2 Jahre untersucht. Die mit Warfarin (einfachblind) behandelten Patienten hatten signifikant weniger thrombembolische Komplikationen (Schlaganfälle, TIA, systemische Embolien) −2% pro Jahr als ASS- und Plazebo-behandelte Patienten mit je 5,5% pro Jahr. 6% der Warfarin-behandelten Patienten hatten Blutungen, 1% der ASS-Gruppe und keiner der Plazebogruppe.

Die „Stroke prevention in atrial fibrillation study" (SPAF, 1991) verglich ebenfalls ASS (325 mg/die) mit Warfarin und Plazebo bei einem ähnlichen Patientengut. Nach einer mittleren Behandlungsdauer von 1,3 Jahren und 1330 randomisierten Patienten wurde die Studie aufgrund einer signifikanten Überlegenheit der aktiven Therapie (Warfarin oder ASS) gegenüber Plazebo abgebrochen. Die Ereignisrate (ischämischer Schlaganfall, systemische Embolie) war von 7,4% pro Jahr in der Plazebogruppe auf 2,3% (Warfarin) bzw. 6,3% (ASS) reduziert. Signifikante Unterschiede bezüglich größerer Blutungen bestanden zwischen den Gruppen nicht.

ASS und Ticlopidin: Weiteres Argument für eine Plättchenfunktionshemmung als therapeutisch bedeutsamer Ansatz zur Prophylaxe zerebrovaskulärer Insulte sind positive Befunde mit Ticlopidin sowohl gegenüber Plazebo (CATS-trial) als auch ASS (Hass u. Mitarb., 1989). Ticlopidin ist ein Plättchenfunktionshemmer mit ADP-antagonistischen Eigenschaften, der, im Gegensatz zu ASS, den Thromboxanstoffwechsel nicht beeinflußt. Eine kombinierte Anwendung von Ticlopidin (100 mg b.i.d.) und ASS (150 mg b.i.d.) führt zu überproportionaler Verlängerung der Blutungszeit bei TIA-Patienten. Allerdings ist auch für Ticlopidin ein signifikantes Nebenwirkungsrisiko vorhanden (Uchiyama u. Mitarb., 1989) und die klinische Überlegenheit der Kombination im Vergleich zur Monotherapie bisher nicht belegt.

Zusammenfassung: Der therapeutische Stellenwert von ASS bei der Prophylaxe zerebrovaskulärer Verschlüsse ist noch nicht geklärt. Obwohl ESPS- und SALT-Studie eine signifikante Senkung des kombinierten vaskulären Risikos (nicht-letale und letale Schlaganfälle, TIA, Myokardinfarkte) gegenüber Plazebo zeigten, liegen auch mehrere negative Untersuchungen, vorzugsweise mit höherer ASS-Dosierung vor (UK-TIA-Trial, Swedish Cooperative Study). Ausschließlich negativ verliefen Studien bei Hemmung der Restenoserate nach Karotisendarterektomie. Die Ursachen für diese differenten Ergebnisse sind unklar. Positive Ergebnisse mit anderen Plättchenfunktionshemmern (Ticlopidin, Sulfinpyrazon) sprechen für eine Beteiligung von aktivierten Thrombozyten an der Pathophysiologie akuter Gefäßverschlüsse im Zerebralkreislauf. ASS und Antikoagulantien scheinen wirksam zu sein bei Patienten mit nicht-rheumatischem Vorhofflimmern und vorangegangenem Myokardinfarkt.

Literatur 3.2.3.

Albers, G.W., D.G. Sherman, D.R. Gress, J.E. Paulseth, P. Petersen: Stroke prevention in nonvalvular atrial fibrillation. A review of prospective randomized trials. Stroke 30 (1991) 511

American-Canadian Cooperative Study group. Persantin Aspirin Trial in cerebral ischemia – Part II: Endpoint Results. Stroke 16 (1985) 406

Antiplatelet Trialists' collaboration. Secondary prevention of vascular disease by prolonged antiplatelet treatment. Br. Med. J. 296 (1988) 320

Barnett, H.J.M.: Clinical trials in stroke prevention. Arzneim.-Forsch. 41 (1991) 340

Boysen, G., P. Soelberg Sorensen, M. Juhler, A.R. Andresen, J. Boas: Danish very low-dose aspirin after carotid endarterectomy trial. Stroke 19 (1988) 1211

Canadian Cooperative Study Group. A randomized trial of aspirin and sulfinpyrazone in threatened stroke. New Engl. J. Med. 299 (1978) 53

Carotid Stenosis Study Group: Failure of metoprolol and aspirin to regress carotid stenosis. Stroke 21 (1990) 169

Chimowitz, M.I., A.J. Furlan, S. Nayak, C.A. Sila: Mechanism of stroke in patients taking aspirin. Neurology 40 (1990) 1682

Chyatte, D., T.L. Chen: Patterns of failure of aspirin treatment in symptomatic atherosclerotic carotid artery disease. Neurosurgery 26 (1990) 565

(The) Dutch TIA Trial Study Group: A comparison of two doses of aspirin (30 mg vs. 283 mg a day) in patients after a transient ischemic attack or minor ischemic stroke. New Engl. J. Med. 325 (1991) 1261

(The) European Stroke Prevention Study (ESPS). Principal end- points. The ESPS group. Lancet II (1987) 1351

Färkkilä, M., V. Rasi, R.S. Tilvis, E. Ikkala, L. Viinikka, O. Ylikorkala, A.M. Färkkilä, T.A. Miettinen: Low platelet arachidonic acid in young patients with brain infarction. Thromb. Res. 48 (1987) 721

Fields, W.S., N.A. Lemak, M. Frankowski u. Mitarb.: Controlled trial of aspirin in cerebral ischemia. Part I. Stroke 8 (1977) 301

Fields, W.S., N.A. Lemak, M. Frankowski u. Mitarb.: Controlled trial of aspirin in cerebral ischemia. Part II. Surgical group. Stroke 9 (1978) 309

Gunning, A.J., G.W. Pickering, A.H.T. Robb-Smith, R.R. Russell: Mural thrombosis of the internal carotid artery and subsequent embolization. Quart. J. Med. 33 (1964) 155

Harker, L.A., E.F. Bernstein, R.B. Dilley, T.E. Scala, M.J. Sise, R.J. Hye, S.M. Otis, R.S. Roberts, M. Gent: Failure of aspirin plus dipyridamole to prevent restenosis after carotid endarterectomy. Ann. Int. Med. 116 (1992) 731

Harper, G.K., C.M. Castleden: Drug therapy in patients with recent stroke. Br. Med. Bull. 46 (1990) 181

Hass, W.K., J.D. Easton, H.P. Adams, W. Pryse-Phillips, B.A. Molony: A randomized trial comparing ticlopidine hydrochloride with aspirin for the prevention of stroke in high risk patients – TASS, ticlopidine aspirin stroke study. New Engl. J. Med. 321 (1989) 501

Helmers, C.: High-dose acetylsalicylic acid after cerebral infarction. Stroke 18 (1987) 325

Jonas, S.: Anticoagulant therapy in cerebrovascular disease: review and meta-analysis. Stroke 19 (1988) 1043

Joseph, R., G. D'Andrea, S.B. Oster, K.M.A. Welch: Whole blood platelet function in acute ischemic stroke. Importance of dense body secretion and effects of antithrombotic agents. Stroke 20 (1989) 38

Joseph, R., K.M.A. Welch, S. Grunfeld, S.B. Oster, G. D'Andrea: Baseline and activated platelet cytoplasmic ionized calcium in acute ischemic stroke – effect of aspirin. Stroke 19 (1988) 1234

Lee, T.-K., Y.-C. Chen, T.L. Kuo, I.-N. Lien, M.-C. Liu: Effect of low dose acetylsalicylic acid upon plasma thromboxane B_2 levels and platelet aggregation in ischemic stroke patients. Clin. Chim. Acta 184 (1989) 323

Lee, T.K., Y.C. Chen, I.N. Lien, M.C. Liu, Z.S. Huang: Inhibitory effect of acetylsalicylic acid on platelet function in patients with completed stroke or reversible ischemic neurologic deficit. Stroke 19 (1988) 566

Meyer, J.S., R.L. Rogers, K. McClintic, K.F.

Mortel, J. Lofti: Randomized clinical trial of daily aspirin therapy in multi- infarct dementia — a pilot study. J. Am. Geriatr. Soc. 37 (1989) 549

Petersen, P., J. Godtfredsen, B. Andersen, G. Boysen, E.D. Andersen: Placebo-controlled, randomized trial of warfarin and aspirin for prevention of thromboembolic complications in chronic atrial fibrillation — the Copenhagen AFASAK study. Lancet 1 (1989) 175

Rothrock, J.F., R.G. Heart: Antithrombotic therapy in cerebrovascular disease. Ann. Int. Med. 115 (1991) 885

Russel, R.W.R.: Observations on the retinal blood vessels in nonocular blindness. Lancet 2 (1961) 1422

(The) SALT Collaborative Group: Swedish Aspirin low-dose Trial (SALT) of 75 mg aspirin as secondary prophylaxis after cerebrovascular ischaemic events. Lancet 338 (1991) 1345

(The) Stroke prevention in atrial fibrillation investigators. The stroke prevention in atrial fibrillation study: final results. Circulation 84 (1991) 527.

Schrör, K., M. Braun: Platelets as a source of vasoactive mediators. Stroke 21, Suppl. (1990) IV-32

Shah, A.B., N. Beamer, B.M. Coull: Enhanced in vivo platelet activation in subtypes of ischemic stroke. Stroke 16 (1985) 643

Sivenius, J., P.J. Riekkinen, H. Kilpeläinen, M. Laasko, I. Penttilä: Antiplatelet therapy is effective in the prevention of stroke or death in women: subgrouo analysis of the European stroke prevention study (ESPS). Acta Neurol. Scand. 84 (1991) 286

(A) Swedish cooperative study. High-dose acetylsalicylic acid after cerebral infarction. Britton, M., C. Helmers, K. Samuelsson: Stroke 18 (1987) 325

Swedish Aspirin low-dose trial (SALT) of 75 mg aspirin as secondary prophylaxis after cerebrovascular ischaemic events. Lancet 338 (1991) 1345

Starling, L.M., D.J. Boullin, D.G. Graham-Smith, C.B. Adams, R.S. Gye: Responses of isolated human basilar arteries to 5-hydroxytryptamine, noradrenaline, serum, platelets and erythrocytes. J. Neurol. Neurosurg. Psychiat. 7 (1975) 650

Swedish Cooperative Study Group: High-dose acetylsalicylic acid after cerebral infarction. Stroke 18 (1987) 325

Sze, P.C., D. Reitman, M.M. Pincus, H.S. Sacks, T.C. Chalmers: Antiplatelet agents in the secondary prevention of stroke: Meta-analysis of the randomized control trials. Stroke 19 (1988) 436

Uchiyama, S., R. Sone, T. Nagayama, Y. Shibagaki, I. Kobayashi: Combination therapy with low-dose aspirin and ticlopidine in cerebral-ischemia. Stroke 20 (1989) 1643

United Kingdom Transient Ischaemic Attack (UK-TIA) aspirin trial: interim results. UK-TIA study group. Br. Med. J. 296 (1988) 316

United Kingdom Transient Ischaemic Attack (UK-TIA) aspirin trial: final results. UK-TIA study group. J. Neurol. Neurosurg. Psych. 54 (1991) 1044

Warlow, C.P., P.A. Frith: A study of bleeding time in 120 long-term aspirin trial patients. Thromb. Res. 49 (1988) 463

Weksler, B.B., J.L. Kent, D. Rudolph, P.B. Scherber, D.E. Levy: Effect of low dose aspirin on platelet function in patients with recent cerebral ischemia. Stroke 16 (1985) 5

3.2.4. Periphere Gefäßverschlüsse (PAOD und DVT)

Pathophysiologie peripherer Gefäßverschlüsse: Es ist eine alte klinische Beobachtung, daß entzündliche Veränderungen der Blutgefäße mit einer erhöhten Thromboseinzidenz einhergehen. Plättchenaktivierung und Freisetzung prokoagulatorischer Faktoren aus dem Gefäßendothel fördern Fibrinbildung und Thrombogenese. Solche Veränderungen finden sich besonders häufig bei venösen Thrombosen, z. B. nach größeren gefäßchirurgischen Eingriffen im Zusammenhang mit Gelenkoperationen. Hier ist die tiefe Venenthrombose (DVT) eine typische Komplikation, die weniger auf Thrombozytenaktivierung als auf einer Aktivierung der plasmatischen Gerinnung beruht (Marcus, 1983). Auch bei Einengungen der arteriellen Strombahn in fortgeschrittenen Stadien der peripheren arteriellen Verschlußkrankheit (PAOD) können entzündungsanaloge und vasospastische Veränderungen die ohnehin reduzierte Durchblutung zusätzlich vermindern und zu Ischämieschmerz führen. Bei beiden Erkrankungen ist der klinische Stellenwert einer ASS-Prophylaxe weit weniger klar als bei der sekundären Prävention von Myokardinfarkt (s. 3.2.2.) und Schlaganfall (s. 3.2.3.). Zigarettenrauchen führt zu einer Zunahme der Plättchenreaktivität mit erhöhten zirkulierenden Spiegeln von Plättcheninhaltsstoffen und gesteigerter Bildung von Plättchenaggregaten. Behandlung mit ASS beeinflußt diese Veränderungen nicht (Davis u. Mitarb., 1989).

PAOD: Über die Wirkung von ASS auf die periphere arterielle Verschlußkrankheit liegen nur sehr wenige Untersuchungen vor, die insgesamt nicht für eine günstige ASS-Wirkung bei dieser Erkrankung sprechen.

Hess u. Mitarb. verglichen in einer prospektiven, plazebokontrollierten Doppelblindstudie bei 240 Patienten mit PAOD die Wirkung von ASS (330 mg t.i.d.) mit ASS + Dipyridamol (330 mg + 75 mg t.i.d.) und Plazebo. Der Beobachtungszeitraum betrug 2 Jahre. In der ASS + Dipyridamol-behandelten Gruppe ergaben sich signifikant weniger Gefäßverschlüsse und eine geringere Progression der Stenosen als bei Plazebo- und ASS-Monotherapie. Der Unterschied zwischen ASS und Plazebo allein war nicht signifikant und die Anzahl der stenosierenden Läsionen eher erhöht. Allerdings zeigten 25–30% der Patienten eine Magenunverträglichkeit gegenüber ASS (Hess u. Mitarb., 1985).

In einer kleineren Studie an Patienten mit Raynaud-Syndrom führten 80 mg/die ASS zu einer Inhibition der Plättchenhyperreaktivität ex vivo, aber nicht zu einer Verbesserung der Krankheitssymptomatik (van der Meer u. Mitarb., 1987). Auch bei 133 Patienten mit Thrombangiitis obliterans bzw. kritischer Extremitätenischämie ergaben sich für ASS (100 mg/die) im Vergleich zum Prostazyklinmimetikum Iloprost keine günstigen Befunde: Nach 6-monatiger Therapie zeigte sich für 88% der Iloprost-behandelten Patienten eine Verbesserung, aber nur für 21% der ASS-Gruppe. Eine vollständige Ulkusabheilung fand sich bei 35% der Iloprost-Patienten, aber nur bei 13% der Patienten nach ASS (Fiessinger u. Schafer, 1990). Negative Ergebnisse ergaben sich auch für ASS bei der diabetischen Makroangiopathie (s. 3.2.6.).

Die insgesamt geringe Anzahl vorliegender Studien erlaubt keine sicheren Schlüsse auf die Effektivität einer ASS-Therapie bei PAOD. Überzeugende Befunde, besonders bei fortgeschritteneren Stadien der PAOD, liegen nicht vor. Hier sind vasodilatierende Prostaglandine (Iloprost, PGE_1) die bessere therapeutische Alternative. Für eine klinische Wirksamkeit von „low-dose" ASS liegen keine Befunde aus kontrollierten Studien vor. Falls eine ASS-Anwendung erfolgt, werden Tagesdosen von 1,0–1,5 g empfohlen (Eckstein u. Mitarb., 1988).

DVT: Trotz der vermuteten geringeren Bedeutung von Thrombozyten für venöse Thrombosen haben mehrere klinische Studien günstige Effekte für ASS gezeigt (Harris u. Salzmann, 1977; Harris u. Mitarb., 1985). Allerdings liegen auch gegenteilige Befunde vor, und McKenna u. Mitarb. (1980) konnten nur für die hohe Dosis von 3,9 g ASS/die einen günstigen Effekt nachweisen. Letzteres spricht für einen Thrombozyten-unabhängigen Mechanismus der Salicylatwirkung.

In einer umfangreichen neueren Untersuchung wurde die therapeutische Effektivität von ASS zur Verhinderung einer tiefen Venenthrombose nach Hüftgelenkoperationen mit Warfarin und Plazebo verglichen. 194 Patienten erhielten ASS (650 mg b.i.d.), Warfarin (10 mg) oder Plazebo für bis zu 3 Wochen nach dem chirurgischen Eingriff. 20% (13/65) der Patienten nach Warfarin entwickelten eine DVT, dagegen 41% (27/66) bzw. 46% (29/63) der Patienten unter

ASS oder Plazebo. Damit war Warfarin signifikant stärker wirksam als ASS. In allen 3 Gruppen kam es zu ernsthaften Blutungskomplikationen. Insgesamt zeigte ASS keine positiveren Wirkungen als Plazebo und deutlich negativere als Warfarin (Powers u. Mitarb., 1989).

Ähnliche Befunde ergaben sich auch bei Vergleich von ASS mit einer physikalischen Therapie (Kompressionsbehandlung) bei Patienten mit Arthroplastie des Kniegelenkes. Die Inzidenz einer DVT betrug für 72 Patienten mit unilateraler Arthroplastie 22% in der Kompressionsgruppe und 47% nach ASS-Behandlung (P<0,03), die entsprechenden Zahlen bei bilateraler Operation betrugen 48% und 68%. Damit ist eine Behandlung mit mechanischer Kompression bei dieser Indikation effektiv und wirksamer als ASS (Haas u. Mitarb., 1990).

Zusammenfassung: Bei der tiefen Venenthrombose (DVT) scheint ASS im Vergleich zu oralen Antikoagulantien von geringem Wert zu sein. Eine günstige Wirkung scheint nur bei hohen Dosen einzutreten und ist möglicherweise unabhängig von einer antithrombotischen Wirkung auf Thrombozyten. Auch bei fortgeschrittenen Stadien der peripheren arteriellen Verschlußkrankheit (PAOD) sind die Therapieerfolge mit ASS mäßig und offenbar geringer als nach Prostazyklinsubstitution.

Literatur 3.2.4.

Davis, J.W., C.R. Hartman, L. Shelton, H.A. Ruttinger: A trial of dipyridamole and aspirin in the prevention of smoking induced changes in platelets and endothelium in men with coronary artery disease. Am. J. Cardiol. 63 (1989) 1450

Eckstein, H.H., U. Mueller-Buehl, R. Zimmermann, C. Diehm: Importance of acetylsalicylic acid in the secondary prevention of peripheral arterial occlusive disease. Dtsch. Med. Wochenschr. 113 (1988) 822

Fiessinger, J.N., M. Schafer: Trial of iloprost versus aspirin treatment for critical limb ischemia of thromboangiitis obliterans. Lancet 335 (1990) 555

Haas, S.B., J.N. Insall, G.R. Scuderi, R.E. Windsor, B. Ghelman: Pneumatic sequential compression boots compared with aspirin prophylaxis of deep vein thrombosis after total knee arthroplasty. J. Bone Joint Surg. 72A (1990) 27

Harris, W.H., C.A. Athanasonlis. A.C. Waltman, E.W. Salzman: Prophylaxis of deep vein thrombosis after total hip replacement. J. Bone Joint Surg. 67A (1985) 58

Harris, W.H., E.W. Salzman, C.A. Athanasonlis. A.C. Waltman, R.W. de Sanctis: Aspirin prophylaxis of venous thrombembolism after total hip replacement. New Engl. J. Med. 297 (1977) 1246

Hess, H., A. Mietaschk, G. Deichsel: Drug-induced inhibition of platelet function delays progression of peripheral occlusive arterial disease. Lancet 1 (1985) 415

Marcus, A.J.: Aspirin as an antithrombotic medication. New Engl. J. Med. 309 (1983) 1515

McKenna, R. J. Galante, F. Bachmann, D.L. Wallace, S.P. Kaushal et al.: Prevention of venous thromboembolism after total knee replacement by high dose aspirin or intermittant calf and thigh compression. Br. Med. J. 280 (1980) 514

Meer, van der, J., A.A. Wouda, C.G.M. Kallenberg, H. Wesseling: A double-blind controlled trial of low dose acetylsalicylic-acid and dipyridamole in the treatment of Raynaud's phenomenon. VASA J. Vasc. Dis. Suppl. 18 (1987) 71

Powers, P.J., M. Gent, R.M. Jay, D.H. Julian, A.G.G. Turpie: A randomized trial of less intense postoperative warfarin or aspirin therapy in the prevention of venous thromboembolism after surgery for fractured hip. Arch. Intern. Med. 149 (1989) 771

3.2.5. Präeklampsie

Eine schwangerschaftsinduzierte Hypertonie als isolierte Hypertonie nach der 20. Schwangerschaftswoche oder als Hypertonie mit Proteinurie (Präeklampsie) tritt bei 5–15% der Schwangerschaften ein und ist eine wichtige Ursache der mütterlichen und perinatalen Mortalität (Brown, 1991; Imperiale u. Petrulis, 1991).
Ätiologie: Die Präeklampsie ist eine Erkrankung des Trophoblasten mit nachfolgender Konstriktion der arteriellen Gefäße im mütterlichen Kreislauf, einer Abnahme des intravasalen Blutvolumens und einer intravasalen Koagulation. Dies führt zu einer Unterperfusion des uteroplazentaren Gefäßbettes und mütterlicher Organe, einschließlich Niere, Leber und ZNS. Auch die für die Schwangerschaft typische Verminderung der Gefäßreaktivität gegenüber Angiotensin II scheint gestört zu sein. Ätiologie und Pathogenese sind unklar. Allerdings sprechen zahlreiche epidemiologische Daten für einen pathologischen Arachidonsäurestoffwechsel der Plazenta als Ursache der typischen Symptomatik (Brown, 1991; Wallenburg, 1991).
Störung des Arachidonsäurestoffwechsels: Eine erhöhte Thrombozytenreaktivität und wahrscheinlich darauf zurückzuführende gesteigerte Thromboxanbildung (FitzGerald u. Mitarb., 1987a; FitzGerald u. Mitarb., 1990) wurden nachgewiesen und sind an mütterlichem Hypertonus, Thrombozytenaktivierung sowie der uteroplazentaren Insuffizienz mit fetaler Minderdurchblutung beteiligt. Die endogene Biosynthese von Prostazyklin ist reduziert, ein Vorgang, der zeitlich der klinischen Manifestation des Krankheitsbildes vorausgeht und eine leichtere Stimulierbarkeit der Thrombozyten fördern sollte (FitzGerald u. Mitarb., 1987b). Daher bietet sich eine selektive pharmakologische Hemmung der maternalen Thromboxanbildung als pharmakotherapeutischer Ansatz an.
Pharmakotherapie der Präeklampsie: Eine konventionelle, antihypertensive Therapie führt nur zu einer unzureichenden Senkung der mütterlichen Letalität sowie der fetalen Entwicklungsstörung, da die Hypertonie nur eine Begleiterscheinung der Erkrankung ist (Peterseim, 1989). Eine Anwendung von Prostazyklin ist aufgrund der starken systemisch vasodilatierenden Wirkung der Substanz kontraindiziert (Walsh, 1989). Die überzeugendsten Ergebnisse liegen heute für „low-dose" ASS vor (s. Klockenbusch u. Schrör, 1990; Zahradnik, 1991; Brown, 1991; Uzan u. Mitarb., 1991).
Prävention der Präeklampsie mit ASS: Die erste prospektive Studie zur Abschätzung der präventiven Bedeutung einer ASS-Behandlung für die schwangerschaftsinduzierte Hypertonie stammt von Beaufils u. Mitarb. (1985).

102 Risikoschwangerschaften wurden aufgrund anamnestischer Angaben (Präeklampsie, fetale Wachstumsretardierung, Totgeburt) identifiziert. Die Hälfte der Patientinnen erhielt täglich ASS (150 mg) + 300 mg Dipyridamol ab 3. Schwangerschaftsmonat bis zur Geburt. In der nicht-behandelten Gruppe kam es zu Präeklampsie (6 Fälle) oder schweren fetalen Entwicklungsstörungen (9 Fälle). Keine derartigen Komplikationen wurden bei den ASS-behandelten Patientinnen gefunden.

Ein möglicher Vorteil von „low-dose" ASS ist neben der besseren Verträglichkeit die bevorzugte Hemmung des thrombozytären Arachidonsäurestoffwechsels bei geringerer oder fehlender Beeinflussung der vaskulären PGI_2-Bildung.

Diese Frage untersuchten Ylikorkala u. Mitarb.. Schwangere erhielten bei Wehenbeginn entweder 100 mg oder 500 mg ASS. Postpartal wurden im Umbilikalvenenblut die Prostazyklin-

und Thromboxanmetaboliten 6-oxo-$PGF_{1\alpha}$ und TXB_2 bestimmt. In allen untersuchten Fällen war die TXB_2-Konzentration deutlich herabgesetzt, während eine Reduktion der PGI_2-Bildung nur bei der hohen Dosis von 500 mg ASS gemessen wurde (Ylikorkala u. Mitarb., 1986).

Zu ähnlichen Ergebnissen kamen Sibai u. Mitarb. (1989). Sie verabreichten 20, 60 oder 80 mg ASS bzw. Plazebo an 40 Schwangere in der 37. (±2) Schwangerschaftswoche. Eine zweiwöchige Therapie mit ASS führte zu einer praktisch vollständigen (99%) Hemmung der Thromboxanbildung im mütterlichen Blut, während die Thromboxan- und Prostazyklinspiegel im neonatalen Blut unverändert blieben. Alle Neugeborenen hatten einen offenen Ductus arteriosus. Bei bestehender Plazentainsuffizienz zeigte ASS eine positive Wirkung auf das Plazentagewicht und den fetalen Kopfumfang (Trudinger u. Mitarb., 1988).

Wallenburg u. Mitarb. (1986) untersuchten in einer plazebokontrollierten Doppelblindstudie 46 normotensive Primigravidae, die in der 28. Schwangerschaftswoche eine erhöhte Ansprechbarkeit auf infundiertes Angiotensin II zeigten. Von ihnen erhielten 23 bis zur Entbindung täglich 60 mg ASS. Von diesen entwickelten nur 2 eine leichte Hypertonie, während in der Plazebogruppe in 12 Fällen eine überwiegend schwere Gestosesymptomatik eintrat. Auch Brown u. Mitarb. (1990) und Wallenburg u. Mitarb. (1991) fanden eine Aufhebung der Angiotensin-induzierten Blutdrucksteigerung bei Risikopatienten durch ASS (81 mg) und eine parallele Verbesserung klinischen Befundes. Benigni u. Mitarb. (1989) bestätigten den klinischen Nutzen einer präventiven Behandlung mit täglich 60 mg ASS ab 12. Schwangerschaftswoche. Zu ähnlich positiven Befunden kamen auch Louden u. Mitarb. (1992). Auch hier waren Thromboxan-Serumspiegel und -Urinausscheidung deutlich reduziert, während die renale Exkretion von 6-oxo-$PGF_{1\alpha}$ unbeeinflußt blieb. Tab. 12 faßt wichtige Ergebnisse aus Präventionsstudien mit ASS bei Präeklampsie zusammen.

Nebenwirkungen von ASS: ASS passiert rasch die Plazenta und erreicht innerhalb ≤ 5 min den fetalen Kreislauf. Bei „low-dose" ASS, entsprechend einem ASS-Plasmaspiegel von 10 µMol (Thorp u. Mitarb., 1988), betragen die Plasmaspiegel im fetalen Kreislauf etwa 4 µMol (Jacobson u. Mitarb., 1991), vermutlich infolge Metabolisierung in der Plazenta. Diese Spiegel sind für eine Hemmung der Prostazyklin- und Thromboxansynthese zu gering (Ylikorkala u. Mitarb., 1986). Daher ist der Ausschluß unerwünschter Substanzeffekte auf den Feten, wie vorzeitiger Verschluß des Ductus Botalli, pulmonale Hypertonie oder hämorrhagische Komplikationen (s.

Tabelle **12** Wirkung einer „low-dose" ASS-Prophylaxe auf die Entwicklung einer schwangerschaftsinduzierten Hypertonie (PIH), intrauterine Wachstumsverzögerung des Feten (IUGR) und Geburtsstillstand bei Risikoschwangerschaften

Symptom	ASS (n = 122)	Plazebo/Kontrolle (n = 115)	P
PIH	6	32	<0,001
IUGR	12	31	<0,001
Geburtsstillstand	1	7	<0,001

Die Daten sind die Zusammenfassung der Ergebnisse von 4 Studien mit low-dose-ASS (60–150 mg) (Beaufils u. Mitarb., 1985; Wallenburg u. Mitarb., 1986; Schiff u. Mitarb., 1989; Benigni u. Mitarb., 1989)
(Nach einer tabellarischen Zusammenstellung von Brown, 1991).

4.1.2.), essentielle Voraussetzung einer therapeutischen ASS-Anwendung in der Schwangerschaft.
Wirkungen dieser Art wurden für eine niedrig dosierte ASS-Therapie bei der Prophylaxe der Präeklampsie bisher nicht beobachtet (Beaufils u. Mitarb., 1985; Wallenburg u. Mitarb., 1986; Benigni u. Mitarb., 1989; Sibai u. Mitarb., 1989). Eine reversible Konstriktion von fetalen Gefäßen wurde für verschiedene Zyklooxygenasehemmer, einschließlich ASS, beschrieben. Allerdings waren die Veränderungen insgesamt gering und ohne negativen Effekt auf den Feten (Huhta u. Mitarb., 1987) (s. 4.1.2.2.). In vitro führte ASS in Konzentrationen, die die plazentare Thromboxanbildung hemmen, nicht zu einer Hemmung von Thromboxan- oder Prostazyklinbildung in isolierten Trophoblastzellen (Nelson u. Walsh, 1991). Die Thromboxansynthese fetaler Thrombozyten blieb ebenfalls unbeeinflußt (Benigni u. Mitarb., 1989). Dagegen wurde in Plazentargefäßen eine selektive Hemmung der Thromboxansynthese nach ASS nachgewiesen (Thorp u. Mitarb., 1988). Auch eine Meta-Analyse von insgesamt 6 Studien mit „low-dose" ASS (60–150 mg/die) bei Schwangerschaftshochdruck konnte bei Bestätigung der positiven Ergebnisse keine substanzbezogenen Nebenwirkungen für Mutter oder Kind nachweisen, insbesondere auch keine Zunahme der fetalen oder neonatalen Todesfälle (Imperiale u. Petrulis, 1991). Etwas andere Befunde wurden in einer neueren Studie bei Risikoschwangerschaften mit ASS erhalten, wobei auch hier keine unerwünschten Effekte seitens Mutter oder Kind eintraten (McParland u. Mitarb., 1990). Keine signifikanten Unterschiede bestanden bei 100 untersuchten Frauen hinsichtlich des Auftretens einer Hypertonie bei Plazebo (13%) im Vergleich zu 81 mg ASS (26%). Dagegen waren alle weiteren klinischen Symptome (Proteinurie, perinatale Todesfälle, Frühhypertonien vor der 37. Schwangerschaftswoche) erheblich besser unter ASS-Behandlung. Keine signifikanten Veränderungen durch ASS (100 mg) berichteten auch Schiff u. Mitarb. (1989). Allerdings wurden nur 47 Schwangere in diese Studie einbezogen.
Bewertung von ASS als Prophylaktikum: Die bisher vorliegenden Daten sprechen für „low-dose" ASS als effektive Medikation zur Prävention der Präeklampsie. Eine vergleichbare, pharmakotherapeutische Alternative besteht nicht. Häufigkeit und Schweregrad denkbarer ASS-Nebenwirkungen sind nach derzeitigem Kenntnisstand gering bzw. fehlen. Allerdings fehlen für dieses Indikationsgebiet noch große prospektive Studien. Solche Studien, wie die „Collaborative low-dose aspirin study in pregnancy" (CLASP-trial) stehen vor dem Abschluß (Cunningham u. Lindheimer, 1992).

Zusammenfassung: Ein pathologischer Arachidonsäurestoffwechsel der Plazenta sowie eine (erhöhte) Blutdrucksteigerung nach Angiotensin II sind an der uteroplazentaren Mangeldurchblutung bei der Präeklampsie entscheidend beteiligt. Hierzu gehören auch eine erhöhte (thrombozytäre) Thromboxansynthese im maternalen Kreislauf sowie eine reduzierte Prostazyklinbildung.
Nach dem Ergebnis mehrerer kontrollierter Studien mit kleinen Patientenzahlen scheint „low-dose" (60–100 mg/die) ASS für die Prophylaxe der Präeklampsie geeignet zu sein. ASS-typische Nebenwirkungen (vorzeitiger Verschluß des Ductus arteriosus, pulmonale Hypertonie, Blutungen) scheinen nicht verstärkt aufzutreten. Eine therapeutische Alternative mit vergleichbarem präventiven Effekt besteht nicht. Definitive Therapieempfehlungen sind nach Abschluß der derzeit laufenden CLASP-Studie zu erwarten.

Literatur 3.2.5.

Beaufils, M., S. Uzan, R. Donsimoni, J.C. Colau: Prevention of preeclampsia by early antiplatelet therapy. Lancet 1 (1985) 840

Benigni, A., G. Gregorini, T. Frusca, C. Chiabrando, S. Ballerini: Effect of low-dose aspirin on fetal and maternal generation of thromboxane by platelets in women at risk for pregnancy-induced hypertension. New Engl. J. Med. 321 (1989) 357

Brown, C.E.L., N.F. Gant, K. Cox, B. Spitz, C.R. Rosenfeld: Low-dose aspirin, 2. Relationship of angiotensin-II pressor responses, circulating eicosanoids, and pregnancy outcome. Am. J. Obstet. Gynecol. 163 (1990) 1853

Brown, M.A.: Pregnancy-induced hypertension: pathogenesis and management. Austr. NZ. J. Med. 21 (1991) 257

Cunningham, F.G., M.D. Lindheimer: Hypertension in pregnancy. New Engl. J. Med. 326 (1992) 927

FitzGerald, D.J., G. Mayo, F. Catella, S.S. Entman, G.A. FitzGerald: Increased thromboxane biosynthesis in normal pregnancy is mainly derived from platelets. Am. J. Obstet. Gynecol. 157 (1987a) 325

FitzGerald, D.J., S.S. Entman, K. Mulloy, G.A. FitzGerald: Decreased prostacyclin biosynthesis preceding the clinical manifestation of pregnancy induced hypertension. Circulation 75 (1987b) 956

FitzGerald, D.J., W. Rocki, R. Murray, G. Mayo, G.A. FitzGerald: Thromboxane A_2 synthesis in pregnancy induced hypertension. Lancet 335 (1990) 751

Huhta, J.C., K.J. Moise, jr., S. Sharif: Human fetal ductus arteriosus constriction from non-steroidal antiinflammatory drugs. Am. J. Cardiol. 60 (1987) 643

Imperiale, T.F., A.S. Petrulis: A meta-analysis of low-dose aspirin for the prevention of pregnancy-induced hypertensive disease. J. Am. Med. Ass. 266 (1991) 261

Jacobson, R.L., A. Brewer, T.A. Siddiqi, L. Myatt: Transfer of aspirin across the perfused human placental cotyledon. Am. J. Obstet. Gynecol. 164 (1991) 290

Klockenbusch, W., K. Schrör: Bedeutung der Eikosanoide bei der Gestose. Z. Geburtsh. Perinat. 194 (1990) 200

Louden, K.A., F. Broughton Pipkin, E.M. Symonds, P. Tuohy, C. O'Callaghan, S. Heptinstall, S. Fox, J.R.A. Mitchell: A randomized placebo-controlled study of the effect of low dose aspirin on platelet reactivity and serum thromboxane B_2 production in non-pregnant women, in normal pregnancy, and in gestational hypertension. Br. J. Obstet. Gynaecol. 99 (1992) 371

McParland, P., J.M. Pearce, G.V.P. Chamberlain: Doppler ultrasound and aspirin in recognition and prevention of pregnancy-induced hypertension. Lancet 335 (1990) 1552

Mirro, R., B. Sibai, C. Leffler, C. Chesney: Perinatal low dose aspirin. Clin. Res. 36 (1988) A73

Nelson, D.M., S.W. Walsh: Aspirin differentially affects thromboxane and prostacyclin production by trophoblast and villous core compartments of human placental villi. Am. J. Obstet. Gynecol. 161 (1991) 1593

Neubert, D., R. Stahlmann: Drug prescription during pregnancy taking Stock. (Ger.). Internist 29 (1988) 193

Peterseim, H.: Der derzeitige Stand der Gestosebehandlung. Gynäkologie 22 (1989) 162

Schiff, E., E. Peleg, M. Goldenberg, T. Rosenthal, E. Ruppin: The use of aspirin to prevent pregnancy-induced hypertension and lower the ratio of thromboxane A_2 to prostacyclin in relatively high risk pregnancies. New Engl. J. Med. 321 (1989) 351

Schiff, E., G. Barkai, G. Ben-Baruch, S. Mashiach: Low-dose aspirin does not influence the clinical course of women with mild pregnancy induced hypertension. Obstet. Gynecol. 76 (1990) 742

Sibai, B.M., R. Mirro, C.M. Chesney, C. Leffler: Low-dose aspirin in pregnancy. Obstet. Gynecol. 74 (1989) 551

Stuart, M.J., J. Dusse: In vitro comparison of the efficacy of cyclooxygenase inhibitors on the adult versus neonatal platelet. Biol. Neonate. 47 (1985) 265

Thorp, J.A., S.W. Walsh, P.C. Brath: Low-dose aspirin inhibits thromboxane but not prostacyclin production by human placental arteries. Am. J. Obstet. Gynecol. 159 (1988) 1381

Trudinger, B.J., C.M. Cook, R.S. Thompson, W.B. Giles, A. Connelly: Low-dose aspirin therapy improves fetal weight in umbilical placental insufficiency. Am. J. Obstet. Gynecol. 159 (1988) 681

Uzan, S., M. Beaufils, G. Breast, B. Bazin, C. Capitant, J. Paris: Prevention of fetal growth retardation with low-dose aspirin: Findings of the EPREDA trial. Lancet 337 (1991) 1427

Wallenburg, H.C.S., G.A. Dekker, J.W. Makovitz, P. Rotmans: Low-dose aspirin prevents pregnancy-induced hypertension and pre-ecclampsia in angiotensin-sensitive primigravidae. Lancet 1 (1986) 1

Wallenburg, H.C.S.: Acetylsalicylsäure und Schwangerschaftshyper-tonie. Gynäkologe 24 (1991) 183

Wallenburg, H.C.S., G.A. Dekker, J.W. Makovitz, N. Rotmans: Effect of low-dose aspirin on vascular refractoriness in angiotensinsensitive primigravid women. Am. J. Obstet. Gynecol. 164 (1991) 1169

Walsh, S.W.: Preeclampsia: An imbalance in placental prostacyclin and thromboxane production. Am. J. Obstet. Gynecol. 152 (1985) 335

Walsh, S.W.: Low dose aspirin: treatment for the imbalance of increased thromboxane and decreased prostacyclin in preeclampsia. Am. J. Perinatol. 6 (1989) 124

Ylikorkala, O., U.M. Mäkilä, P. Kääpä, L. Viinikka: Maternal ingestion of acetylsalicylic acid inhibits fetal and neonatal prostacyclin and thromboxane in humans. Am. J. Obstet. Gynecol. 155 (1986) 345

Zahradnik, H.P.: Eicosanoids and pregnancy-induced hypertension. Eicosanoids 4 (1991) 123

3.2.6. Diabetes mellitus

Die Lebenserwartung von Diabetikern wird aufgrund der verbesserten metabolischen Kontrolle der Stoffwechselstörung heute im wesentlichen durch die vaskulären Komplikationen der Erkrankung bestimmt. Hierzu gehört vor allem die diabetische Mikroangiopathie mit Störungen der regionalen Durchblutung, insbesondere von Niere und Retina sowie die diabetische Makroangiopathie als Ausdruck einer vorzeitigen Atherosklerose. Typisch für den Diabetes ist darüber hinaus eine mit der Höhe des Blutzuckerspiegels bzw. dem Schweregrad der Erkrankung korrelierte Hyperreaktivität der Thrombozyten (Peterson u. Mitarb., 1977).
Makroangiopathie: Colwell u. Mitarb. (1986) untersuchten die Wirkung von ASS (325 mg t.i.d.) + Dipyridamol (75 mg t.i.d.) auf Amputation oder Tod bei 231 männlichen Diabetikern mit Gangrän bzw. Amputation einer Extremität. Signifikante Effekte von ASS bestanden nicht. Zu ähnlich negativen Ergebnissen kam die DAMAD-Studie (1989) bei Anwendung einer gleich hohen Dosis von ASS allein oder in Kombination mit Dipyridamol. Signifikante Unterschiede in der Anzahl vaskulärer Todesfälle im Vergleich zu Plazebo wurden nicht gefunden. Unter den Teilnehmern der AICLA-Studie zur Schlaganfallprophylaxe bei Hochrisikopatienten (s. 3.2.3.) war ein relativ großer Anteil von Diabetikern (21%) (Bousser u. Mitarb., 1983). Die Inzidenz von TIA und Schlaganfall war bei Diabetikern der ASS + Dipyridamol-Gruppe (325+75 mg t.i.d.) signifikant geringer als bei Diabetikern unter Plazebo. Diese Befunde bestätigen zwar einen positiven ASS-Effekt auf zerebrovaskuläre Komplikationen einer diabetischen Durchblutungstörung, aber nicht für andere Manifestationen einer diabetischen Makroangiopathie.
Beunruhigend sind die Ergebnisse einer ASS + Dipyridamol-Studie bei nicht-insulinabhängigen Diabetikern mit fortgeschrittener arterieller Verschlußkrankheit und Amputationen, bei denen eine Zunahme der plötzlichen Todesfälle eintrat (Colwell u. Mitarb., 1989). Auch drei weitere klinische Studien zur sekundären Prävention scheinen in eine ähnliche Richtung zu weisen (s. Colwell, 1991). Ursachen und klinischer Umfang eines solchen Effektes sind nicht bekannt. Nach tierexperimentellen Untersuchungen könnte ASS infolge Zyklooxygenasehemmung bei diabetischen Tieren die Bildung koronar-vasokonstriktorischer Leukotriene verstärken (Takiguchi u. Mitarb., 1989). Vor dem Hintergrund der insgesamt deutlich reduzierten Gefäßsterblichkeit durch ASS (s. 3.2.2.) scheint allerdings der mögliche Nutzen einer

sekundär-prophylaktischen ASS-Anwendung höher zu sein als das mögliche Risiko (Colwell, 1991).

Mikroangiopathie: Im Gegensatz zur fehlenden positiven Wirkung von ASS auf die diabetische Makroangiopathie wurde in der DAMAD-Studie für die frühe diabetische Mikroangiopathie eine signifikante Verzögerung der Progression retinaler Mikroaneurysmen durch ASS allein sowie in Kombination mit Dipyridamol (330+75 mg t.i.d.) nachgewiesen (Bousser u. Mitarb., 1983). Diese positiven Befunde konnte eine weitere, bisher erst teilweise publizierte Studie über den Einfluß von ASS (650 mg/die) auf die Progression der diabetischen Retinopathie (ETDRS-Trial, 1985) nicht bestätigen. Ein wichtiger Nebenbefund dieser Untersuchungen war das im Vergleich zu Plazebo nicht gesteigerte Risiko von Glaskörperblutungen durch ASS. ASS erhöhte auch nicht das Risiko einer Kataraktentstehung (ETDRS, 1992; UK-TIA Trial, 1992), sondern kann im Gegenteil die Kataraktentstehung zumindest im Tierversuch verzögern (Swamy u. Abraham, 1989). Als Mechanismus werden neben der hypoglykämischen Wirkung eine Azetylierung von Linsenproteinen und direkte Hemmung der Glykierung diskutiert (Huby u. Harding, 1988). Eine Verzögerung der altersabhängigen Kataraktentwicklung von 10 Jahren würde die Anzahl der Operationen um 40% senken und sollte daher für ASS kontrolliert untersucht werden (Cheng, 1992).

Nephropathie: Tierexperimentelle Befunde sprechen für eine günstige Beeinflussung der diabetischen Nephropathie durch ASS im Zusammenhang mit Thrombozytenfunktionshemmung und/oder Modifikation der renalen Eikosanoidsynthese (Moel u. Mitarb., 1987). Auch aus der Klinik gibt es Hinweise, daß Hemmung der Thromboxansynthese durch Dazmegrel oder ASS die Mikroalbuminurie bei Diabetikern verbessert bzw. die Progression der Nephropathie verzögert (Barnett u. Mitarb., 1984; Donadio u. Mitarb., 1988). Allerdings stammen alle diese klinischen Daten aus unkontrollierten Studien mit kleinen Fallzahlen und können nicht verallgemeinert werden.

Thrombozytenfunktionsstörung: Eine Thrombozytenhyperreaktivität beim Diabetiker ist gesichert. Mögliche Ursachen sind Knochenmarkfunktionsstörungen auf der Ebene des Megakaryozyten, ein veränderter Eikosanoidstoffwechsel, die Gefäßpathologie oder eine Kombination dieser Mechanismen (Tschöpe, 1992). Adäquate Insulin-Therapie hemmt die gesteigerte Plättchenthromboxanbildung (McDonald u. Mitarb., 1982; Mayfield u. Mitarb., 1985), Freisetzung mitogener Faktoren (Hamet u. Mitarb., 1985) und Plättchenaggregation (Hiramatsu u. Mitarb., 1987). Auch kann ASS vorzugsweise in höherer Dosierung den Plasmainsulinspiegel erhöhen (Skhra u. Mitarb., 1988; Eriksson u. Mitarb., 1990) (s. 2.2.3.1.). Die erhöhte Thromboxanausscheidung im Urin von (Typ II)-Diabetikern ist thrombozytären Ursprungs und läßt sich in Kurzzeitstudien sowohl durch adäquate metabolische Kontrolle als auch low-dose ASS (50 mg/die) bessern (Davi u. Mitarb., 1990).

Typ I-Diabetiker wurden mit ASS in höherer (325 mg/die) und niedriger Dosierung (80 mg/2. Tag) über 2 Wochen behandelt. Beide Dosen führten zu einer vergleichbaren Verlängerung der Blutungszeit und Hemmung der Thromboxansynthese. Dagegen war die Prostazyklinbildung durch die geringe ASS-Dosis stärker gehemmt (um 82%) als durch die hohe (um 45%). Die Autoren schlossen aus diesen Befunden auf eine stärkere antithrombotische Wirkung der höheren ASS-Dosis infolge geringerer Hemmung der Prostazyklinsynthese (Gerrard u. Mitarb., 1989).

Inwieweit eine Hemmung der thrombozytären Thromboxanbildung oder vaskulären Prostazyklinbildung durch ASS für den Krankheitsverlauf bedeutsam ist, ist nicht bekannt. Interessanterweise werden die Thrombozyten von (nicht optimal eingestellten) Diabetikern weniger stark durch ASS (100 mg/die) gehemmt als Plättchen von Gesunden, obwohl in beiden Fällen die thrombozytäre Thromboxanbildung vollständig blockiert war (Mori u. Mitarb., 1992). Dieser Befund stimmt mit der verstärkten Expression von stimulatorischen Rezeptoren (GP IIb/IIIa, GP Ib, Fibronectin u.a.) bei Diabetikern überein (Tschöpe, 1992) und könnte eventuell auf dem erhöhten Plättchenumsatz und der verkürzten Plättchenüberlebenszeit bei Diabetikern beruhen. Weitere Arbeiten sind hier dringend erforderlich.

Zusammenfassung: Eine Thrombozytenhyperreaktivität sowie erhöhte Inzidenz thrombembolischer Ereignisse findet sich beim Diabetes mellitus und scheint ursächlich mit der Grunderkrankung zusammenzuhängen.
Bisher vorliegende klinische Studien zur sekundären Prävention vaskulärer Ereignisse mit ASS zeigen kein klares Bild. Insbesondere wird bei Diabetikern die vaskuläre Letalität nicht gesenkt. Die Befunde bei der diabetischen Mikroangiopathie und ihren Komplikationen, z. B. Retinopathie, Nephropathie, sind ebenfalls unklar und widersprüchlich. Allerdings scheint eine bestehende Retinopathie keine Kontraindikation für ASS zu sein, da die Häufigkeit von Glaskörperblutungen nicht gesteigert und der Krankheitsverlauf nicht negativ beeinflußt wird, ob ASS das Entstehen einer Katarakt verzögert, ist bisher nicht geklärt.

Literatur 3.2.6.

Barnett, A.H., K. Wakelin, B.A. Leatherdale, J.R. Britton, A. Polak, J. Bennett, M. Toop, D. Rowe, K. Dallinger: Specific thromboxane synthetase inhibition and albumin excretion rate in insulin-dependent diabetes. Lancet I (1984) 1322

Baudoin, C., P. Passa, P. Sharp, E. Kohner: Effect of aspirin alone and aspirin plus dipyridamole in early diabetic retinopathy – a multicenter randomized controlled clinical trial – the damad study group. Diabetes 38 (1989) 491

Bousser, M.G., E. Eschwege, M. Haguenau, J.M. Lefauconnier, N. Thibult, D. Touboul, P.J. Touboul: „AICLA" controlled trial of aspirin and dipyridamole in the secondary prevention of athero-thrombotic cerebral ischemia. Stroke 14 (1983) 5

Cheng, H.: Aspirin and cataract. Br. J. Ophthalmol. 76 (1992) 257

Chew, E.Y., G.A. Williams, T.C. Burton, F.B. Barton, N.A. Remaley, F.L. Ferries: Aspirin effects on the development of cataracts in patients with diabetes mellitus. Arch. Ophthalmol. 110 (1992) 339

Colwell, J.A.: Platelet-active drugs in diabetes mellitus. In: Pharmacology of diabetes, edited by C.E. Mogensen, E. Standl. Walter de Gruyter Berlin, New York (1991) (pp. 193–209)

Colwell, J.A., S.F. Bingham, C. Abraira, J.W. Anderson, J.P. Comstock, H.C. Kwaan, F. Nuttall: Veterans Administrative Cooperative study of antiplatelet agents in diabetic patients after amputation for gangrene: II. Effects of aspirin and dipyridamole on atherosclerotic vascular disease rates. Diabetes Care 9 (1986) 140

Colwell, J.A., S.F. Bingham, C. Abraira, J.W. Anderson, J.P. Comstock, H.C. Kwaan, F. Nuttall: Veterans Administrative Cooperative study of antiplatelet agents in diabetic patients after amputation for gangrene: Unobserved, sudden, and unexpected deaths. J. Diabetic Comp. 3 (1989) 191

(The) DAMAD Study Group: Effect of aspirin alone and aspirin plus dipyridamole in early diabetic retinopathy. A multicenter randomized controlled clinical trial. Diabetes 38 (1989) 491

Davi, G., I. Catalano, M. Averna, A. Notarbartolo, A. Strano: Thromboxane biosynthesis and platelet function in type II diabetes mellitus. N. Engl. J. Med. 322 (1990) 1769

Donadio, jr., J.V., D.M. Ilstrup, K.E. Holley, J.C. Romero: Platelet-inhibitor treatment of diabetic nephropathy: a ten year prospective study. Mayo Clin. Proc. 63 (1988) 3

Early Treatment Diabetic Retinopathy Study Research Group: Photocoagulation for diabetic macular edema. Early Treatment Diabetic Retinopathy Study Report Number 1. Arch. Ophthalmol 103 (1985) 1796

Early Treatment Diabetic Retinopathy Study Research Group: Aspirin effects on the development of cataracts in patients with diabetes mellitus. Early Treatment Diabetic Retinopathy Study Report Number 16. Arch. Ophthalmol 110 (1992) 339

Eriksson, J., A. Melander, L. Groop: Acetylsalicylic acid (ASA) improves basal and first-phase insulin secretion in non- insulin dependent diabetics. Acta Endocrinol. 122, Suppl. 3 (1990) 13

Gerrard, J.M., S. Taback, S. Singhory, J.C. Docherty, I. Kostolansky: In vivo measurement of thromboxane-B_2 and 6-keto- prostaglandin F_1-alpha in humans in response to a standardized vascular injury and the influence of aspirin. Circulation 79 (1989) 29

Hamet, P., H. Sugimoto, F. Umeda, L. Lecavalier, D.J. Franks, D.N. Orth, J.L. Chiasson: Abnormalities of platelet-derived growth factors in insulin-dependent diabetes. Metabolism 34 (1985) 25

Hiramatsu, K., H. Nozaki, S. Arimori: Reduction of platelet aggregation induced by euglycaemic insulin clamp. Diabetologia 30 (1987) 310

Huby, R., J.J. Harding: Non-enzymic glycosylation (glycation) of lens proteins by galactose and protection by aspirin and reduced glutathione. Exp. Eye Res. 47 (1988) 53

Kubisz, P., A. Arabi, J. Holan, S. Cronberg: Investigations on platelet function in diabetes mellitus. Haemostasis 14 (1984) 347

Mayfield, R.K., P.V. Halushka, H.J. Wohltmann, M. Lopes- Virella, J.K. Chambers, C.B. Loadholt, J.A. Colwell: Platelet function during continuous insulin infusion treatment in insulin-dependent diabetic patients. Diabetes 34 (1985) 1127

McDonald, J.W.D., J. Dupré, N.W. Rodger, M.C. Champion, C.D. Webb, M. Ali: Comparison of platelet thromboxane synthesis in diabetic patients on conventional insulin therapy and continuous insulin infusions. Thromb. Res. 28 (1982) 705

Meersman, de, R.: The effects of acetylsalicylic acid upon carbohydrate metabolism during exercise. Int. J. Clin. Pharmacol. Ther. Toxicol. 26 (1988) 461

Moel, D.I., R.L. Safirstein, R.C. McEvoy, W. Hsueh: Effect of aspirin on experimental diabetic nephropathy. J. Lab. Clin. Med. 110 (1987) 300

Mori, T.A., R. Vandongen, A.J. Douglas, R.K. McCulloch, V. Burke: Differential effect of aspirin on platelet aggregation in IDDM. Diabetes 41 (1992) 261

Peterson, C.M., R.L. Jones, R.J. König u. Mitarb.: Reversible hematologic sequelae of diabetes mellitus. Ann. Int. Med. 86 (1977) 425

Skrha, J., J. Hilgertova, S. Svacina, J. Sramkova, J. Pav: Insulin receptors and glucose homeostasis in type 2 diabetics influenced by acetylsalicylic acid treatment. Exp. Clin. Endocrinol. 92 (1988) 119

Steering Committee of the Physicians' Health Study Research Group: Final report on the aspirin component of the ongoing physicians' health study. New Engl. J. Med. 321 (1989) 129

Swamy, M.S., E.C. Abraham: Inhibition of lens crystallin glycation and high molecular weight aggregate formation by aspirin in vitro and in vivo. Invest. Ophthalmol. Vis. Sci. 30 (1989) 1120

Takiguchi, Y., K. Umemura, H. Hashimoto, M. Nakashima: Involvement of thromboxane and leukotriene in arachidonate induced coronary constriction in diabetic rats. Diabetologia 32 (1989) 337

Tschöpe, D.: Pathophysiologie, Diagnostik und Therapie der diabetischen Thrombozytopathie. Habilitationsschrift, Düsseldorf (1992).

UK-TIA Study Group: Does aspirin affect the rate of cataract formation? Cross-sectional results during a randomised double-blind placebo controlled trial to prevent serious vascular events. Br. J. Ophthalmol. 76 (1992) 259

3.3. Weitere Anwendungen

3.3.1. Tumortherapie

Tumoren des Kolons verursachen etwa 12% aller Krebstodesfälle in den USA. Ob eine Prävention mit ASS möglich ist, ist insbesondere nach der Studie von Thun u. Mitarb. (1991) Gegenstand intensiver Diskussionen.

Senkung der Mortalität an Kolonkarzinomen durch ASS: Eine kürzlich publizierte epidemiologische Studie konnte zeigen, daß regelmäßige ASS-Einnahme die Mortalität an Kolonkarzinomen um 50% senkt (Thun u. Mitarb., 1991). Allerdings erlaubt die Studie keinen Rückschluß auf die Häufigkeit des Auftretens dieses Tumors, da keine Angaben zur Morbidität gemacht werden. Es ist vorstellbar, daß bei regelmäßig ASS-einnehmenden Personen Darmblutungen im Zusammenhang mit dem Tumor früher auftreten und die Diagnose mit entsprechend verbesserter Prognose früher gestellt wird. Auch ist nicht angegeben, ob die Letalität an Kolonkarzinomen, einem relativ häufigen Tumor, reduziert wird (Baron u. Greenberg, 1991). In einem Leserbrief teilen die Autoren mit, daß die Gesamtsterblichkeit unabhängig vom ASS-Gebrauch ist und unverändert bleibt (Thun u. Mitarb., 1992). Allerdings wurden bereits früher zwei Studien zur Senkung des Risikos kolorektaler Karzinome bei regelmäßigem ASS-Gebrauch mit ähnlichen Ergebnissen – Risikosenkung um 50% – vorgestellt (Kune u. Mitarb., 1988; Rosenberg u. Mitarb., 1991). Dagegen ergab eine epidemiologische Studie bei älteren Personen in Kalifornien, die regelmäßig ASS einnahmen, eine Tendenz zur Zunahme von Kolonkarzinomen (Paganini-Hill u. Mitarb., 1991) (s. 4.1.2.3.).
Interessant ist in diesem Zusammenhang, daß auch in der US-amerikanischen Ärztestudie zur primären Prävention des Myokardinfarkts durch ASS (Steering-Committee, 1989) sowie der UK-TIA-Trial (1991) eine Tendenz zur Senkung der Inzidenz von Kolonkarzinomen in der ASS-Gruppe beobachtet wurde.
Mögliche Mechanismen der ASS-Wirkung: Eine günstige Wirkung von Zyklooxygenaseinhibitoren auf Dickdarm-Karzinome ist auch aus Tierversuchen bekannt (Plescia u. Mitarb., 1975; Craven u. DeRubertis, 1992) sowie eine Modulation des Tumorwachstums durch Prostaglandine (Craven u. Mitarb., 1983; Lupulescu, 1978; Furuta u. Mitarb., 1988). Eventuell besteht hier eine Interferenz mit dem Immunsystem bzw. Zytokin-mediierten Reaktionen, wie sie auch für entzündungshemmende Wirkungen der Substanz angenommen werden (s. 2.2.3.). Allerdings wurde auch die DNA-Azetylierung durch ASS mit Bildung von karzinogenen Verbindungen im Tierversuch beschrieben (Minchin u. Mitarb., 1992) und ein Zusammenhang mit dem gehäuften Auftreten von Tumoren des Verdauungstraktes diskutiert (Muraski u. Mitarb., 1984). Weitere Untersuchungen zu dieser Frage sind sicher notwendig.

Zusammenfassung: Regelmäßiger ASS-Gebrauch senkt nach dem Ergebnis von mehreren epidemiologischen Studien die Mortalität an Kolonkarzinomen. Allerdings liegen auch gegenteilige Befunde vor. Die Gesamtmortalität ändert sich nicht. Denkbare Erklärung für einen positiven Befund wäre eine Abnahme der Letalität infolge früherer Diagnosestellung aufgrund von Darmblutungen mit entsprechend besserer Prognose der Erkrankung. Unabhängig davon sprechen auch Tierversuche für eine Beeinflussung kolorektaler Tumoren durch ASS. Kontrollierte Studien sind erforderlich, um diese wichtige Frage zu klären.

Literatur 3.3.1.

Baron, J.A., E.R. Greenberg: Could aspirin really prevent colon cancer? New Engl. J. Med. 325 (1991) 1644

Craven, P.A., F.R. DeRubertis: Effects of aspirin on 1,2-dimethyl-hydrazine-induced colonic carcinogenesis. Carcinogenesis 13 (1992) 541

Craven, P.A., R. Saito, F.R. DeRubertis: Role of local prostaglandin synthesis in the modulation of proliferative activity in rat colonic epithelium. J. Clin. Invest. 72 (1983) 1365

Furuta, Y., E.R. Hall, S. Sanduja, T. Barkley, Jr., L. Milas: Prostaglandin production by murine tumors as a predictor for therapeutic response to indomethacin. Cancer Res. 48 (1988) 3002

Kune, G.A., S. Kune, L.F. Watson: Colorectal cancer risk, chronic illnesses, operations, and medications: case control results from the Melbourne Colorectal Cancer Study. Cancer 48 (1988) 3499

Lupulescu, A: Enhancement of carcinogenesis by prostaglandins. Nature 270 (1978) 634

Minchin, R.F., K.F. Ilett, C.H. Teitel, Ph.T. Reeves. F.F. Kadlubar: Direct O-acetylation of N-hydroxy arylamines by acetylsalicylic acid to form carcinogen-DNA adducts. Carcinogenesis 13 (1992) 663

Murasaki, G., T.V. Zenser, B.B. Davis, S.M. Cohen: Inhibition by aspirin of N-[4-(5-nitro-2-furyl)-2-thiazolyl]formamide-induced bladder carcinogenis and enhancement of forestomach carcinogenesis. Carcinogenesis 5 (1984) 53

Paganini-Hill, A., G. Hsu, R.K. Ross, B.E. Henderson: Aspirin use and incidence of large-bowel cancer in a California retirement community. J. Natl. Cancer Inst. 83 (1991) 1182

Plescia, O.J., A.H. Smith, K. Orinwich: Subversion of immune system by tumor cells and the role of prostaglandins. Proc. Natl. Acad. Sci. USA 75 (1975) 1848

Rosenberg, L., J.R. Palmer, A.G. Zauber, M.E. Warshauer, P.D. Stolley, S. Shapiro: A hypothesis: nonsteroidal anti- inflammatory drugs reduce the incidence of large-bowel cancer. J. Natl. Cancer Inst. 83 (1991) 355

Steering Committee of the Physicians' Health Study Research Group. Final report on the aspirin component of the ongoing Physicians' Health Study. New Engl. J. Med. 321 (1989) 129

Thun, M.J., M.M. Namboodiri, C.W. Heath, Jr.: Aspirin use and reduced risk of fatal colon cancer. New Engl. J. Med. 325 (1991) 1593

United Kingdom Transient Ischaemic Attack (UK-TIA) aspirin trial: final results. UK-TIA study group. J. Neurol. Neurosurg. Psych. 54 (1991) 1044

4. Toxikologie und Arzneimittelinteraktionen

4.1. Systemische unerwünschte Wirkungen

4.1.1. Systemische Intoxikation

Systemische Intoxikationen mit Salicylaten sind vergleichsweise häufig. Gründe dafür sind die leichte Zugänglichkeit sowie die breite und oft unkontrollierte Anwendung dieser Substanzen. Salicylsäurehaltige Präparate werden wegen der scheinbar universellen Anwendungsmöglichkeiten von Ärzten und Laien oft als harmlose Hausmittel angesehen und in ihren toxischen Wirkungen von beiden Seiten unterschätzt (Bressel, 1973).
Intoxikationen erfolgen aus suizidaler Absicht, akzidentell oder iatrogen. Akzidentelle und iatrogene Intoxikationen betreffen vor allem (Klein)kinder und haben einen ungleich höheren Stellenwert als das in Deutschland eher anekdotische Reye-Syndrom mit einem nach wie vor unklaren Bezug zu ASS (s. 4.2.3.). Darüber hinaus wurden auch Fälle von ASS-Abhängigkeit im Zusammenhang mit Salicylismus beschrieben (s.u.).
Akute Intoxikation: Eine akute lebensbedrohliche Intoxikation mit Salicylaten (ASS, Na-Salicylat) wird bei Erwachsenen für Dosen in der Größenordnung von 12–15 g beschrieben, bei Kindern ab 3 g. Allerdings sind die Literaturangaben sehr variabel. In einer epidemiologischen Studie in Kanada entfielen auf Salicylate mehr als 20% der Todesfälle durch Monopräparate. Tödliche Salicylatplasmaspiegel lagen bei 6–8 mmol/l (McGuigan, 1987). Entscheidend für den Schweregrad der Vergiftung ist die Salicylsäureakkumulation. Salicylsäure wird mit ansteigendem Plasmaspiegel immer langsamer ausgeschieden, da der Haupteliminationsweg zu Salicylursäure abgesättigt ist (Abb. 6). Der Anteil an unmetabolisierter Salicylsäure im Urin nimmt entsprechend zu (Tab. 13). Es resultiert eine drastische Verlängerung der Plasmahalbwertszeit von ca. 3 h auf 20–30 h und mehr (s. 2.1.2.). Außerdem führt die metabolische Azidose (s.u.) zu einem höheren Anteil an nicht-protonierter Salicylsäure mit Akkumulation im Gewebe und Verstärkung der Intoxikationssymptomatik.
Symptomatik: Erstes Symptom einer akuten Salicylatintoxikation ist eine Zunahme von Atemtiefe und -frequenz. Dieser Effekt tritt ab Salicylatplasmaspiegeln um 300 µg/ml auf und ist bei 500 µg/ml ausgeprägt. Ursache ist neben einer direkten Stimulation des Atemzentrums in der Medulla oblongata vor allem eine Salicylat-induzierte Störung des Zellstoffwechsels. Es kommt zu einer Entkoppelung der oxidativen Phosphorylierung mit Anstieg von Sauerstoffverbrauch und CO_2-Produktion (s. 2.2.3.), insbesondere in der Skelettmuskulatur. Erhöhte CO_2-Konzentrationen im Plasma stimulieren das Atemzentrum, so daß vermehrt CO_2 abgeatmet wird. Der pCO_2-Gehalt im Plasma bleibt unverändert, da gleichzeitig die renale Bikarbonatausscheidung zunimmt.

Die ASS-induzierte Hyperventilation führt zur Besserung einer Schlafapnoe. In einer US-amerikanischen Studie (Oliven u. Mitarb.) wurden 9–11 g ASS/die (!), entsprechend Plasmaspiegeln um 300 µg/ml an 9 Patienten mit therapiebedürftiger obstruktiver Schlafapnoe ver-

Tabelle 13 ASS-Metaboliten im Urin [% der Gesamtmetabolite] nach oraler Gabe von 600 mg an (n) gesunde Probanden oder bei Patienten mit Salicylatintoxikation

Metabolit	gesunde Probanden (45)	Intoxikation Plasma SS 240–600 µg/ml (24)	Plasma SS 715-870 µg/ml (13)
Salicylsäure (SS)	9±1	32±4	65±4
Salicylursäure	75±1	47±3	22±4
Salicylsäurephenolglucuronid	11±1	23±2	15±4
Gentisinsäure	5±1	10±2	7±2
Gesamtsalicylate [mg Salicylsäureäquiv.]	246±8	2999±374	8092±1470

(Patel u. Mitarb., 1990)

abfolgt. Dies erhöhte die Ventilation von 8,2±0,7 auf 15,2±1,5 l/min und reduzierte gleichzeitig die Anzahl der Atemstillstände von 42±7 auf 28±7 Apnoen/h. Entsprechend sank der pCO_2 und stieg der pO_2 an. Allerdings empfehlen die Autoren in Anbetracht der Nebenwirkungen von ASS diese Vorgehensweise nicht zur klinischen Anwendung (Oliven u. Mitarb., 1990).

Bei höheren Dosen kommt es zu Störungen im Säure-Basen-Gleichgewicht mit einer kombinierten respiratorisch/metabolischen Azidose. Dabei übersteigt die metabolische CO_2-Produktion dessen respiratorische Elimination infolge einer depressiven Wirkung hoher Salicylatkonzentrationen auf das Atemzentrum. Die metabolische Azidose wird verstärkt durch Bikarbonatverlust sowie Nierenfunktionsstörungen aufgrund peripherer Wirkungen der Substanz und toxischer Effekte auf den Gefäßtonus. Es kommt zu einer Akkumulation starker Säuren aus dem gestörten Energiestoffwechsel (Schwefel- und Phosphorsäure, Laktat, Pyruvat u.a.) mit weiterer Zunahme der Azidose sowie einer Dehydratation. Die Dehydratation ist Ursache der Oligurie und dem damit zusammenhängenden Nierenversagen bei der akuten Intoxikation. Diese Störungen im Säure-Basen-Gleichgewicht sind besonders gravierend bei Säuglingen und Klinkindern (Insel, 1990).

Mit zunehmendem Schweregrad der Vergiftung treten toxische Effekte im Zentralnervensystem in den Vordergrund. Die initiale zentrale Stimulation geht in eine zunehmende Depression über. Es kommt zu Stupor und schließlich Koma mit Kreislaufversagen und Tod durch Atemlähmung.

Therapie der akuten Salicylatvergiftung: Eine Salicylatvergiftung ist ein akut lebensbedrohender medizinischer Notfall (Insel, 1990). Die Therapie erfolgt symptomatisch und beginnt mit einer Unterbrechung der Salicylatzufuhr. Da die Salicylatabsorption aus dem Magen-Darm-Trakt nach toxischen Dosen über viele Stunden anhalten kann, ist zur Verhinderung einer (weiteren) Resorption Auslösen von Erbrechen, Magenentleerung, Aktivkohle u.ä. zweckmäßig (Danel u. Henry, 1988).

Zur Kinetik der Salicylsäureresorption unter Aktivkohle liegen aus jüngerer Zeit mehrere Untersuchungen vor. In der einen erhielten 13 Erwachsene 24 ASS-Tabletten (jede enthielt 81 mg ASS). In einem randomisierten cross-over-Versuch wurden jedem Probanden zusätzlich 50 g Aktivkohle als Einmalgabe, 2 x oder 3 x im Abstand von jeweils 4 h verabfolgt. Die Salicylat-

ausscheidung wurde im Urin gemessen. Jedes Protokoll wurde in 1-wöchentlichem Abstand wiederholt.
Ohne Aktivkohle wurden 91±6% (Mittelwert±SD) der Salicylat-Dosis im Urin wiedergefunden. Dieser Anteil sank auf 68±12%, 66±13% und 49±12% nach 1, 2 oder 3 Aktivkohledosen. Alle Veränderungen waren signifikant und zeigen für dieses Modell eine 30–50%ige Reduktion der Salicylatabsorption durch ASS (Barone u. Mitarb.)
Zu einem anderen Ergebnis kam die Studie von Ho u. Mitarb.. Die Autoren konnten bei einem etwas anderen Studienprotokoll (4 x 325 mg ASS, 25 g Aktivkohle 4 h nach ASS, weitere 10 g im 2-stündigen Abstand bis zu 10 h nach „Intoxikation" entsprechend einer Gesamtdosis von 55 g Aktivkohle) keine signifikante Abnahme der resorbierten Salicylatmenge (Serumspiegelbestimmung von Salicylsäure) nachweisen. Negative Ergebnisse hinsichtlich einer Beschleunigung der Salicylatelimination durch Aktivkohle berichteten auch Mayer u. Mitarb. (Barone u. Mitarb., 1988; Mayer u. Mitarb., 1992).

Alle Untersucher verwendeten eine Dosierung von ASS (1,5–3,0 g), die weit unterhalb toxischer Dosen (>10 g) lag und daher nicht ohne Zusatzannahmen auf toxische Verhältnisse übertragbar ist. Die Ergebnisse zeigen, daß eine Aktivkohletherapie (unter der Zusatzannahme einer verzögerten Resorption toxischer Dosen) vor allem dann die ASS-Aufnahme hemmt, wenn sie frühzeitig begonnen wird und hochdosiert erfolgt. Nach einmal erfolgter Resorption wird dagegen die Clearance des resorbierten Salicylatanteils nicht beschleunigt.

Akut lebensbedrohend sind Hyperthermie und Dehydratation. Beides erfordert eine sofortige Korrektur (adäquate Kühlung, Flüssigkeitszufuhr). Eine Bestimmung des Salicylatplasmaspiegels sowie des Säure-Basen-Status sollte schon initial erfolgen, da der klinische Schweregrad der Intoxikation gut mit dem Salicylatplasmaspiegel korreliert. Korrektur der kombinierten (metabolischen und respiratorischen) Azidose erfolgt durch Zufuhr von Na-Bikarbonat. Dabei werden gleichzeitig mehrere Mechanismen aktiviert: Hemmung der Rückresorption von Salicylsäure in der Niere durch alkalische Diurese, Verbesserung des Säure-Basen-Gleichgewichts mit Normalisieren des Blut-pH. Dies fördert die Rückdiffusion von (Acetyl)salicylsäure aus dem Gewebe in das Blut, insbesondere auch aus dem ZNS. Eine Steigerung der Salicylsäureausscheidung durch Metabolisierung in Salicylursäure ist durch Glyzinsubstitution möglich (Patel u. Mitarb., 1990). Ketoazidose und Hypoglykämie erfordern auch die Zufuhr von Glukose (weitere Einzelheiten s. Insel, 1990).

Chronische Intoxikation: Eine chronische Salicylatintoxikation bei Erwachsenen („Salizylismus") resultiert häufig iatrogen aus einer (relativen) therapeutischen Überdosierung von ASS und kann daher diagnostische Probleme bereiten (Anderson u. Mitarb., 1976). Hinweise auf eine Salicylatintoxikation sind neben einer entsprechenden Anamnese ein Tinnitus (s. 4.3.3.), multiple neurologische Funktionsstörungen (Kopfschmerzen (!), s. 4.1.1.; Verwirrtheits- und Erregungszustände, Schwitzen, Hyperventilation) sowie ein nicht-kardiogenes Lungenödem (Pei u. Thompson, 1987).

Ein Salicylat-induziertes Lungenödem wird sowohl bei akuter Überdosierung als auch nach Langzeitgebrauch der Substanz bei toxischen Plasmaspiegeln beschrieben (Heffner u. Sahn; Walters u. Mitarb.; Reed u. Glauser). Es tritt erst in fortgeschrittenen Stadien der Intoxikation auf und kann letal enden (Anderson u. Mitarb.). Die Inzidenz wird nach dem Ergebnis von 4 Übersichtsarbeiten (Anderson u. Mitarb.; Heffner u. Sahn; Walters u. Mitarb.; Thisted u. Mitarb.) mit 7% (29 von 397 untersuchten Patienten mit Salicylatintoxikation) angegeben. Gleichzeitig kann eine Proteinurie als Ausdruck einer allgemein erhöhten Gefäßpermeabilität auftreten (Anderson u. Mitarb., 1976; Hormaechea u. Mitarb., 1979; Heffner u. Sahn, 1981; Thisted u. Mitarb., 1987; Reed u. Glauser, 1991).

Gastrointestinale Symptome sind häufig: Bei Salicylatplasmaspiegeln von >300 µg/ml erbrechen ca. 50% der Patienten. Im Labor finden sich Störungen im Säure-Basen- Gleichgewicht, eine Ketoazidose sowie eine Verlängerung der Prothrombinzeit (Insel, 1990). Intoxikationen mit Methylsalicylat sind aufgrund der höheren Toxizität der Substanz besonders gefährlich.

ASS-Mißbrauch: Zusätzlich zu ASS-Mißbrauch in Form von analgetischen Kombinationspräparaten (s. 3.1.2.) mit einem besonders hohen Risiko der Analgetikanephropathie (s. 4.3.2.1.) sind in der Literatur auch Fälle eines chronischen Mißbrauchs von ASS als Monopräparat in toxischen Dosen beschrieben worden. Angestrebt wird Salicylismus mit körperlicher Unbeschwertheit, Taubheitsempfinden und „Höhenflug".

In einem Fall (59-jähriger Mann) wurden zur „Aufmunterung" ca. 100 Tabletten in 2 Wochen eingenommen, entsprechend 2,3 g ASS/die. Eine 30-jährige Epileptikerin und Alkoholikerin nahm zum gleichen Zweck 20−30 Tabletten ASS innerhalb einer Stunde ein, eine 58-jährige Alkoholikerin bis zu 100 Tabletten gegen Alkoholkater und „weil sie den Lärm am Arbeitsplatz nicht ertragen konnte" (zit. nach Bressel, 1973).

Zusammenfassung: Eine akute, lebensbedrohliche Salicylatvergiftung kann beim Erwachsenen bei Dosen um 12−15 g, bei Kindern ab ca. 3 g eintreten. Anfangssymptome sind Tinnitus, Stimulation der Atmung mit respiratorischer Alkalose und zentrale Erregung, später eine kombinierte respiratorisch/metabolische Azidose. Schließlich kommt es zu ZNS-Ausfällen und Tod an Atemlähmung. Diese Symptome werden im wesentlichen durch Salicylsäureakkumulation im Gewebe und toxische Wirkungen auf den Stoffwechsel verursacht.
Die Therapie ist symptomatisch (Kühlung, Flüssigkeitszufuhr, Verhinderung weiterer Resorption). Eine Verminderung der Absorption ist nur in frühen Intoxikationsstadien durch Aktivkohle zu erwarten, eine Zunahme der Clearance tritt dadurch nicht ein. Die Salicylsäureelimination läßt sich durch Behandlung der Azidose und Alkalisieren des Urins (Na-Bikarbonat) beschleunigen.
Eine chronische, systemische Intoxikation („Salicylismus") tritt bei (relativer) Überdosierung von Salicylaten auf und äußert sich vornehmlich in einer ZNS-Symptomatik (Kopfschmerzen (!), Tinnitus).

Literatur 4.1.1.

Anderson, R.J., D.E. Potts, P.A. Grabow, B.H. Rumack, R.W. Schrier: Unrecognized adult salicylate intoxication. Ann. Int. Med. 85 (1976) 745

Barone, J.A., J.J. Raia, Y.C. Huang: Evaluation of the effects of multiple-dose activated charcoal on the absorption of orally administered salicylate in a simulated toxic ingestion model. Ann. Emerg. Med. 17 (1988) 34

Bressel, R.: Zur Toxikologie der Salicylsäurederivate. Inauguraldissertation, Erlangen-Nürnberg (1973)

Danel V., J.A. Henry: Activated charcol, emesis, and gastric lavage in aspirin overdose. Br. Med. J. 296 (1988) 1507

Heffner, J.E., S.A. Sahn: Salicylate-induced pulmonary edema. Ann. Int. Med. 95 (1981) 405

Hormaechea, E., R.W. Carlson, H. Rogove, J. Uphold, R.J. Henning, M.X. Weil: Hypovolemia, pulmonary edema and protein changes in severe salicylate poisoning. Am. J. Med. 66 (1979) 1046

Insel, P.A.: Analgesic-antipyretics and antiinflammatory agents: Drugs employed in the treatment of rheumatoid arthritis and gout. In: The Pharmacological Basis of Therapeutics edited by L.S. Goodman, A.G. Gilman, T.W. Rall, A.S. Nies, P. Taylor, 8th Edition. Pergamon Press, New York (1990) (p. 638)

Mayer, A.L., D.S. Sitár, M. Tenenbein: Multiple-dose charcoal and whole bowel irrigation do not increase clearance of absorbed salicylate. Arch. Int. Med. 152 (1992) 393

McGuigan, M.A.: A two-year review of salicylate deaths in ontario. Arch. Intern. Med. 147 (1987) 510

Patel, D.K., A. Ogunbona, L.J. Notarianni, P.N. Bennett: Depletion of plasma glycine and effect of glycine by mouth on salicylate metabolism during aspirin overdose. Hum. Exp. Toxicol. 9 (1990) 389

Oliven, A., G. Pilar, H. Bassan: Improvement in sleep apnea by salicylate-induced hyperventilation. Am. Rev. Respir. Dis. 141 (1990) A194

Pei, Y.P.C., D.A. Thompson: Severe salicylate intoxication mimicking septic shock. Am. J. Med. 82 (1987) 381

Reed, C.R., F.L. Glauser: Drug induced non-cardiogenic pulmonary edema. Chest 100 (1991) 1120

Thisted, B., T. Krantz, J. Strom, M.B. Sorensen: Acute salicylate self-poisoning in 177 consecutive patients treated in ICU. Acta Anaesthesiol. Scand. 31 (1987) 312

4.1.2. Systemische Nebenwirkungen von ASS bei wiederholter und/oder Langzeitanwendung

Unerwünschte Wirkungen von ASS bei wiederholtem oder Langzeitgebrauch resultieren sowohl aus der Hemmung der Zyklooxygenaseaktivität als auch toxischen Wirkungen der Salicylsäure. Hinzu kommen nicht-dosisabhängige, (pseudo-)allergische Reaktionen an Haut, Schleimhäuten und Knochenmark (s. 4.2.2.), die aber mit Ausnahme des Analgetika-Asthmas („Aspirin-sensitives Asthma") (s. 4.2.1.) bei ASS im Gegensatz zu anderen Zyklooxygenaseinhibitoren (z. B. Pyrazolonen) sehr selten sind. Ein weiteres mit ASS in Zusammenhang gebrachtes Krankheitsbild ist das Reye-Syndrom (s. 4.2.3.).

Die wichtigsten Organe, die bei chronischer ASS-Einnahme geschädigt werden können, sind der Magen-Darm-Trakt (s. 4.3.1.), die Niere (s. 4.3.2.) und das audiovestibuläre System (s. 4.3.3.). Sie werden daher separat besprochen. Unerwünscht ist auch eine Verlängerung der Blutungszeit, falls diese nicht therapeutisch beabsichtigt ist. Dies gilt unter toxikologischem Aspekt besonders für die Kombination mit Alkohol (Schrör, 1991) (s. 4.4.2.).

4.1.2.1. Blutungskomplikationen

Wiederholter Gebrauch von ASS kann zu einer Verlängerung der Blutungszeit mit hämorrhagischer Diathese infolge Thrombozytenfunktionshemmung führen. Der Effekt ist langanhaltend und vor allem dann problematisch, wenn akute operative Eingriffe nötig sind (Velo u. Milanino, 1990). Eine differenziertere Betrachtung erfordern solche Operationen, bei denen eine ASS-Therapie aus prophylaktischen Gründen (Verhinderung thrombotischer Gefäßverschlüsse) durchgeführt wird, z. B. aorto-koronarer Venenbypass (s. 3.2.2.4.). Ein spezifisches Antidot für ASS steht nicht zur Verfügung.

Neuere Untersuchungen zeigten, daß ein Vasopressin-Antagonist (1-Deamino-8-D-Arginin-Vasopressin) die Blutungszeitverlängerung nach 3-wöchiger ASS Einnahme (500 mg/die) hemmt, vermutlich über eine Verbesserung der Plättchenadhäsion (Lethagen u. Rugarn). Allerdings stehen kontrollierte Studien zu diesem Problem bisher aus (Lethagen u. Rugarn, 1992).

4.1.2.2. Schwangerschaft und fetale Entwicklung

Prostaglandine und Schwangerschaft: Prostaglandine sind physiologisch bedeutsame Faktoren für die Tonusregulation der Uterusmuskulatur, insbesondere in der Spätschwangerschaft und unter der Geburt. Außerdem sind vasodilatierende Prostaglandine wichtig für den niedrigen Gefäßwiderstand des Feten (Klockenbusch u. Schrör, 1992) und vermutlich auch für die geringe Thromboseinzidenz im Plazentarkreislauf. Da der fetale Organismus ASS langsamer metabolisiert als der mütterliche (Roubenoff u. Mitarb., 1988), können im fetalen Blut wirksame Salicylat-Konzentrationen länger aufrechterhalten werden.

In einem in der Literatur beschriebenen Fall pränataler Salicylatvergiftung blieb der Salicylat-Serumspiegel des Neugeborenen post-partal noch über einen Zeitraum von fast 20 h unverändert (Earle, 1961).

Daher ist der Ausschluß möglicher toxischer sowie teratogener Effekte von ASS, insbesondere bei (unwissentlicher) Einnahme in der Frühschwangerschaft, von besonderer Wichtigkeit (s. 3.2.5.).

Wehenhemmung: ASS, wie alle anderen Zyklooxygenasehemmer, kann bei Einnahme in der Spätschwangerschaft oder ante partum aufgrund der Prostaglandinsynthese-Hemmung wehenhemmend wirken. Bei Einnahme einer hohen Dosis (>3,2 g/die) über einen Zeitraum von mehr als 6 Monaten kam es zu einer signifikanten Verlängerung der Schwangerschaftsdauer (Lewis u. Schulman, 1973). Entsprechend wurde ASS auch als Tokolytikum bei drohendem Abort eingesetzt (Semchyshyn, 1987). Allerdings ist aufgrund möglicher systemischer Wirkungen (s.o.) sowie des Vorhandenseins besserer therapeutischer Alternativen (z. B. β_2-Sympathomimetika) eine solche Anwendung nicht zu empfehlen.

Eine Kontraktion des Ductus Botalli in utero infolge Hemmung der Prostaglandinsynthese im fetalen Kreislauf wurde für mehrere Zyklooxygenaseinhibitoren, darunter auch „low-dose" ASS (40–80 mg/die) beschrieben. Allerdings traten diese Veränderungen nur bei einem Teil der untersuchten Feten auf (ca. 50%) und waren innerhalb von 12 h nach Absetzen der Substanzen reversibel (Huhta u. Mitarb., 1987). Nach derzeit vorliegenden klinischen Daten zur Prophylaxe der Präklampsie durch ASS scheinen Kontraktionen des Ductus Botalli nicht einzutreten (s. 3.2.5.).

Blutungen: Aufgrund der thrombozytenfunktionshemmenden Wirkung kann ASS bei Feten und Mutter die Hämostase hemmen und dadurch zu Blutungen führen.

Der Einfluß von ASS auf die maternale und fetale Blutungsinzidenz ist perinatal vom Zeitpunkt der Einnahme abhängig. In einer prospektiven Studie wurde bei Einnahme von ASS innerhalb der letzten 5 Tage ante partum eine erhöhte Blutungsinzidenz seitens Mutter und Neugeborenem berichtet. Allerdings war die verwendete Dosis hoch (5–10 g). Dagegen führte in der gleichen Studie Einnahme von 5–15 g ASS an den Tagen 10–6 ante partum nicht zu nachweisbaren Hämostasestörungen, während ASS innerhalb von 12 h ante partum bei der Mutter in vermutlich ähnlicher Dosierung zu Blutungen führte (Stuart u. Mitarb., 1982).

Damit scheint ASS selbst bei dieser extremen Dosierung nur innerhalb eines engen Zeitraums von ca. 1 Woche ante partum das Blutungsrisiko zu erhöhen.

Teratogene Wirkungen: Die bisher vorliegenden epidemiologischen Daten sprechen gegen eine schädigende Wirkung von ASS auf den Feten und die postnatale Entwicklung. So wurde gezeigt, daß bei Einnahme von „low-dose" ASS (um 100 mg/die) im letzten Schwangerschaftsdrittel weder Veränderungen im Plazentargewicht noch fetale Wachstumsverzögerungen eintreten (Trudinger u. Mitarb., 1989). Auch konnte die in einer kleineren retrospektiven Studie geäußerte Vermutung einer negativen Korrelation zwischen der ASS-Einnahme in der Schwangerschaft und IQ im Alter von 4 Jahren (Streissguth u. Mitarb., 1987) in einer großen prospektiven Studie nicht bestätigt werden (Klebanoff u. Berendes, 1988).

Klebanoff u. Berendes untersuchten in einer prospektiven Multizenterstudie den Einfluß einer ASS-Einnahme in der Frühschwangerschaft (1.–20. Woche) auf den IQ im Alter von 4 Jahren. Dabei ergab sich für die Kinder der Frauen mit ASS-Einnahme (10159) ein leicht aber signifikant erhöhter IQ im Vergleich zu Kindern von Frauen (10159), die nach eigenen Angaben kein ASS eingenommen hatten. Eine signifikante Korrelation zwischen ASS-Einnahme und Ausmaß der IQ-Veränderung bestand nicht (Klebanoff u. Berendes, 1988).

Einnahme von ASS in der Frühschwangerschaft (erstes Drittel) führt nach dem Ergebnis einer retrospektiven Studie an über 2000 Kindern mit kongenitalen Herzfehlern nicht zu einem erhöhten Risiko des Auftretens angeborener Herzfehler (Werler u. Mitarb., 1989). Weniger klar sind bisher die Wirkungen von ASS und anderen Salicylaten auf Knorpelgewebe und Knochenwachstum (Velo u. Milanino, 1990).

In einer kürzlich publizierten Übersicht hat Wallenburg (1991) auf dem Hintergrund der zunehmenden Propagierung von „low-dose"-ASS für die Prävention der Präeklampsie (s. 3.2.5.) alle vorliegenden Befunde zu Nebenwirkungen der Substanz in der Schwangerschaft kritisch gewürdigt. Die vorliegenden Daten, insbesondere das „Collaborative Perinatal Project" (Slone u. Mitarb., 1976) an über 44000 Frauen machen einen teratogenen Effekt von ASS bei Einnahme therapeutischer Dosen während der Schwangerschaft unwahrscheinlich. Zu ähnlichen Schlußfolgerungen kamen Roubenoff u. Mitarb. (1988).

Unabhängig von der Bewertung dieser Befunde, sollte aus grundsätzlichen Erwägungen jeder unnötige Arzneimittelgebrauch in der Schwangerschaft unterbleiben. Dies gilt auch für ASS und andere Salicylate.

4.1.2.3. Altersabhängige ASS-Wirkungen

ASS bei älteren Patienten: Unerwünschte Wirkungen einer langdauernden ASS-Behandlung sind vor allem bei älteren Patienten mit eingeschränkter Biotransformation bzw. renaler Elimination zu beachten (s. 2.1.2.). Dies gilt bevorzugt für höhere Dosen, z. B. bei Behandlung von Erkrankungen des rheumatischen Formenkreises, ist aber auch bei Anwendung der Substanz als Antithrombotikum zu berücksichtigen. Klassische Symptome einer beginnenden Überdosierung sind solche seitens des ZNS. Hierzu gehört eine bilaterale Hörstörung bzw. Tinnitus (s. 4.3.3.) sowie eventuell eine Enzephalopathie, Verwirrtheit, motorische Sprachstörungen, Halluzinationen, Änderung der Stimmungslage u.a. (Iobst u. Mitarb., 1989). Subjektiv, vom Patienten kaum beachtet, da nicht schmerzhaft oder anderweitig unangenehm, aber objektiv nicht unproblematisch sind (Mikro)blutungen im Magen-Darm-Trakt (s. 4.3.1.). Daher werden gerade beim älteren Patienten unter ASS regelmäßige Kontrollen auf Mikroblutungen (z. B. okkultes Blut im Stuhl) sowie Kontrollen der Nierenfunktion empfohlen (Durnas u. Cusack, 1992).

Eine umfassende, kontrollierte prospektive Untersuchung über Nebenwirkungen von ASS bei unkontrolliertem Langzeitgebrauch durch ältere Patienten stammt von Paganini-Hill u. Mitarb. (1989).

In dieser Studie wurden insgesamt 13987 ältere Bewohner einer Siedlung in der Nähe von Los Angeles (Durchschnittsalter 73 Jahre) nach ihren ASS-Einnahmegewohnheiten befragt und diese über 6,5 Jahre bzw. bis zum Eintreten eines akuten Ereignisses verfolgt. Primäre Endpunkte waren Tod oder stationäre Aufnahme in ein Krankenhaus. Studienteilnehmer waren 8881 Frauen und 5106 Männer.

Tägliche Einnahme von ASS erhöhte signifikant die Häufigkeit von Nieren-Karzinomen bei Männern, nicht-signifikant bei Frauen. Bei beiden Geschlechtern kam es zu einer Zunahme von Kolonkarzinomen. Das Risiko eines akuten Myokardinfarkts war tendenziell bei Männern reduziert und das Risiko eines Schlaganfalls tendenziell erhöht. Beide Veränderungen waren nicht signifikant. Dagegen kam es nach Ausschluß der Studienteilnehmer mit Myokardinfarkt, Schlaganfall oder anamnestischer Angina pectoris zu einer erheblichen (Verdoppelung) Zunahme des Risikos einer ischämischen Herzkrankheit für beide Geschlechter. Diese Veränderungen wurden ausschließlich bei Studienteilnehmern festgestellt, die nach eigenem Bekunden täglich oder „mehrmals" täglich ASS einnahmen, dagegen nicht bei Teilnehmern, die weniger häufig als täglich ASS zu sich nahmen (Paganini-Hill u. Mitarb., 1989).

Bei der Bewertung dieser Untersuchung ist zu berücksichtigen, daß keine Angaben bezüglich Dosis und Gesamtdauer der ASS-Einnahme gemacht wurden, keine Unterschiede zwischen verschiedenen ASS-Zubereitungen und keine objektive Validierung der anamnestischen Daten möglich war. Auch traten in dieser Studie keine signifikanten Effekte in irgendeinem der untersuchten Parameter bei Studienteilnehmern auf, die zwar regelmäßig, aber weniger häufig als täglich (einmal oder mehrmals) ASS einnahmen.

Trotz dieser Einschränkungen ist diese Studie ohne Frage von großem epidemiologischen Interesse für die Geriatrie. Sie ist außerdem ein weiteres Argument gegen eine unkontrollierte prophylaktische Anwendung von ASS bei der primären Prävention kardiovaskulärer Erkrankungen (s. 3.2.1.). Allerdings wurden für den prospektiven Gebrauch von ASS durch jüngere Personen (Durchschnittsalter 57 Jahre) positive Ergebnisse, d. h. eine Reduktion der Mortalität an Kolonkarzinomen, gefunden (s. 3.3.1.).

Eine Erhöhung des Risikos von Nierenkarzinomen (Nierenbecken, Ureteren) nach Einnahme von ASS- und Koffein-enthaltenden Analgetika (mehr als 30 Tage pro Jahr) wurde retrospektiv auch in einer anderen Studie gefunden. Allerdings war bei Vergleich von ASS mit anderen potentiellen Risikofaktoren kontinuierliches Zigarettenrauchen mit dem größten Risiko behaftet (Ross u. Mitarb., 1989).

4.1.2.4. Lebertoxizität

Salicylate können bei längerdauernder Einnahme höherer Dosen (Salicylatplasmaspiegel von 100−350 µg/ml) zu einer dosisabhängigen Leberschädigung führen (Zimmermann, 1981). Diese geht einher mit Transaminasenanstieg, eventuell einer Hemmung der Prothrombinbildung mit (zusätzlicher) Verlängerung der Blutungszeit (Meyer u. Mitarb., 1943) und ist ansonsten in der Regel symptomlos. Die Funk-

tionsstörung beruht auf dem Salicylatanteil der Substanz und ist nach Absetzen innerhalb einiger Tage voll reversibel (Kanada u. Mitarb., 1978). Ursache ist vermutlich eine Entkoppelung der oxidativen Phosphorylierung in den Hepatozyten (s. 2.2.3.). Bei langjähriger Einnahme hoher ASS-Dosen (3−6 g/die) kann es zur Akkumulation von freien Fettsäuren und Neutralfetten kommen, Ausdruck einer reduzierten β-Oxidation im Hepatozyten (Rabinowitz u. Mitarb., 1992).
Hepatotoxizität gehört dagegen nicht zu den typischen Zeichen einer akuten ASS-Überdosierung oder Intoxikation. Hierin unterscheidet sich ASS von Parazetamol und anderen antipyretischen Analgetika (Zimmermann, 1981). Eine völlig andere Ätiologie haben der schwere Leberschaden und die Enzephalopathie beim Reye-Syndrom (s. 4.2.3.) und eventuell (anderen) Virusinfektionen (Cersosimo u. Matthews, 1987).

Zusammenfassung: Dosisabhängige systemische Nebenwirkungen von ASS bei wiederholter Anwendung betreffen vor allem den Magen-Darm-Trakt (s. 4.3.1.), die Niere (s. 4.3.2.) und den Gehörsinn (s. 4.3.3.). Hinzu kommen (pseudo)allergische Nebenwirkungen an Haut, Schleimhaut und Lunge (s. 4.2.1, 4.2.2.). ASS-Einnahme während der Schwangerschaft kann über die Prostaglandinsynthesehemmung zu einer (reversiblen) Konstriktion fetaler Gefäße führen, Gefahr einer spezifischen Organschädigung für den Feten besteht nach derzeitigen Kenntnissen nicht. Bei älteren Patienten mit eingeschränkter Biotransformation bzw. renaler Elimination sind Nebenwirkungen infolge (relativer) Überdosierung eher wahrscheinlich. Eine signifikante Hepatotoxizität besteht für ASS nicht.

Literatur 4.1.2.

Cersosimo, R.J., S.J. Matthews: Hepatotoxicity associated with choline magnesium trisalicylate: case report and review of salicylate-induced hepatotoxicity. Drug Intell. Clin. Pharm. 21 (1987) 621

Durnas, Ch., B.J. Cusack: Salicylate intoxication in the elderly. Recognition and recommendations on how to prevent it. Drugs & Aging 2 (1992) 20

Earle. R.: Congenital salicylate intoxication − report of a case. New Engl. J. Med. 265 (1961) 1003

Huhta, J.C., K.J. Moise, jr., S. Sharif: Human fetal ductus arteriosus constriction from nonsteroidal antiinflammatory drugs. Am. J. Cardiol. 60 (1987) 643

Iobst, W.F., C.R. Bridges, M.G. Regan-Smith: Antirheumatic agents: CNS toxicity and its avoidance. Geriatrics 44 (1989) 95

Kanada, S.A., W.M. Kolling, B.I. Hindin: Aspirin hepatotoxicity. Am. J. Hosp. Pharm. 35 (1978) 330

Klebanoff, M.A., H.W. Berendes: Aspirin exposure during the 1st 20 weeks of gestation and IQ at 4 years of age. Teratology 37 (1988) 249

Klockenbusch, W., K. Schrör: Evidence that prostacyclin rather than nitric relaxes human umbilical artery in vitro. Eur. J. Obstetr. Gynaecol. (1992) (in press)

Lethagen, S., P. Rugarn: The effect of DDAVP and placebo on platelet function and prolonged bleeding time induced by oral acetyl salicylic acid intake in healthy volunteers. Thromb. Haemostasis 67 (1992) 185

Lewis, R.B., J.D. Schulman: Influence of acetylsalicylic acid, an inhibitor of prostaglandin synthesis, on the duration of gestation and labour. Lancet II (1973) 1159

Meyer, O.O., B. Howard: Production of hypoprothrombinemia and hypocoagulability of the blood with salicylates. Proc. Soc. Exp. Biol. Med. 53 (1943) 234

Paganini-Hill, A., A. Chao, R.K. Ross, B.E. Henderson: Aspirin use and chronic diseases: a cohort study of the elderly. Br. Med. J. 299 (1989) 1247

Rabinowitz, J.L., D.G. Baker, Th.G. Villanueva, A.P. Asanza, D.M. Capuzzi: Liver lipid profiles of adults taking therapeutic doses of aspirin. Lipids 27 (1992) 311

Ross, R.K., A. Paganini-Hill, J. Landolph, V. Gerkins, B.E. Henderson: Analgesics, cigarette smoking, and other risk factors for cancer of the renal pelvis and ureter. Cancer Res. 49 (1989) 1045

Roubenoff, R., J. Hoyt, M. Petri, M.C. Hochberg, D.B. Hellmann: Effects of antiinflammatory and immunosuppressive drugs on pregnancy and fertility. Semin. Arthritis Rheum. 18 (1988) 88

Russell, A.S., R.A. Sturge, M.A. Smith: Serum transaminases during salicylate therapy. Brit. Med. J. 2 (1971) 428

Schrör, K.: Toxic influences on platelet function. Arch. Toxicol. Suppl. 14 (1991) 147

Semchyshyn, S.: Aspirin use in the prevention of preterm births. Clin. Exp. Hypertens. 6 (1987) 242

Slone, S., V. Siskind, O.P. Heinonen u. Mitarb..: Aspirin and congenital malformations. Lancet 1 (1976) 1373

Streissguth, A.P., R.P. Treder, H.M. Barr, T.H. Shepard, W.A. Bleyer: Aspirin and acetaminophen use by pregnant women and subsequent child IQ and attention decrements. Teratology 35 (1987) 211

Stuart, M.J., S.J. Gross, H. Elrad, J.E. Graeber: Effects of acetylsalicylic acid ingestion on maternal and neonatal hemostasis. New Engl. J. Med. 307 (1982) 909

Trudinger, B.J., C.M. Cook, W.B. Giles, A.J. Connelly, R.S. Thompson: Low dose aspirin and twin pregnancy. Lancet II (1989) 1214

Velo, G.P., R. Milanino: Nongastrointestinal adverse reactions to NSAID. J. Rheumatol. Suppl. 20, 17 (1990) 42

Wallenburg H.C.S.: Azetylsalicysäure und Schwangerschaftshypertonie. Gynäkologe 24 (1991) 183

Werler, M.M, A.A. Mitchell, S. Shapiro: The relation of aspirin use during the 1st trimester of pregnancy to congenital cardiac defects. New Engl. J. Med. 321 (1989) 1639

Werler, M.M., A.A. Mitchell, S. Shapiro: The relation of aspirin use during the first trimester of pregnancy to congenital cardiac defects. Obstet. Gynecol. Surv. 45 (1990) 458

Zimmermann, H.J.: Effects of aspirin and acetaminophen on the liver. Arch. Int. Med. 141 (1981) 333

4.2. Nicht-dosisabhängige, (pseudo)allergische Reaktionen auf ASS

Unerwünschte Wirkungen von ASS aufgrund einer pathologischen Immunreaktion sind extrem selten und hinsichtlich des Entstehungsmechanismus häufig unklar. Neben dem Reye-Syndrom mit seinem allenfalls statistischen Zusammenhang zu ASS (s. 4.2.3.) wurde auch in sehr seltenen Fällen über eine allergische Plättchenfunktionsstörung nach ASS berichtet (s. Schrör, 1991). Sehr selten sind auch allergische Reaktionen an Haut und Schleimhäuten (Urtikaria, Angioödem). Der bekannteste Manifestationsort einer pseudoallergischen Reaktion auf ASS sind die Atemwege (Rhinokonjunktivitis, Bronchospasmus).

4.2.1. „Analgetika-Asthma" (M. Samter)

Analgetika-Asthma zeigt ein klinisches Reaktionsmuster, das eine allergische Reaktion vom Soforttyp nahelegt. Allerdings konnten trotz intensiver Bemühungen keine spezifischen Antikörper gegen ASS nachgewiesen werden (Schlumberger, 1980). Der im einzelnen noch nicht geklärte Pathomechanimus beinhaltet wahrscheinlich eine Störung im Arachidonsäurestoffwechsel mit einer Kreuzreaktivität gegenüber anderen Zyklooxygenasehemmern und beruht nicht auf einer pathologischen Immunreaktion gegenüber ASS (s. Szczeklik u. Mitarb., 1991). Daher sollte der noch häufig verwendete Begriff „Aspirin-sensitives Asthma" besser durch „Analgetika-Asthma" ersetzt werden.

Symptome: Bei einem kleinen Anteil (10%) von erwachsenen Asthmatikern führen ASS und andere Zyklooxygenasehemmer zu einem typischen Symptomenkomplex: Flush, Schwellung der Nasenschleimhaut, Lidödem und Bronchospasmus. Diese Symptomatik beginnt innerhalb von 20 min−3 h nach ASS-Einnahme (Samter u. Beers, 1968). Die Anfälle können lebensbedrohend sein und nach allen Zyklooxygenasehemmern eintreten (Szczeklik u. Mitarb., 1991; Picado u. Mitarb., 1989).

Ätiologie und Pathogenese: 1975 entwickelten Szczeklik u. Mitarb. die „Zyklooxygenasetheorie" des Analgetika-Asthmas, nachdem sie erstmals zeigen konnten, daß der Schweregrad der ASS-Intoleranz mit dem Ausmaß der Zyklooxygenasehemmung korreliert ist. Sicher zu sein scheint, daß die Symptomatik durch die Freisetzung von bronchospastischen und permeabilitätssteigernden Mediatoren (Peptid-Leukotriene, Histamin u.a.) hervorgerufen oder zumindest verstärkt wird. Hierzu können auch pathologische Immunreaktionen beitragen (Mullarkey u. Mitarb., 1986).

Beide heute bevorzugten Theorien des Analgetika-Asthmas gehen von einer Pathologie des Arachidonsäurestoffwechsels aus. Eine primäre Störung des Arachidonsäurestoffwechsels über den Zyklooxygenaseweg könnte zu einer reduzierten Bildung inhibitorischer Prostaglandine (PGE_2) führen (Szczeklik u. Mitarb., 1991). Dies induziert eine Folge von Sekundärreaktionen, wie Erhöhung des Substratangebotes für die Leukotrienbildung, eventuell kombiniert mit einer Hyperreaktivität der Bronchialmuskulatur gegenüber diesen Mediatoren (Arm u. Mitarb., 1989) sowie gesteigerter Bildung und Freisetzung anderer bronchospastischer Mediatoren (Histamin, Peptid-Leukotriene, $PGF_{2\alpha}$, Bradykinin) u.a. (Ortolani u. Mitarb., 1987; Lang u. Mitarb., 1988; Williams u. Mitarb., 1990). Alternativ wird angenommen, daß Leukotriene in Verbindung mit bronchialer Hyperreaktivität zwar die typische Symptomatik bewirken, aber kein direkter Zusammenhang zur Bildung von Zyklooxygenasemetaboliten besteht (Knapp u. Mitarb., 1992).

Für den Bronchospasmus beim atopischen Asthma spielt neben Histamin das Zyklooxygenaseprodukt PGD_2 aus Mastzellen eine wichtige Rolle (Hardy u. Mitarb.). Auch für das Analgetika-Asthma läßt sich eine Aktivierung von Mastzellen anhand von zellspezifischen Markern im Plasma nachweisen (Bosso u. Mitarb.). Die PGD_2-Bildung in Mastzellen beim Analgetika-Asthma wird durch ASS nicht gehemmt und die Bildung und Freisetzung von Peptidleukotrienen und Histamin gesteigert (Ortolani u. Mitarb.; Bosso u. Mitarb.; Picado u. Mitarb.). Damit ist auch für das Analgetika-Asthma die Bildung und Freisetzung von bronchospastischen und permeabilitätssteigernden Mediatoren aus Mastzellen entscheidend (Hardy u. Mitarb., 1984; Ortolani u. Mitarb., 1987; Bosso u. Mitarb., 1991; Picado u. Mitarb., 1992).

Diskutiert wird auch eine generelle Störung der ASS-Metabolisierung bei prädisponierten Personen. So wurde bei ASS-sensitiven Asthmatikern und Patienten mit Urtikaria im Vergleich zu Gesunden eine erheblich geringere ASS-Esteraseaktivität (s. 2.1.2.) im Plasma gefunden (Williams u. Mitarb., 1987) sowie eine signifikant gestörte Bindungskapazität der Plasmaproteine für Salicylate (Maehira u. Mitarb., 1990). Allerdings läßt sich mit diesen Befunden die Kreuzreaktivität von ASS mit anderen Zyklooxygenasehemmern nicht erklären.

ASS vs. andere Salicylate: In der Originalbeschreibung des Analgetika-Asthmas wiesen Samter u. Beers (1968) bereits darauf hin, daß die Unverträglichkeit gegenüber

ASS nicht auf dem Salicylsäureanteil beruht, da Salicylsäure selbst bei diesen Patienten keine allergenen Wirkungen zeigt. Dagegen findet sich typischerweise eine Kreuzreaktivität zu anderen Zyklooxygenaseinhibitoren (s.o.). Eine Kreuzsensibilisierung, z. B. gegenüber Salsalat (2 von 10 ASS-sensitiven Asthmatikern) (Schrank u. Mitarb., 1988) scheint mit der (schwachen) Zyklooxygenasehemmung durch diese Substanz im Zusammenhang zu stehen. Keine Kreuzsensitivität wurde in kontrollierten Studien für Na-Salicylat (Samter u. Beers, 1968), Salicylamid (Szczeklik u. Mitarb., 1975) oder Cholin-Magnesium-Trisalicylat (Szczeklik u. Mitarb., 1990) beobachtet. Auch reagiert die Mehrzahl der Patienten ($\geq$90%) nicht mit einem Asthmaanfall auf therapeutische Dosen ($\geq$1g) von Parazetamol (Szczeklik u. Mitarb., 1991).

Veränderungen im Arachidonsäurestoffwechsel der Thrombozyten: Allergen-Stimulation führt bei Asthmatikern mit atopischem Asthma zu einer Aktivierung des Arachidonsäurestoffwechsels auch im Thrombozyten mit Stimulation der Thromboxanbildung. Hemmung der Thromboxanbildung durch ASS hat keinen Effekt auf den Bronchospasmus nach Allergeninhalation, so daß Thromboxan A_2 aus Thrombozyten für den Bronchospasmus beim atopischen Asthma keine Rolle spielt (Lupinetti u. Mitarb., 1989).

Auch bei ASS-sensitiven Asthmatikern sind die pathologischen Veränderungen im Arachidonsäurestoffwechsel nicht auf die Lunge beschränkt. Die renale Thromboxan-Ausscheidung ist erhöht (Knapp u. Mitarb., 1987). Für Thrombozyten wurde eine reduzierte Glutathion-Peroxidase-Aktivität gefunden und daraus auf eine erhöhte Bildung von toxischen Sauerstoffmetaboliten geschlossen (Pearson u. Suarezmendez, 1990). Dagegen führte nach Befunden von Nizankowska u. Mitarb. (1988) ASS bei ASS-sensitiven Asthmatikern zu keiner Störung des thrombozytären Arachidonsäurestoffwechsels. Auch die negativen Ergebnisse mit Prostazyklin sprechen gegen eine Beteiligung von Thrombozyten beim Analgetika-Asthma.

Veränderungen im Arachidonsäurestoffwechsel der Leukozyten: Leukozyten (Mastzellen, Eosinophile, Makrophagen) sind die quantitativ bedeutsamsten Orte der Leukotrienbildung in der Lunge. Leukozytenfunktionen werden durch PGE_2 gehemmt. Hemmung der Bildung von PGE_2, d. h. Wegfall eines endogenen Inhibitors der IgE-induzierten Zellstimulation nach Blockade des Zyklooxygenaseweges, würde damit die Entstehung eines Asthmaanfalls fördern. In Übereinstimmung mit dieser Auffassung ist die renale Leukotrien-Ausscheidung nach ASS-Einnahme (100 mg) bei ASS-intoleranten Personen bis zu 7-fach höher als bei Personen ohne ASS-Intoleranz (Christie u. Mitarb., 1990; Knapp u. Mitarb., 1992). Allerdings besteht für ASS keine Dosisabhängigkeit zwischen Zunahme der Leukotriensynthese und Schweregrad des Bronchospasmus. Dies spricht für Peptidleukotriene als bronchospastische Wirkstoffe, aber gegen einen „shunt" des Arachidonsäurestoffwechsels von Zyklooxygenase- zu Lipoxygenaseprodukten (Knapp u. Mitarb., 1992). Das wohl stärkste Argument für eine pathophysiologische Funktion von Peptidleukotrienen ist die erfolgreiche Behandlung des Anfalls durch einen selektiven Antagonisten von Peptidleukotrienrezeptoren (Christie u. Mitarb., 1991). Allerdings war die Hemmung des Bronchospasmus unvollständig (47%) und trat nur bei einem Teil der Patienten ein.

Interessant ist in diesem Zusammenhang auch eine neuere Virushypothese des Analgetika-Asthmas. Dabei wird angenommen, daß eine chronische Virusinfektion des Respirationstrakts zur Bildung von Zytotoxinen durch Lymphozyten führt. Diese Aktivität wird durch PGE_2 antagonisiert. Nach Hemmung der PGE_2-Bildung werden zytotoxische Lymphozyten wieder aktiviert und können die virusinfizierten Zellen des Respirationstrakts befallen (Szczeklik u. Mitarb., 1991).

Gegen diese Auffassung spricht, daß eine PGE_2-Infusion zwar das Auftreten des Analgetika-Asthmas reduziert, aber nicht den Schweregrad des Anfalls (Knapp u. Mitarb., 1987). Auch führt eine Hemmung der PGE_2-Bildung bei ASS-sensitiven Asthmatikern im Anfall nicht zu einem erhöhten Leukotrienspiegel im Nasensekret (Ferreri u. Mitarb., 1988).
Therapie: Die Therapie besteht im Vermeiden von Allergenen, Vermeiden von Zyklooxygenaseinhibitoren sowie ggf. einer Behandlung der Entzündung der oberen Luftwege, Gabe von Bronchodilatatoren, Expektorantien und, falls nötig, Kortikosteroiden (Zeitz, 1988). Eine Desensibilisierung gegenüber ASS kann durchgeführt und kontinuierlich aufrechterhalten werden, wobei auch eine Resistenz gegenüber anderen Zyklooxygenasehemmern eintritt (Slepian u. Mitarb., 1985; Morassut u. Mitarb., 1989; Sweet u. Mitarb., 1990).

Zur Desensibilisierung erhalten Asthmatiker unter sorgfältiger ärztlicher Kontrolle ASS in 4–8 steigenden Dosierungen im Abstand von jeweils 2–3 Stunden. Die Initialdosis sollte eine Schwellendosis sein, die zu geringen Nebenwirkungen führt. Die Desensibilisierung wird beendet, wenn eine Einzeldosis von 600 mg ASS gut vertragen wird. Der ASS-refraktäre Zustand hält für 2–5 Tage an und kann über Monate hinweg aufrechterhalten werden, wenn eine tägliche ASS-Gabe (600 mg) erfolgt. Die Grundkrankheit wird dadurch nicht beeinflußt: Hyperreaktives Bronchialsystem und entsprechende Reaktionen auf cholinerge (Methacholin) oder histaminerge Stimulation bleiben unverändert (Szczeklik u. Mitarb., 1991).

Der Mechanismus der Desensibilisierung ist nicht im einzelnen bekannt. Die Wiederkehr der Hyperreaktivität im Verlauf einiger Tage spricht für eine Neusynthese von Enzymprotein nach irreversibler Zyklooxygenasehemmung durch ASS. Eine „down-Regulation" der Rezeptoren für Peptid-Leukotriene (z. B. LTE_4) wird ebenfalls diskutiert (Arm u. Mitarb., 1989). Pharmakotherapeutische Alternativen bei erforderlicher analgetisch-antiphlogistischer Therapie sind Parazetamol in niedriger Dosierung (≤1 g) bzw. andere Salicylate ohne Zyklooxygenase-hemmende Wirkung. Eine Verträglichkeitsprüfung unter ärztlicher Kontrolle ist anzuraten, vor allem bei Parazetamol.

Zusammenfassung: „Analgetika-Asthma" („Aspirin-sensitives Asthma") ist eine pseudo-allergische Erkrankung des Respirationstrakts mit Schleimhautschwellungen, „flush", Lidödem und Bronchospasmus. Die Symptomatik tritt bei etwa 10% der (erwachsenen) Asthmatiker auf. Es besteht eine Kreuzsensitivität zwischen ASS und allen anderen Zyklooxygenasehemmern. Keine Kreuzsensitivität besteht gegenüber Salicylaten, die die Prostaglandinsynthese nicht hemmen.
Ätiologie und Pathogenese sind unklar, eine Störung im Zyklooxygenasestoffwechsel der Arachidonsäure mit vermehrter Leukotrienbildung und/oder -wirkung ist wahrscheinlich. Ebenso eine Freisetzung von Histamin aus Mastzellen. Die Therapie ist symptomatisch. Eine gezielte Desensibilisierung ist möglich, alternativ ein Ausweichen auf andere Salicylate oder Parazetamol. Eine Verträglichkeitstestung ist vorher zu empfehlen.

Literatur 4.2.1.

Arm, J.P., S.P. Ohickey, B.W. Spur, T.H. Lee: Airway responsiveness to histamine and leukotriene-E_4 in subjects with aspirin-induced asthma. Am. Rev. Resp. Dis. 140 (1989) 148

Bosso, J.V., L.B. Schwartz, D.D. Stevenson: Tryptase and histamine release during aspirin-induced respiratory reactions. J. Allergy Clin. Immunol. 88 (1991) 830

Christie, P.E., P. Tagari, A.W. Ford-Hutchinson, S. Charlesson, P. Chee: Urinary leukotriene E_4 concentrations increase in asthmatic attacks induced by aspirin. Eur. Resp. J. Suppl. 10, 3 (1990) 123S

Christie, P.E., C.M. Smith, T.H. Lee: The potent and selective sulfidopeptide leukotriene antagonist, SK&F 104353, inhibits aspirin-induced asthma. Ann. Rev. Resp. Dis. 144 (1991) 957

Ferreri, N.R., W. C. Howland, D.D. Stevenson, H.L. Spiegelberg: Release of leukotrienes, prostaglandins and histamine into nasal secretions of aspirin-sensitive asthmatics during reaction to aspirin. Am. Rev. Respir. Dis. 137 (1988) 847

Hardy, C.C., C. Robinson, A.E. Tattersfield, S.T. Holgate: The bronchoconstrictor effect of inhaled prostaglandin D_2 in normal and asthmatic men. New Engl. J. Med. 311 (1984) 209

Huhta, J.C., K.J. Moise jr., S. Sharif: Human fetal ductus arteriosus constriction from nonsteroidal antiinflammatory drugs. Am. J. Cardiol. 60 (1987) 643

Knapp, H.R., J.R. Sheller, S.R. Marney, J.A. Oates, G.A. FitzGerald: Cyclooxygenase products and aspirin-induced asthma. Clin. Res. 35 (1987) A376

Knapp, H.R., K. Sladek, G.A. FitzGerald: Increased excretion of leukotriene E_4 during aspirin-induced asthma. J. Lab. Clin. Med. 119 (1992) 48

Kumar, P., C. Bryan, D. Hwang, P. Kadowitz, B. Butcher: Allergic Rhinitis relieved by aspirin and other nonsteroidal anti-inflammatory drugs. Ann. Allergy 60 (1988) 419

Lang, D.M., S.C. Christiansen, D.D. Stevenson, S.L. Sugimoto, B.L. Zuraw: Plasma high molecular weight kininogen (HMWK) is cleaved in aspirin (ASA) sensitive asthmatic patients during aspirin challenge. J. Allergy Clin. Immunol. 81 (1988) 192

Lupinetti, M.D., J.R. Sheller, F. Catella, G.A. FitzGerald: Thromboxane biosynthesis in allergen-induced bronchospasm: evidence for platelet activation. Am. Rev. Respir. Dis. 140 (1989) 932

Maehira, F., F. Nakada, K. Hirayamna: Alteration of salicylate binding to serum protein in allergic subjects. Clin. Physiol. Biochem. 8 (1990) 322

Morassut, P., W. Yang, J. Karsh: Aspirin intolerance. Semin. Arthritis Rheum. 19 (1989) 22

Mullarkey, M.F., Thomas, P.S., Hansen, J.A., Webb, D.R., Nisperos, B.: Association of aspirin-sensitive asthma with HLA-DQw$_2$. Am. Rev. Resp. Dis. 133 (1986) 261

Nizankowska, E., Z. Michalska, M. Wandzilak, M. Radomski, E. Marczinkiewicz, R.J. Gryglewski, A. Szczeklik: An abnormality of arachidonic acid metabolism is not a generalized phenomenon in patients with aspirin-induced asthma. Eicosanoids 1 (1988) 45

Ortolani, C., C. Mirone, A. Fontana, G.C. Folco, A. Miadonna: Study of mediators of anaphylaxis in nasal wash fluids after aspirin and sodium metabisulfite nasal provocation in intolerant rhinitic patients. Ann. Allergy 59 (1987) 106

Pearson, D.J., V.J. Suarezmendez: Abnormal platelet hydrogen-peroxide metabolism in aspirin hypersensitivity. Clin. Exp. Allergy 20 (1990) 157

Picado, C., J.A. Castillo, J.M. Montserrat, A. Agusti-Vidal: Aspirin-intolerance as a precipitating factor of life threatening attacks of asthma requiring mechanical ventilation. Eur. Respir. J. 2 (1989) 127

Picado, C., I. Ramis, J. Rosello, J. Prat, O. Bulbena, V. Plaza, J.M. Montserrat, E. Gelpi: Release of peptide leukotrienes into nasal secretions after local instillation of aspirin in aspirin-sensitive asthmatic patients. Am. Rev. Resp. Dis. 145 (1992) 65

Samter, M., R.F. Beers: Intolerance to aspirin. Clinical studies and consideration of its pathogenesis. Ann. Int. Med. 68 (1968) 975

Schlumberger, H.D.: Drug-induced pseudo-allergic syndrome as exemplified by acetylsalicylic acid intolerance. In: Pseudo-allergic Reactions. Involvement of Drugs and Chemicals. (edited by Dukor, P., P. Kallos, H.D. Schlumberger, G.B. West) Karger, Basel, pp. 125–203 (1980)

Schrank, P.J., A.J. Hougham, M.B. Goldlust, R.R. Wilson: Salsalate cross sensitivity in aspirin-sensitive asthmatics. J. Allergy Clin. Immunol. 81 (1988) 181

Schrör, K.: Toxic influences on platelet function. Arch. Toxicol. Suppl. 14 (1991) 147

Slepian, I.K., K.P. Mathews, J.A. McLean: Aspirin-sensitive asthma. Chest 87 (1985) 386

Stevenson, D.D., P.J. Schrank, A.J. Houghham, M.B. Goldlust, R.R. Wilson: Salsalate cross-reactivity in aspirin-sensitive asthmatics. J. Allergy Clin. Immunol. 81 (1988) 181

Sweet, J.M., D.D. Stevenson, R.A. Simon, D.A. Mathison: Long- term effects of aspirin desensitization − treatment for aspirin sensitive rhinosinusitis asthma. J. Allergy Clin. Immunol. 85 (1990) 59

Szczeklik, A., R.J. Gryglewski, G. Czerniawska-Mysik: Relationship of inhibition of prostaglandin biosynthesis by analgesics to asthma attacks in aspirin-sensitive patients. Br. Med. J. 1 (1975) 67

Szczeklik, A., E. Nizankowska, R. Dworski: Choline magnesium trisalicylate in patients with aspirin induced asthma. Eur. Resp. J. 3 (1990) 535

Szczeklik, A., C. Virchow, M. Schmitz-Schumann: Pathophysiology and Pharmacology of aspirin-induced asthma. In: Pharmacology of Asthma, edited by C.P. Page, P.J. Barnes. Springer-Verlag, Berlin-Heidelberg (1991)

Williams, F.M., S.I. Asad, M.H. Lessof, M.D. Rawlins: Plasma esterase activity in patients with aspirin-sensitive asthma or urticaria. Eur. J. Clin. Pharmacol. 33 (1987) 387

Williams, W.R., A. Pawlowicz, B.H. Davies: In vitro tests for the diagnosis of aspirin sensitive asthma. J. Allergy Clin. Immunol. 86 (1990) 445

Williams, W.R., A. Pawlowicz, B.H. Davies: Aspirin-sensitive asthma: Significance of the cyclooxygenase-inhibiting and protein-binding properties of analgesic drugs. Int. Arch. Allergy Appl. Immunol. 95 (1991) 303

Zeitz, H.J.: Bronchial asthma, nasal polyps, and aspirin sensitivity − Samter's syndrome. Clin. Chest. Med. 9 (1988) 567

4.2.2. Angioödem, Urtikaria und Lyell-Syndrom

Angioödem und Urtikaria: Ein ASS-induziertes Angioödem und Urtikaria sind ASS-Nebenwirkungen mit möglicher Verwandtschaft zum Analgetika-Asthma. ASS-Gabe führt bei diesen Patienten zu typischen allergischen Veränderungen an Haut und Schleimhäuten (Urtikaria, Juckreiz, Lidödeme, gesteigerte Schleimsekretion, Übelkeit u.a.). Dabei fällt der Plasma-Histaminspiegel ab, vermutlich infolge einer Suppression der Mastzell- oder Basophilen-Aktivierung durch ASS. Dieser Effekt ist nach Desensibilisierung nicht mehr nachweisbar (Asad u. Mitarb., 1987). Auch hier besteht eine Kreuzreaktivität zu anderen Zyklooxygenasehemmern, z. B. Indometazin, und auch hier gelingt eine Desensibilisierung der Patienten (Asad u. Mitarb., 1987; Grzelewska-Rzymowska u. Mitarb., 1988).
Die molekularen Ursachen dieser Hypersensitivität sind nicht bekannt. Neben den bereits im Zusammenhang mit dem Analgetika-Asthma diskutierten Mechanismen (s. 4.2.1.) wurde auch eine reduzierte Salicylatbindung an Plasmaproteine bei Allergie gezeigt (Maehiva u. Mitarb., 1991).

Lyell-Syndrom: Schwere systemische allergische Arzneimittelreaktionen, wie Erythema multiforme, Stevens-Johnson-Syndrom und toxische epidermale Nekrolyse (Lyell-Syndrom) sind extrem selten (Guillaume u. Mitarb., 1987). Eine große epidemiologische Studie bei ca. 260000 Patienten in den USA, die im Verlauf von 16 Jahren medikamentös behandelt worden waren, ergab weder für ASS noch für andere nicht-steroidale Antiphlogistika eine erhöhte Inzidenz dieser Erkrankungen (Chan u. Mitarb., 1990).
Zu ähnlichen Ergebnissen kommt eine epidemiologische Studie in Frankreich. Über einen Zeitraum von 5 Jahren wurden insgesamt 333 Fälle von Lyell-Syndrom retrospektiv nachgewiesen. Dies entspricht 1,2 Fällen/Million Einwohner und Jahr. Dies bestätigt das Lyell-Syndrom als eine ausgesprochene seltene Erkrankung, die allerdings in 30% der Fälle tödlich verlief. Auch ASS war unter den aufgeführten Präpa-

raten, für die ein Zusammenhang mit der Erkrankung vermutet wurde. Allerdings war ASS nach einer normierten Auswertung mit einem wesentlich geringeren Risiko behaftet (1,1) als die Vergleichspräparate Oxyphenbutazon (18), Fenbufen (13), Piroxicam (4) und Diclofenac (1,9) (Roujeau u. Mitarb., 1990).

Zusammenfassung: Allergische Reaktionen an Haut und Schleimhäuten (Urtikaria, Angioödem) sind nach ASS beschrieben. Es besteht eine Kreuzreaktivität zu anderen Zyklooxygenasehemmern, so daß eine ähnliche Pathogenese wie für das Analgetika-Asthma naheliegt.
Schwere systemische, allergische Reaktionen (z. B. Lyell- Syndrom) nach Arzneimitteleinnahme sind sehr selten. Für ASS-Gabe wurde kein Zusammenhang zwischen Substanzeinnahme und Auftreten eines Lyell-Syndroms nachgewiesen.

Literatur 4.2.2.

Asad, S.I., R. Murdoch, L.J.F. Youlten, M.H. Lessof: Plasma- level of histamine in aspirin-sensitive urticaria. Ann. Allergy 59 (1987) 219

Chan, H.L., R.S. Stern, K.A. Arndt, J. Langlois, S.S. Jick: The incidence of erythema multiforme, Stevens-Johnson syndrome, and toxic epidermal necrolysis: a population-based study with particular reference to reactions caused by drugs among outpatients. Arch. Dermatol. 126 (1990) 43

Grzelewska-Rzymowska, I., J. Roznlecki, M. Szmidt: Aspirin-'Desensitization' in patients with aspirin-induced urticaria and angio-

oedema. Allergol. Immunopathol. 16 (1988) 305

Guillaume, J.C., J.C. Roujeau, J. Revuz, D. Penso, R. Touraine: The culprit drugs in 87 cases of toxic epidermal necrolysis (Lyell's syndrome). Arch. Dermatol. 123 (1987) 1166

Maehiva, F., F. Nakada, K. Hirayama: Alleration of salicylate binding to serum protein in allergic subjects. Clin. Physiol. Biochem. 8 (1991) 322

Roujeau, J.C., J.C. Guillaume, J.P. Fabre, D. Penso, M.D. Flechet: Toxic epidermal necrolysis (Lyell syndrome): incidence and drug etiology in France, 1981-1985. Arch. Dermatol. 126 (1990) 37

4.2.3. Reye-Syndrom

Im Jahre 1963 beschrieben Reye u. Mitarb. erstmals eine Krankheitssymptomatik bei 21 Kindern, die zwischenzeitlich als „Reye-Syndrom" in die medizinische Terminologie eingegangen ist und eine eigenständige, oft tödlich verlaufende klinische Entität darstellt.

Symptomatik: Das Syndrom tritt typischerweise im Anschluß an einen viralen Infekt (Varizellen, Influenza) der oberen Atemwege oder des Magen-Darm-Trakts auf. Nach vorübergehender Besserung kommt es im Verlauf von Stunden bis Tagen zu einer akuten Verschlechterung der Symptomatik mit Erbrechen, Bewußtseinstrübung, einer Hirndrucksymptomatik und schließlich Koma und Tod an Atemlähmung. Morphologisch lassen sich eine Enzephalopathie mit Hirnödem und Nekrosen von Ganglienzellen nachweisen sowie eine Hepatomegalie als Ausdruck einer toxischen Leberschädigung.

Inzidenz des Reye-Syndroms bei Kindern: Das Syndrom ist insgesamt sehr selten und tritt überwiegend im Kindesalter auf. Die Inzidenz in (West)Deutschland wurde nach dem Ergebnis einer Umfrage an 99 größeren Kinderkliniken auf 0,04—0,05 Erkrankungsfälle auf 100 000 Kinder und Jugendliche unter 18 Jahren abgeschätzt. Dabei verlief etwa die Hälfte der Erkrankungen tödlich (Gladtke u. Schauseil-Zipf, 1987). Dem gegenüber steht eine Inzidenzrate von 0,15 für die gleiche Altersgruppe in einem vergleichbaren Zeitraum in den USA (Arrowsmith u. Mitarb., 1987). Damit ist die Erkrankung in Deutschland erheblich seltener als in den USA, wobei auch die individuelle Einstellung der Patienten(eltern) zu Medikamenten im allgemeinen und ASS im besonderen eine Rolle spielen dürfte. Für europäische Länder (Großbritannien, Dänemark, Spanien und (West)Deutschland) ergab sich nach einer Studie von Gladtke und Schauseil-Zipf (1987) eine mittlere Inzidenz von etwa 0,1 Erkrankung auf 100000 Kinder unter 15 Jahren. Zum Vergleich: Die Wahrscheinlichkeit einer tödlichen Anaphylaxie nach Penicillin wird auf 2 bei 100000 Injektionen abgeschätzt.

Reye-Syndrom bei Erwachsenen: Ein Reye-Syndrom ist bei Erwachsenen noch seltener als bei Kindern.

Weltweit wurden bisher 27 Fälle für das Erwachsenenalter (18–62 Jahre) beschrieben. Infektionen der oberen Luftwege, Magen-Darm-Störungen und eine Grippesymptomatik gingen häufig voraus. Für 10 dieser Patienten wurde ein Salicylatgebrauch berichtet, z.T. kombiniert mit anderen Präparaten. Bei 12 Patienten kam es zu einer restitutio ad integrum, 10 Patienten verstarben (nach Angaben von Van Coster u. Mitarb., 1991).

Ätiologie des Reye-Syndroms: Ein Zusammenhang zwischen einer Virusinfektion (Influenza B, Varizellen) und Auftreten eines Reye-Syndroms scheint gesichert zu sein. Auch ein Zusammenhang zwischen exogenen Noxen und Reye-Syndrom wird seit längerem vermutet. Zu diesen Xenobiotika gehören neben Aflaxtoxin, Insektiziden und Lösungsvermittlern auch Arzneimittel, einschließlich Salicylaten (Heubi u. Mitarb., 1987; Hurwitz u. Mitarb., 1987; Pinsky u. Mitarb., 1988). Eine oder mehrere dieser Noxen führen zu einer Mitochondrienschädigung in der Leber mit Störung des mitochondrialen Stoffwechsels (Heubi u. Mitarb., 1987; Van Coster u. Mitarb., 1991). Diese beinhaltet eine Hemmung der Fettsäureoxidation (s. 4.1.2.4.) mit Bildung und Akkumulation abnormer Fettsäuremetaboliten (Desschamps u. Mitarb., 1991). Diese blockieren den Leberstoffwechsel, insbesondere Glukoneogenese und Harnstoffbildung (Corkey u. Mitarb., 1988). Entsprechend korrelieren auch Hyperammonämie und Hypoglykämie mit dem Schweregrad der Erkrankung.

Reye-Syndrom und Salicylate: Eine kausale Beziehung zwischen Salicylateinnahme und Reye-Syndrom wurde bisher nicht nachgewiesen (s. White, 1987). Allerdings gibt es in den USA und England epidemiologische Befunde, die einen Zusammenhang zwischen der Einnahme antipyretischer Analgetika, vorwiegend Salicylate und dem Auftreten der Erkrankung vermuten lassen (Hall u. Mitarb., 1988; Forsyth u. Mitarb., 1989; Hurwitz, 1989; Porter u. Mitarb., 1990). In den USA wurde auch ein Zusammenhang zwischen Rückgang des Verkaufs von „Kinder"-ASS (1 Tablette enthält 81 mg ASS) und Abnahme der Inzidenz des Reye-Syndroms in einer retrospektiven Studie über 5 Jahre (1980–1985) beschrieben (Arrowsmith u. Mitarb., 1987). Ähnliche Verhältnisse scheinen nach einer Arbeit von Hall u. Mitarb. (1988) auch für Großbritannien zu gelten. Allerdings diskutieren die Autoren in dieser Übersicht sehr kritisch die Problematik einer retrospektiv aufgestellten Korrelation zwischen ASS-Einnahme und Reye-Syndrom. In einem Kommentar zu dieser Arbeit wird darauf hingewiesen, daß fast die Hälfte (40%) der am Reye-Syndrom erkrankten Kinder kein ASS eingenommen hatte (Mowat, 1988). Auch aus epidemiologischen Daten (West)Deutschlands geht hervor, daß 10 von 15 Kindern mit Reye-

Syndrom keinerlei Medikamente vor der Erkrankung eingenommen hatten, 3 Kinder ASS und 2 Kinder Parazetamol (Gladtke u. Schauseil-Zipf, 1987). Für die 7 Todesfälle an Reye-Syndrom in der Schweiz ließ sich nur in 1 Fall eine vorherige Salicylateinnahme dokumentieren (Sengupta u. Mitarb., 1987). Mit Hinweis auf die Gefahr eines Reye-Syndroms sollen bei Kindern und Jugendlichen mit fieberhaften Erkrankungen gemäß Roter Liste von 1992 nur dann ASS und andere Salicylate gegeben werden, wenn andere Maßnahmen nicht wirken.

Zusammenfassung: Das Reye-Syndrom ist eine vorzugsweise bei Kindern im Anschluß an einen viralen Infekt auftretende toxische Schädigung von Leber und ZNS, die bei etwa der Hälfte der Erkrankten tödlich verläuft. Die Erkrankung ist extrem selten. Für (West)Deutschland wurde eine Häufigkeit von 0,04–0,05 Erkrankungen auf 100 000 Kinder und Jugendliche im Alter bis zu 18 Jahren abgeschätzt. Dieser Wert ist etwa 3- bis 4fach geringer als die Erkrankungsinzidenz in den USA.
Ein gesicherter kausaler Zusammenhang zu exogenen Noxen besteht nicht. Dies gilt auch für ASS. Epidemiologische Daten, vorzugsweise aus den USA und Großbritannien, sprechen für einen Zusammenhang zwischen ASS und Reye-Syndrom. Hauptargument ist ein statistisch nachgewiesener Rückgang des Reye-Syndroms nach Verminderung der ASS-Verordnung an (Klein)kinder bzw. dessen Ersatz durch Parazetamol.

Literatur 4.2.3.

Arrowsmith, J.B., D.L. Kennedy, J.N. Kuritsky, G.A. Faich: National patterns of aspirin use and Reye syndrome reporting, United States, 1980 to 1985. Pediatrics 79 (1987) 858

Corkey, B.E., D.E. Hale, M.C. Glennon, R.I. Kelley, P.M. Coates: Relationship between unusual hepatic acyl coenzyme – a profile and the pathogenesis of Reye syndrome. J. Clin. Invest. 82 (1988) 782

Desschamps, D., C. Fisch, B. Fromenty, A. Berson, C. Degott, D. Pessayre: Inhibition by salicylic acid of the activation and thus oxidation of long chain fatty acids – possible role in the development of Reye's syndrome. J. Pharmacol. Exp. Ther. 259 (1991) 894

Forsyth, B.W., R.I. Horwitz, D. Acampora, E.D. Shapiro, C.M. Viscoli: New epidemiologic evidence confirming that bias does not explain the aspirin/Reye's Syndrome association. JAMA 261 (1989) 2517

Gladtke, E., U. Schauseil-Zipf: Reye's syndrome. Monatsschr. Kinderheilk. 135 (1987) 699

Hall, S.M., P.A. Plaster, J.F.T. Glasgow, P. Hancock, A.P. Mowat: Preadmission antipyretics in Reye's syndrome. Arch. Dis. Childh. 63 (1988) 857

Heubi, J.E., J.C. Partin, J.S. Partin, W.K. Schubert: Reye's syndrome: current concepts. Hepatology 7 (1987) 155

Hurwitz, E.S., M.J. Barrett, D. Bregman, W.J. Gunn, P. Pinsky: Public health service study of Reye's syndrome and medications. Report of the main study. JAMA 257 (1987) 1905

Hurwitz, E.S.: Reye's syndrome. Epidemiol. Rev. 11 (1989) 249

Mowat, A.P.: Commentary [to the paper of Hall u. Mitarb., Arch. Dis. Childh. 63 (1988) 857] Arch. Dis. Childh. 63 (1988) 857

Pinsky, P.F., E.S. Hurwitz, L.B. Schonberger, W.J. Gunn: Reye's-syndrome and aspirin – evidence for a dose-response effect. JAMA 260 (1988) 657

Porter, J.D.H., P.H. Robinson, J.F.T. Glasgow, J.H. Banks, S.M. Hall: Trends in the incidence of Reyes-syndrome and the use of aspirin. Arch. Dis. Child. 65 (1990) 826

Reye, RDK, Morgan G, Baral J: Encephalopathy and fatty degeneration of the viscera: A disease entitiy in childhood. Lancet 2 (1963) 749

Sengupta, Ch., R. Steffen, M. Schär: Das Reye-Syndrom in der Schweiz. Schweiz. Rundsch. Med. 76 (1987) 1114

Van Coster, R.N., D.C. Devivo, D. Blake, A. Lombes, R. Barrett, S. Di Mauro: Adult Reye's syndrome – a review with new evidence for a generalized defect in intramitochondrial enzyme processing. Neurology 41 (1991) 1815

White, J.M.: Reye's syndrome and salicylates. JAMA 258 (1987) 3117

4.3. Organtoxizität

4.3.1. Magen-Darm-Trakt

Die lokale Reizwirkung von Salicylsäure auf Haut und Schleimhäute, war entscheidender Stimulus für die Entwicklung von ASS als besser verträglichem Antiphlogistikum (s. 1.1.). Allerdings sind Magen-Darm-Symptome auch bei ASS häufig. Hierzu gehören Völlegefühl, „Magendrücken", Übelkeit und Erbrechen sowie vorzugsweise bei höheren Dosen auftretende Dyspepsien, Ulkusaktivierung, gastrointestinale Blutungen und erosive Gastritiden. Eine subjektiv vom Patienten als unangenehm empfundene Magensymptomatik ist negativ für die Patienten-Compliance, z. B. bei einer antithrombotischen Dauertherapie mit ASS. Die Magenverträglichkeit läßt sich durch magensaftresistente, mikroverkapselte Präparate verbessern (Silvoso u. Mitarb., 1979; Lanza u. Mitarb., 1980) (s. 1.2., s. 2.1.1.). Auch gepufferte Präparate werden vor allem von Personen mit bestehender Magenüberempfindlichkeit besser toleriert (Sabesin u. Mitarb., 1988) und scheinen die Magenschleimhaut etwas weniger zu irritieren (Jost u. Mitarb., 1992), obwohl das Auftreten von Magen-Darm-Läsionen nicht reduziert wird (Müller u. Mitarb., 1990). In Übereinstimmung damit können bei einem erheblichen Anteil ASS-behandelter Patienten symptomlose Ulzera auftreten (Silvoso u. Mitarb., 1979). Reizwirkungen auf die Magenmukosa und (Mikro)blutungen der Schleimhaut sind für die klinische Therapie die häufigsten und wichtigsten Nebenwirkungen von ASS (Fries u. Mitarb., 1991; Gabriel u. Mitarb., 1991).

4.3.1.1. Schleimhautblutungen

Mikroblutungen im Magen: Salicylatinduzierte Magenblutungen gehören zu den häufigsten Ursachen einer Klinikeinweisung wegen eines pharmakoninduzierten peptischen Ulkus (Hallas u. Mitarb., 1991). Allerdings wird die Letalität an bereits bestehenden Magenulcera durch ASS im Gegensatz zu Glukokortikoiden nicht erhöht (Henry u. Mitarb., 1987). Qualitativ ähnliche Mikroläsionen treten auch bei allen anderen Zyklooxygenasehemmern auf, allerdings sind sie bei ASS quantitativ am stärksten ausgeprägt (Prichard u. Mitarb., 1988).

Tägliche Einnahme von ASS in einer oralen Dosierung von 4–5 g, entsprechend entzündungshemmend wirksamer Salicylatplasmaspiegel von 120–350 µg/ml, erhöht den okkulten Blutverlust im Stuhl von 0,6 auf 3–8 ml/die (Leonards u. Levy). Bei der Gastroskopie zeigen sich hämorrhagische Läsionen der Magenmukosa mit Ulcera und fokalen Nekrosen (Leonards u. Levy, 1973).

Erhöhte Blutverluste der Magenmukosa und Zellschäden (DNA-Verluste) lassen sich bei diesen Dosen von ASS und vorangegangenem kontinuierlichen Gebrauch der Substanz noch 1–2 Wochen nach Absetzen nachweisen (Graham u. Mitarb., 1988).

Unterschiede zwischen Salicylaten: Die höchste Blutungsneigung zeigen schlechtlösliche Salicylate, die sich als Partikel in Schleimhautfalten niederschlagen können. Die geringste findet sich bei magensäureresistenten, mikroverkapselten ASS-Zube-

Tabelle 14   Hemmung von ASS-induzierten Mikroblutungen im Magen durch Ranitidin

Behandlung	Blut in Magenspülflüssigkeit [μl/10 min]			pH
	vor ASS	ASS 5 d	ASS 12 d	
ASS + Plazebo	0,5	2,8	3,4	2,24
	(0,3−0,8)	(1,9−4,1)	(1,9−6,1)	(2,11−2,48)
ASS + Ranitidin	0,5	1,5*	1,6*	6,36*
	(0,3−0,8)	(1,0−2,3)	(1,0−2,5)	(4,25−6,75)

30 gesunde Probanden erhielten tägl. 300 mg ASS + Plazebo oder 300 mg ASS + Ranitidin (150 mg) − nach 5 und 12 Tagen Bestimmung der Blutmenge in Magenspülflüssigkeit 90 min nach letzter ASS-Gabe (Kitchingman u. Mitarb., 1989)

reitungen. Häufigkeit und Schweregrad von Magen-Darm-Blutungen sind auch bei hohen ASS-Dosen, z. B. 3 g/die bei Verwendung mikroverkapselter Präparate um mindestens 50% geringer als nach Standard-ASS (Dybdahl u. Mitarb., 1980; Lanza u. Mitarb., 1980; Biour u. Mitarb., 1987; Schoen u. Vender, 1989; Hawthorne u. Mitarb., 1991). Analoges gilt für parenteral verabreichte ASS (Price u. Fletcher, 1990) (s. 2.1.1.1.). Mikroblutungen im Magen lassen sich auch durch Hemmung der Säuresekretion reduzieren (Müller u. Mitarb., 1990) (s. Tab. 14). Diese Befunde sprechen insgesamt für einen komplexen Pathomechanismus der Schleimhautblutungen durch ASS, wozu auch die Thrombozytenfunktionshemmung beitragen dürfte.

4.3.1.2. Mechanismen der Zellschädigung

Die Schädigung der Magenschleimhaut durch ASS beinhaltet zwei Mechanismen: toxischer Zellschaden aufgrund der Aufnahme der Substanzen in die Mukosazellen und dortiger Akkumulation (s. 2.1.1.1.) sowie eine Verstärkung dieser Wirkungen durch die Hemmung der Prostaglandinsynthese (PGE_2, PGI_2) in der Magenmukosa und den Blutgefäßen der Magenschleimhaut (Schoen u. Vender, 1989). Es ist in diesem Zusammenhang sicher kein Zufall, daß die „zytoprotektive" Wirkung der Prostaglandine ausgerechnet an der Magenmukosa zuerst beschrieben wurde.

Toxische Zellschädigung: Salicylsäure zeigt zytotoxische Effekte auf die Epithelzellen der Magenmukosa. Hierzu gehören Permeabilitätsänderungen und Stoffwechselstörungen mit Abnahme der zytosolischen ATP-Konzentration. Dazu kommt eine Zunahme des Netto-Kationen-Fluxes in den Mukosazellen, d. h. Diffusion von Protonen in die Mukosazellen und Natrium-Ionen aus der Mukosa in das Lumen. Dies führt zu einer Abnahme der transmukosalen Potentialdifferenz und einer Störung der Barrierenfunktion der Magenschleimhaut. Diese Veränderungen sind bei ASS und Salicylsäure praktisch gleich und unabhängig von der Prostaglandinsynthesehemmung.

Zellschädigung durch Zyklooxygenasehemmung: Zyklooxygenasehemmung reduziert die Bikarbonatsekretion und Mukusbildung und verstärkt die (histamininduzierte) Säuresekretion. Die Durchblutung der Mukosa wird reduziert. Dies gilt sowohl für die basale als auch die pentagastrinstimulierte Zunahme der Magenschleimhautdurchblutung (Kauffman, 1989; Levine u. Mitarb., 1990). Damit wird durch eine Prostaglandinsynthesehemmung die Schutzfunktion der Magenmukosa zusätzlich herabgesetzt.

Beide Wirkungsmechanismen lassen sich auch beim Menschen voneinander abtrennen. So wurde in einer plazebokontrollierten Doppelblindstudie ASS (975 mg q.i.d.) mit Salsalat (1500 mg b.i.d.) und Plazebo bei einwöchiger Therapiedauer verglichen. Beide Salicylate führten zu vergleichbaren Plasmasalicylatspiegeln von 149 bzw. 153 µg/ml. Die Prostaglandinspiegel (PGE_2, $PGF_{2\alpha}$) in der Magenmukosa waren nach ASS signifikant reduziert. Keine Unterschiede bestanden zwischen Salsalat und Plazebo.
Signifikante Nebenwirkungen (abdominale Schmerzen und Krämpfe, Verdauungsstörungen, Sodbrennen u.ä.) traten bei 7/7 ASS-behandelten, bei 4/7 Salsalat-behandelten und bei 0/6 Plazebo-behandelten Probanden auf. Ein „injury-score" der Schleimhautschädigung betrug 11,6 für ASS, 4,6 für Salsalat und 3,9 für Plazebo.
Diese Befunde zeigen bei vergleichbaren Salicylatkonzentrationen eine deutlich stärkere Magenschleimhautschädigung für ASS, aber auch eine Tendenz für Salsalat (Cryer u. Mitarb., 1990).

Salicylate und andere Antirheumatika: Magen-Darm-Unverträglichkeiten sind typische Nebenwirkungen aller nicht-steroidalen Antiphlogistika. So fanden sich nach einer dreimonatigen Anwendung wegen Osteoarthritis bei einem Drittel der Patienten Nebenwirkungen seitens des Magen-Darm-Trakts, davon in 50% eine Dyspepsie. In 10% der Fälle war ein Therapieabbruch erforderlich, in 1% der Fälle kam es zu schweren Magen-Darm-Blutungen oder Ulkusperforationen (Giercksky u. Mitarb., 1989). Eine kontrollierte Studie an 875 Patienten mit Magen-Darm-Blutungen im Zusammenhang mit der Einnahme antipyretischer Analgetika (Laporte u. Mitarb., 1991) ergab, daß das Blutungsrisiko nach 7-tägiger Medikation von Indometazin im Vergleich zur Kontrolle ca. 5-fach erhöht war, bei Naproxen und ASS ca. 7-fach, bei Diclofenac ca. 8-fach und bei Piroxicam ca. 19-fach. Erwartungsgemäß ergab sich keine Zunahme des Risikos für Parazetamol (Faulkner u. Mitarb., 1988; Laporte u. Mitarb., 1991).

Zu ähnlichen Ergebnissen kam eine Meta-Analyse von 16 Studien über Magen-Darm-Nebenwirkungen von nicht-steroidalen Antiphlogistika. Insgesamt stieg das relative Risiko für schwere gastrointestinale Nebenwirkungen im Vergleich zu Kontrollen um das Dreifache an. Es wurde durch höheres Alter (>60 Jahre), vorbestehende Magen-Darm-Erkrankung und gleichzeitigen Gebrauch von Kortikosteroiden zusätzlich erhöht. Geschlechtsunterschiede bestanden nicht.
Von den untersuchten Substanzen zeigte Piroxicam das höchste relative Risiko (11,1), gefolgt von Indometazin (4,7), ASS (3,4), Naproxen (2,8) und Ibuprofen (2,3). Allerdings waren die Überschneidungen in den Vertrauensbereichen hoch (Gabriel u. Mitarb., 1991).

4.3.1.3. Dosisabhängigkeit der ASS-Wirkungen

Das Ausmaß der ASS-induzierten Magen-Darm-Funktionsstörungen ist dosisabhängig und besonders gravierend bei Gabe von Präparaten ohne Resorptionsverzögerung in hoher, entzündungshemmender Dosierung (Lanza u. Mitarb., 1980). Nach dem Ergebnis der großen klinischen Studien zur Anwendung von ASS bei der Prophylaxe von Herzinfarkt (s. 3.2.2.) und Schlaganfall (s. 3.2.3.) führen niedrigere Dosen von 100 mg (Stein u. Ward, 1988), 75 mg (Prichard u. Mitarb., 1989; SALT Collaborative Group, 1991) und 30 mg ASS (Dutch TIA Trial, 1991) zwar zu subjektiv weniger Magen-Darm-Unverträglichkeiten als Plazebo oder hochdosierte ASS (Dutch TIA Trial, 1991). Klinisch bedeutsame Mikroblutungen der Magen-(Darm)-Schleimhaut traten dennoch bei allen diesen Studien auf.

Prichard u. Mitarb. untersuchten in einer randomisierten crossover-Studie bei 20 gesunden Probanden den Einfluß einer 12-tägigen Gabe von 75 mg/die ASS im Vergleich zu Warfarin (2 mg/die initial, dann Anpassung an Quick-Wert) und einer kombinierten Anwendung beider Substanzen auf den Blutverlust (Mikroblutungen) der Magenschleimhaut. ASS führte zu einer Verdoppelung des mukosalen Blutverlustes (1,26 µl/min vs. 0,6 µl/min) mit Erreichen eines Maximaleffektes nach 5-tägiger Anwendung. Warfarin hatte weder allein noch in Kombination mit ASS eine Wirkung auf den Blutverlust der Magenschleimhaut. Auch wenn die nach 75 mg ASS gefundenen Mikroblutungen geringer waren als die in einer separaten Studie nach 600 mg ASS q.i.d., sprechen sie doch für nachweisbare Schäden der Magenmukosa auch einer „low-dose" ASS (Prichard u. Mitarb., 1989).

Die Daten der 3-jährigen AMIS-Studie (Aspirin Myocardial Infarction Study) ergaben für Männer der ASS-Gruppe (1 g/die) im Vergleich zur Plazebogruppe ein 9,1-fach höheres Risiko für ein klinisch zu behandelndes Magenulkus und ein 10,7-fach höheres Risiko für ein Duodenalulkus. Das Risiko eines peptischen Ulkus war für Männer und Frauen 7,7-fach höher nach ASS als nach Plazebo. Alle diese Veränderungen waren signifikant (Kurata u. Abbey, 1990).
Damit geht eine Reduktion der ASS-Dosierung mit einer deutlichen Abnahme der toxischen Wirkungen im Magen-Darm-Trakt einher. Auch das (erhöhte) Blutungsrisiko wird reduziert, jedoch nicht aufgehoben.

4.3.1.4. Prävention und Therapie der Magenschleimhautschäden

Exogene Prostaglandingabe: Zur „kausalen" Therapie des ASS-induzierten Prostaglandinmangels bietet sich eine exogene Prostaglandinsubstitution an. Heute liegen mehrere plazebokontrollierte klinische Studien mit synthetischen Prostaglandinmimetika vor. Geprüft wurden Rioprostil (Tolman u. Mitarb., 1988; Cohen u. Mitarb., 1989), Enprostil (Thiefin u. Mitarb., 1989), Arbaprostil (Euler u. Mitarb., 1990), Misoprostol (Ryan u. Mitarb., 1987; Silverstein u. Mitarb., 1987; Lanza u. Mitarb., 1988; Jiranek u. Mitarb., 1989; Moore u. Bjorkman, 1989; Roth u. Mitarb., 1989) und Nocloprost (Konturek u. Mitarb., 1991).
Alle Prostaglandinmimetika führten zu einer signifikanten Reduktion der ASS-induzierten Magenschleimhautblutungen sowie der gastroskopisch nachweisbaren Schleimhautschäden (Erythem, submuköse Blutungen, Erosionen, Ulzerationen). Allerdings waren diese Substanzen nicht sehr effektiv hinsichtlich der subjektiven Symptomatik, insbesondere der Schmerzen und verursachten zusätzliche unerwünschte Nebenwirkungen, z. B. Diarrhoen (McCarthy, 1989). Eine gegenseitige Beeinflussung der Pharmakokinetik scheint zumindest zwischen Arbaprostil und ASS nicht zu bestehen (Hsyu u. Mitarb., 1989).
Hemmung der Säuresekretion: Alternativ bieten sich Inhibitoren der Säuresekretion und/oder -wirkung zur Verhinderung der Läsionen an. Positive Befunde wurden für H_2-Antagonisten, z. B. Ranitidin, erhalten (Berkowitz u. Mitarb., 1987; Kitchingman u. Mitarb., 1989) (s. Tab. 14) sowie Omeprazol (Daneshmend u. Mitarb., 1988) und Antazida (Bergmann u. Mitarb., 1988; Müller u. Mitarb., 1989). Alle diese Substanzen erhöhen signifikant den pH-Wert des Magens und hemmen da-

durch die Akkumulation von ASS in den Zellen der Magenschleimhaut. Eine Reduktion der Salicylatspiegel im Serum tritt zumindest nach Ranitidin nicht ein (Berkowitz u. Mitarb., 1987).

Zusammenfassung: Irritationen der Mukosa im Magen-Darm-Trakt und Mikroläsionen mit Blutungen sind für alle klinischen Anwendungen von ASS zu erwarten. Sie sind dosisabhängig und deswegen besonders relevant für die Dauerbehandlung mit analgetisch/antiphlogistischen Dosen.
Der zugrundeliegende Wirkungsmechanismus beinhaltet eine direkte toxische Zellschädigung infolge Akkumulation von Salicylsäure in den Zellen der Magenschleimhaut sowie eine Hemmung der Prostaglandinsynthese. Magensäureresistente Präparate sowie gepufferte ASS-Zubereitungen sind besser magenverträglich als Standard-ASS. Komedikation von Antihistaminika (z. B. Ranitidin) scheint die Magenverträglichkeit von ASS bei gleichbleibendem therapeutischen Salicylatplasmaspiegel zu verbessern.

Literatur 4.3.1.

Bergmann, J.F., C. Caulin, G. Simoneau, G. Dorf, J.M. Segrestaa: Persistent gastric-protective effect of antacid evaluated by measurement of transmucosal gastric potential difference. Clin. Pharmacol. Ther. 44 (1988) 546

Berkowitz, J.M., P.R. Rogenes, J.T. Sharp, C.W. Warner: Ranitidine protects against gastroduodenal mucosal damage associated with chronic aspirin therapy. Arch. Intern. Med. 147 (1987) 2137

Biour, M., A. Blanquart, N. Moore, J.D. Grange, X. Amiot: Incidence of NSAID-related, severe gastrointestinal bleeding. Lancet 2 (1987) 340

Cohen, A., K.G. Tolman, G.P. Lewis, S. Brown, A. van Harn: The antigastrolesive activity of rioprostil, a 16-methyl prostaglandin-E_1 analogue in healthy volunteers. Scand. J. Gastroenterol. Suppl. 164, 24 (1989) 81

Cryer, B., M. Goldschmiedt, J.S. Redfern, M. Feldman: Comparison of salsalate and aspirin on mucosal injury and gastroduodenal mucosal prostaglandins. Gastroenterol. 99 (1990) 1616

Daneshmend, T.K., A.G. Stein, N.K. Bhaskar, C.J. Hawkey: Abolition by omeprazole of aspirin-induced gastric-mucosal injury in humans. Gut 29 (1988) 1442

(The) Dutch TIA Trial Study Group: A comparison of two doses of aspirin (30 mg vs. 283 mg a day) in patients after a transient ischemic attack or minor ischemic stroke. New Engl. J. Med. 325 (1991) 1261

Dybdahl, J.H., L.N.W. Daae, S. Larsen, H. Ekeli, K. Frislid, I. Wiik, L. Aanstad: Acetylsalicylic acid-induced gastrointestinal bleeding determined by a 51Cr method on a day-to-day basis. Scand. J. Gastroenterol. 15 (1980) 887

Euler, A.R., M. Safdi, J. Rao, R. Jaszewski, J. Welsh: A report of three multiclinic trials evaluating arbaprostil in arthritic patients with ASA/NSAID gastric mucosal damage. The Upjohn company arbaprostil ASA/NSAID gastric mucosal damage treatment (cont.). Gastroenterol. 98 (1990) 1549

Faulkner, G., P. Prichard, K. Somerville, M.J.S. Langman: Aspirin and bleeding peptic-ulcers in the elderly. Br. Med. J. 297 (1988) 1311

Fries, J.F., C.A. Williams, D.A. Bloch, B.A. Michel: Nonsteroidal antiinflammatory drug-associated gastropathy. Incidence and risk factor models. Am. J. Med. 91 (1991) 213

Gabriel, S.E., L. Jaakkimainen, C. Bombardier: Risk for serious gastrointestinal complications related to use of nonsteroidal anti-inflammatory drugs. A Meta-Analysis. Ann. Int. Med. 115 (1991) 787

Giercksky, K.E., G. Huseby, H.E. Rugstad: Epidemiology of NSAID-related gastrointestinal side effects. Scand. J. Gastroenterol. Suppl 163, 24 (1989) 3

Graham, D.Y., J.L. Smith, H.J. Spjut, E. Torres: Gastric adaptation — studies in humans during continuous aspirin administration. Gastroenterology 95 (1988) 327

Hallas, J., K.B. Jensen, E. Grodum, N. Damsbo, L.F. Gram: Drug-related admissions to a department of medical gastroenterology. The role of self-medicated and prescribed drugs. Scand. J. Gastroenterol. 26 (1991) 174

Hawthorne, A.B., Y.R. Mahida, A.T. Cole, C.J. Hawkey: Aspirin- induced gastric mucosal damage – prevention by enteric coating and relation to prostaglandin synthesis. Br. J. Clin. Pharmacol. 32 (1991) 77

Henry, D.A., A. Johnston, A. Dobson, J. Duggan: Fatal peptic ulcer complications and the use of non-steroidal anti- inflammatory drugs, aspirin, and corticosteroids. Br. Med. J. 295 (1987) 1227

Hsyu, P.H., J.W. Cox, R.H. Pullen, W.L. Gee, A.R. Euler: Pharmacokinetic interactions between arbaprostil and aspirin in humans. Biopharm. Drug Dispos. 10 (1989) 411

Jiranek, G.C., M.B. Kimmey, D.R. Saunders, R.A. Willson, W. Shanahan: Misoprostol reduces gastroduodenal injury from one week of aspirin – an endoscopic study. Gastroenterology 96 (1989) 656

Jost, V., I. Kuhn, K. Rogalla, U. Theiß, P.W. Lücker: Gastric potential difference measurement as a quantification of gastrointestinal tolerability comparing a buffered acetylsalicylic acid formulation versus plain acetylsalicylic acid. Arzneim.-Forsch. Drug Res. 42 (1992) 650

Kauffman, G.: Aspirin-induced gastric-mucosal injury – lessons learned from animal-models. Gastroenterology 96 (1989) 606

Kitchingman, G.K., P.J. Prichard, T.K. Daneshmend, R.P. Walt, C.J. Hawkey: Enhanced gastric-mucosal bleeding with doses of aspirin used for prophylaxis and its reduction by ranitidine. Br. J. Clin. Pharmacol. 28 (1989) 581

Konturek, S.J., J.W. Konturek, N. Kwiecien, W. Obtulowicz, J. Oleksy: Gastric protection by nocloprost against aspirin damage in humans – possible role of epidermal growth factor. Scand. J. Gastroenterol. 26 (1991) 231

Kurata, J.H., D.E. Abbey: The effect of chronic aspirin use on duodenal and gastric ulcer hospitalizations. J. Clin. Gastroenterol. 12 (1990) 260

Lanza, F., K. Peace, L. Gustius, M.F. Rack, B. Dickson: A blinded endoscopic comparative-study of misoprostol versus sucralfate and placebo in the prevention of aspirin-induced gastric and duodenal ulceration. Am. J. Gastroenterol. 83 (1988) 143

Lanza, F.L., G.L. Royer, R.S., Nelson: Endoscopic evaluation of the effects of aspirin, buffered aspirin, and enteric coated aspirin on gastric and duodenal mucosa. New Engl. J. Med. 303 (1980) 136

Laporte, J.R., X. Carne, X. Vidal, V. Moreno, J. Juan: Upper gastrointestinal bleeding in relation to previous use of analgesics and non-steroidal anti-inflammatory drugs. Lancet 337 (1991) 85

Leonards J.R., G. Levy: Gastrointestinal blood loss during prolonged aspirin administration. New Engl. J. Med. 289 (1973) 1020

Levine, R.A., J. Nandi, R.L. King: Aspirin potentiates prestimulated acid secretion and mobilizes intracellular calcium in rabbit parietal cells. J. Clin. Invest. 86 (1990) 400

McCarthy, D.M.: Nonsteroidal antiinflammatory drug-induced ulcers: management by traditional therapies. Gastroenterology 96 (1989) 662

Moore, J. G., D.J. Bjorkman: NSAID-induced gastropathy in the elderly: understanding and avoidance. Geriatrics 44 (1989) 51

Müller, P., E. Marinis, H.G. Dammann, B. Simon: Protective effect of an antacid against acetylsalicylic acid. Arzneim. Forsch. 39 (1989) 1169

Müller, P., H.G. Dammann, E. Marinis, B. Simon: Endoscopic evaluation of gastroduodenal tolerability of low-dose aspirin therapy. Gastroenterology 98 (1990) A92

Price, A.H., M. Fletcher: Mechanisms of NSAID induced gastroenteropathy. Drugs Suppl. 5, 40 (1990) 1

Prichard, P.J., T.J. Poniatowska, J.E. Willars, A.T. Ravenscroft, C.J. Hawkey: Effect in man of aspirin, standard indomethacin, and sustained-release indomethacin preparations on gastric bleeding. Br. J. Clin. Pharmacol. 26 (1988) 167

Prichard, P.J., G.K. Kitchingman, R.P. Walt, T.K. Daneshmend, C.J. Hawkey: Human gastric mucosal bleeding induced by low dose aspirin, but not warfarin. Br. Med. J. 298 (1989) 493

Roth, S., N. Agrawal, M. Mahowald, H. Montoya, D. Robbins: Misoprostol heals gastroduodenal injury in patients with rheumatoid arthritis receiving aspirin. Arch. Intern. Med. 149 (1989) 775

Ryan, J.R., R. Vargas, G.A. Clay, F.G. McMahon: Role of misoprostol in reducing aspirin-induced gastrointestinal blood loss in arthritic patients. Am. J. Med. 83 (1987) 41

Sabesin, S.M., H.W. Boyce, C.E. King, J.A. Mann, G. Ruoff: Comparative evaluation of gastrointestinal intolerance produced by plain and tri-buffered aspirin tablets. Am. J. Gastroenterol. 83 (1988) 1220

SALT Collaborative Group: Swedish Aspirin low-dose trial (SALT) of 75 mg aspirin as secondary prophylaxis after cerebrovascular ischaemic events. Lancet 338 (1991) 1345

Schoen, R.T., R.J. Vender: Mechanisms of

nonsteroidal anti- inflammatory drug-induced gastric damage. Am. J. Med. 86 (1989) 449
Silverstein, F.E., M.B. Kimmey, D.R. Saunders, C.M. Surawicz, R.A. Willson: Gastric protection by misoprostol against 1,300 mg of aspirin. An endoscopic dose-response study. Am. J. Med. 83 (1987) 32
Silvoso, G.R, K.J. Ivey, J.H. Butt, O.O. Lokkard, S.D. Holt, C. Sisk, W.N. Baskin, P.A. Mackercher, J. Hewett: Incidence of gastric lesions in patients with rheumatic disease on chronic aspirin therapy. Ann. Int. Med. 91 (1979) 517

Stein, A.I., F. Ward: Low dose and regular dose aspirin cause similar gastric damage. Gastroenterology 94 (1988) A444
Thiefin, G., E. Fierfort, A. Duchateau, A. Garbe, M. Joubert: Protective effect of low dose of enprostil against gastric blood-loss induced by aspirin in man. Scand. J. Gastroenterol. 24 (1989) 827
Tolman, K.G., M.K. Detweiler, C.A. Harrison, D.E. Rollins, D.A. Simon: Effect of rioprostil on aspirin-induced gastrointestinal mucosal changes in normal volunteers. J. Clin. Pharm. 28 (1988) 76

4.3.2. Niere

Auch Wirkungen von ASS und anderen antipyretischen Analgetika auf die Nierenfunktion sind unerwünscht und daher vor allem toxikologisch von Interesse. Sie beinhalten eine akute Niereninsuffizienz aufgrund von Perfusionsstörungen oder einer interstitiellen Nephritis. Davon abzutrennen ist eine chronische Niereninsuffizienz mit interstitieller Nephritis und Papillennekrose sowie Störungen in der Na^+-/Wasserexkretion. Hierzu gehört auch die „Analgetikanephropathie" („Phenazetinniere") nach jahrelangem (Ab)usus von antipyretisch-analgetischen (Misch)präparaten.
Eine völlig andere Form von Nierenfunktionsstörungen durch ASS und verwandte Substanzen kann eintreten, wenn eine Aktivierung der endogenen renalen Prostaglandinsynthese für die Aufrechterhaltung der renalen Exkretionsmechanismen erforderlich ist. Dies gilt z. B. für einige Formen der Hypertonie und die Abschwächung der Wirkung systemischer Antihypertensiva durch nicht-steroidale Analgetika. Analoges gilt für eine endogene (lokale Ischämie) oder medikamentöse (Diuretika) Stimulation der renalen Prostaglandinbildung sowie für die Stauungsherzinsuffizienz. Dabei scheint Indometazin den stärksten (negativen) Effekt zu haben, ASS nimmt eine Mittelstellung ein, während nicht-azetylierte Salicylsäureverbindungen (z. B. Diflunisal) oder inaktive „Prodrugs" (Sulindac) schwächer oder nicht nierenschädigend wirken.

4.3.2.1. Analgetikanephropathie

Symptome und Inzidenz: Zahlreiche klinisch-toxikologische Beobachtungen (s. Del Favero, 1981; s. Vanecek, 1982) belegen das Risiko einer Analgetikanephropathie („Phenazetinniere") nach 1–2 Jahrzehnten (Ab)usus von analgetischen Antipyretika. Die Inzidenz beträgt etwa 1%. Bei Beendigung der chronischen Einnahme kommt auch die Erkrankung zum Stillstand (Schwarz, 1987). Histologisch findet sich eine interstitielle Nephritis mit Nekrosen, die zu Störungen der renalen Exkretionsfunktion führen. Die für diese Erkrankung typische Nierenpapillennekrose wird als mögliche Folge einer Prostaglandinsynthese- und/oder -freisetzungshemmung angesehen (Del Favero, 1981). Allerdings zeigen auch Parazetamol, Salsalat und Salicylamid einen nierenschädigenden Effekt, so daß eine Hemmung der Pro-

staglandinbildung nicht als alleinige Ursache dieser chronischen Funktionsstörung angesehen werden kann (Sandler u. Mitarb., 1989; Stillman, 1989).
Unterschiede zwischen Präparaten: Das arzneimittelbezogene relative Risiko einer Analgetikanephropathie wird unterschiedlich beurteilt (Del Favero, 1981; Vanecek, 1982; Sandler u. Mitarb., 1989). Phenazetin scheint eine Spitzenposition einzunehmen, während ASS eher von geringerer Bedeutung ist (Sandler u. Mitarb., 1989; Morlans u. Mitarb., 1990). Generell scheint das Risiko bei analgetischen Mischpräparaten höher zu sein als bei Monosubstanzen (Poirier, 1989). Dies ist ein weiteres Argument gegen analgetische Kombinationspräparate ohne gesicherten Wirksamkeitsnachweis (s. 3.1.1.2.)

In einer Fall-Kontrollstudie wurde der Zusammenhang zwischen Einnahme antipyretischer Analgetika und terminaler Niereninsuffizienz untersucht. Zugrundegelegt wurden alle im Zeitraum von 1984−1986 in (West)Berlin behandelten Dialysepatienten (n=921).
Patienten, die regelmäßig eine festgelegte Mindestmenge (>15 Einheiten pro Monat) antipyretische Analgetika länger als ein Jahr in Form von Monopräparaten eingenommen hatten, zeigten keine signifikante Zunahme des relativen Risikos einer terminalen Niereninsuffizienz. Dagegen ergab sich für analgetische Mischpräparate eine klare Dosis- und Zeitabhängigkeit für die Korrelation zwischen Einnahmefrequenz und Auftreten einer terminalen Nierenisuffizienz (Pommer u. Mitarb., 1989b). Ein besonders hohes Risiko bestand für Koffein (Pommer u. Mitarb., 1989a).

Altersabhängigkeit: Eine Nierenfunktionsstörung tritt bei älteren Patienten häufiger ein als bei jungen (Poirier, 1989), vor allem, wenn gleichzeitig eine Behandlung mit Diuretika erfolgt. Mögliche Erklärung ist eine Störung der renalen Mikrozirkulation infolge Hemmung einer (ischämie-induzierten) Aktivierung der renalen Prostaglandinsynthese (Stillman, 1989). Eine epidemiologische Studie an über 1600 älteren Patienten (Durchschnittsalter 76 Jahre) ergab eine nachweisbare, aber im Vergleich zu anderen Zyklooxygenasehemmern geringere Abnahme der Kreatininclearance nach ASS (Hale u. Mitarb., 1989). Damit scheint die Altersabhängigkeit für die Nephrotoxizität von ASS nur eine geringe Rolle zu spielen.

4.3.2.2. Analgetika und Hypertonie

Auch wenn die Ursachen der „essentiellen" Hypertonie per definitionem nicht bekannt sind, spricht vieles für eine Störung der Bildung und/oder Wirkung lokaler vasodilatierender Mediatoren in der Gefäßwand, einschließlich der Niere. Hierzu gehört neben dem Renin-Angiotensin-System und der endothelialen NO-Bildung auch die lokale Biosynthese vasodilatierender Prostaglandine (Prostazyklin, PGE_2). Langzeitgebrauch von Analgetika (Phenazetin, Salicylate) kann zu Nierenfunktionsstörungen und Hypertonie führen. In einer retrospektiven, epidemiologischen Studie über 20 Jahre wurde ein erhöhtes Risiko für Phenazetin nachgewiesen. Dagegen bestand nur ein geringfügiges Risiko für Salicylate (Dubach u. Mitarb., 1991).
Bedeutung von Prostaglandinen für die Blutdruckregulation: Unter Ruhebedingungen bei gesunden Probanden führt eine Hemmung der basalen oder stimulierten (Bradykinin), vaskulären Prostaglandinbildung durch ASS nicht zu Änderungen der lokalen Extremitätendurchblutung (Benjamin u. Mitarb., 1989). Dagegen kann Hemmung der Prostaglandinbildung bei bereits vorhandener, endogener Stimulation zu einer (relativen) Zunahme des Blutdrucks führen.

Die Wirkung von ASS auf einen reflektorischen Blutdruckabfall (heißes Bad) wurde in einer plazebokontrollierten Doppelblindstudie bei 20 gesunden Probanden untersucht. Der Blutdruck wurde vor, während und nach einem 60-minütigen Wannenbad (39 °C) gemessen. Die Probanden erhielten 4 h und 1 h vor dem Bad entweder 500 mg ASS oder Plazebo und wurden 1 Woche später dem gleichen Versuch im Crossover-Ansatz erneut unterzogen. Nach ASS kam es im Vergleich zu Plazebo zu einer signifikant reduzierten Abnahme des diastolischen Blutdruckes unmittelbar nach dem Bad: 18±1 mmHg vs. 28±2 mmHg. Keine Veränderungen ergaben sich für den systolischen Blutdruck (Famaey u. Mitarb., 1987).

Bei einer antihypertensiven Pharmakotherapie kann durch Hemmung der Synthese vasodilatierender Prostaglandine die blutdrucksenkende Wirkung abgeschwächt werden (Radack u. Mitarb., 1987; Beckmann u. Mitarb., 1988). Dabei scheinen zwischen den NSAID erhebliche Unterschiede zu bestehen, wobei vor allem Indometazin einen prohypertensiven Effekt aufweist, während Sulindac als Prodrug keine derartige Wirkung besitzt (Patrono u. Dunn, 1987; Pope u. Mitarb., 1990). Bei essentiellen Hypertonikern führte 1-wöchige Behandlung mit Ibuprofen, aber nicht ASS oder Sulindac, zu einer Zunahme des systolischen Blutdrucks. Diese Blutdruckveränderung korrelierte signifikant mit der Hemmung der Prostazyklinsynthese in der Niere (Minuz u. Mitarb., 1990).

In Übereinstimmung damit werden Prostaglandinausscheidung und die blutdrucksenkende Wirkung von Propranolol bei Patienten mit essentieller Hypertonie durch Indometazin erheblich reduziert (Beckmann u. Mitarb., 1988). Dies gilt jedoch nicht für die renovaskuläre Hypertonie, wo ASS-Gabe sogar zu einer signifikanten Blutdrucksenkung führte (Imanishi u. Mitarb., 1989). Dies ist Hinweis auf eine unterschiedliche Pathogenese, z. B. Freisetzung vasokonstriktorischer Zyklooxygenaseprodukte (Thromboxan A_2, $PGF_{2\alpha}$) bei Nierenischämie, aber nicht beim essentiellen Hypertonus.

4.3.2.3. Stauungsherzinsuffizienz

Das Entstehen einer Herzinsuffizienz bzw. die Verschlimmerung einer bestehenden Herzinsuffizienz bei Einnahme von Zyklooxygenaseinhibitoren ist lange bekannt (Mauer, 1955) und deutlicher Hinweis auf die Bedeutung endogener Prostaglandine für die Aufrechterhaltung einer ausreichenden Nierenfunktion bei dieser Erkrankung (Cannon, 1986).

Bei Abfall des Herz-Zeit-Volumens und peripherer Vasokonstriktion zur Aufrechterhaltung des systemischen Blutdrucks kommt es in den Organkreisläufen zur Prostaglandinfreisetzung. Damit wird das Gleichgewicht zwischen Vasokonstriktoren (Renin-Angiotensin-Aldosteronsystem, sympathoadrenales System, Vasopressin) und Vasodilatoren (Prostaglandine, ANP, Kinine) in Richtung Vasokonstriktion verschoben. PGE_2 fördert die Na^+-Ausscheidung und antagonisiert die Wirkung von Vasopressin auf die Tubuluspermeabilität für Wasser. PGE_2 und PGI_2 dilatieren darüber hinaus die afferenten Arteriolen des Nierenglomerulus, während Angiotensin II die efferenten Arteriolen kontrahiert. Beides erhöht synergistisch den hydraulischen Druck im Glomerulus und fördert damit die glomeruläre Filtration. Bei renaler Hypoperfusion können daher Zyklooxygenasehemmer die glomeruläre Filtration akut reduzieren (Packer, 1988).

Bedeutung von Prostaglandinen für die Herzfunktion: Bei Stauungsherzinsuffizienz ist die renale Prostaglandinsynthese aktiviert (Dzau u. Mitarb., 1984; Punzengruber

u. Mitarb., 1986). Eine Hemmung dieser kompensatorisch gesteigerten Prostaglandinbildung durch nicht-steroidale Antiphlogistika kann zu einer akuten Volumenbelastung und Herzinsuffizienz führen (Dzau u. Mitarb., 1984; Eriksson u. Mitarb., 1987; Kahles u. Riegger, 1987). Für ASS wurde bei Patienten mit Stauungsherzinsuffizienz in einer kontrollierten Studie eine Reduktion der renalen PGE_2-Bildung (um 40%) und eine signifikante Reduktion der renalen Na+-Ausscheidung (um 29%) bei normaler NaCl-Aufnahme gezeigt (Riegger u. Mitarb., 1990). Auch für eine partielle Antagonisierung der blutdrucksenkenden Wirkung von ACE-Hemmern durch ASS liegen Hinweise vor (Hall u. Mitarb., 1990).

Zusammenfassung: Salicylatnebenwirkungen an der Niere beinhalten die „Analgetika-Nephropathie" nach jahrelangem Abusus antipyretischer Analgetika, vorzugsweise phenazetinhaltiger Mischpräparate. Der Pathomechanismus scheint eine Hemmung der renalen Prostaglandinbildung zu beinhalten.
Klinisch relevant sind darüber hinaus die Interferenz von Prostaglandinsynthesehemmern mit antihypertensiven Pharmaka sowie bei der Therapie einer Stauungsherzinsuffizienz, beides offenbar mit einer „Erfordernisaktivierung" der Prostaglandinsynthese einhergehend.

Literatur 4.3.2.

Beckmann, M.L., J.G. Gerber, R.L. Byyny, M. LoVerde, A.S. Nies: Propranolol increases prostacyclin synthesis in patients with essential hypertension. Hypertension 12 (1988) 582

Benjamin, N., J.R. Cockcroft, J.G. Collier, C.T. Dollergy, J.M. Ritter: Local inhibition of converting enzyme and vascular response to angiotensin and bradykinin in the human forearm. J. Physiol. 412 (1989) 543

Bergamo, R.R., F. Cominelli, J.D. Kopple, R.D. Zipser: Comparative acute effects of aspirin, diflunisal, ibuprofen and indomethacin on renal function in healthy man. Am. J. Nephrol. 9 (1989) 460

Cannon, P.J.: Prostaglandins in congestive heart failure and the effects of nonsteroidal anti-inflammatory drugs. Am. J. Med. 81 (Suppl. 2B) (1986) 123

Chalmers, J.P., M.J. West, L.M.H. Wing, A.J.C. Bune, J.R. Graham: Effects of indomethacin, sulindac, naproxen, aspirin and paracetamol in treated hypertensive patients. Clin. Exp. Hyper-Theory Pract. 6 (1984) 1077

Del Favero, A.: Antiinflammatory analgesics and drugs used in rheumatism and gout. In: Side effect of drugs, Ann. 5, edited by M.N.G. Dukes, Excerpta Medica Foundation, Amsterdam (1981) (p. 88)

Dubach, U.C., B. Rosner, T. Stuermer: An epidemiologic study of abuse of analgesic drugs. Effects of phenacetin and salicylate on mortality and cardiovascular morbidity (1968 to 1987). New Engl. J. Med. 324 (1991) 155

Dzau, V.J., M. Packer, L.S. Lilly, S.L. Swartz, N.K. Hollenberg, G.H. Williams: Prostaglandins in severe congestive heart failure. Relation to activation of the renin-angiotensin system and hyponatremia. New Engl. J. Med. 310 (1984) 347

Dzau, V.J.: Contributions of neuroendocrine and local autocrine-paracrine mechanisms to the pathophysiology and pharmacology of congestive heart failure. Am. J. Cardiol. 62 (1988) 76E

Eriksson, L.O., B. Beermann, M. Kallner: Renal function and tubular transport effects of sulindac and naproxen in chronic heart failure. Clin. Pharmacol. Ther. 42 (1987) 646

Famaey, J.P., A. Peretz, J. Segall, J. Fontaine: Aspirin partially antagonizes the blood-pressure lowering effect of a hot bath. J. Rheumatol. 14 (1987) 1076

Hale, W.E., F.E. May, R.G. Marks, M.T. Moore, R.B. Stewart: Renal effects of nonsteroidal anti-inflammatory drugs in the elderly. Curr. Ther. Res. Clin. Exp. 46 (1989) 173

Hall, D., H. Zeitler, A. Schwarz, W. Rudolph: In congestive heart failure, aspirin counteracts the beneficial hemodynamic effects of enalapril. Circulation 82 (1990) 317

Imanishi, M., M. Kawamura, S. Akabane, Y. Matsushima, M. Kuramochi: Aspirin lowers

blood pressure in patients with renovascular hypertension. Hypertension 14 (1989) 461
Kahles, H., A.J. Riegger: Indometacin und Furosemid bei Patienten mit Herzinsuffizienz. Nierenfunktion, Renin-Angiotensin-System und renale Prostaglandine. Dtsch. Med. Wochenschr. 112 (1987) 1737
Mauer, E.F.: The toxic effects of phenylbutazone (butazolidine): review of the literature and report of the twenty-third death following its use. New Engl. J. Med. 253 (1955) 404
Minuz, P., S.E. Barrow, J.R. Cockroft, J.M. Ritter: Effects of non-steroidal anti-inflammatory drugs on prostacyclin an thromboxane biosynthesis in patients with mild essential hypertension. Br. J. Clin. Pharmacol. 30 (1990) 519
Morlans, M., J.R. Laporte, X. Vidal, D. Cabeza, P.D. Stolley: End-stage renal disease and non-narcotic analgesics: a case-control study. Br. J. Clin. Pharmacol. 30 (1990) 717
Packer, M.: Interaction of prostaglandins and angiotensin II in the modulation of renal function in congestive heart failure. Circulation 77 (1988) 164
Patrono, C., M.J. Dunn: The clinical significance of inhibition of renal prostaglandin synthesis. Kidney Intern. 32 (1987) 1
Poirier, T.I.: NSAIDs and renal effects in elderly patients. J. Geriatr. Drug Ther. 3 (1989) 91
Pommer, W., E. Bronder, A. Klimpel, M. Molzahn, U. Helmert: Renal intake of analgesic mixtures and risk of end-stage renal failure. Lancet I (1989a) 381
Pommer, W., E. Bronder, E. Greiser, U. Helmert, H.J. Jesdinsky: Regular analgesic intake and the risk of end-stage renal failure. Am. J. Nephrol. 9 (1989b) 403

Pope, J.E., J.J. Anderson, D.T. Felson: A meta-analysis of the effects of NSAIDs on blood pressure. Arthritis Rheum. 33 (Suppl. 3) (1990) S84
Punzengruber, C., B. Stanek, H. Sinzinger, K. Silberbauer: Bicyclo-prostaglandin E_2 metabolite in congestive heart failure and relation to vasoconstrictor neurohumoral principles. Am. J. Cardiol. 57 (1986) 619
Radack, K.L., C.C. Deck, S.S. Bloomfield: Ibuprofen interferes with the efficacy of antihypertensive drugs: a randomized, double-blind, placebo-controlled trial of ibuprofen compared with acetaminophen. Ann. Intern. Med. 107 (1987) 628
Riegger, A.J.G., H.W. Kahles, D. Elsner, E.P. Kromer, K. Kochsiek: Effects of acetylsalicylic acid on renal function in patients with chronic heart failure. Eur. Heart J. 11 (1990) 289
Sandler, D.P., J.C. Smith, C.R. Weinberg, V.M. Buckalew, V.W. Dennis: Analgesic use and chronic renal disease. New Engl. J. Med. 320 (1989) 1238
Schwarz, A.: Analgesic associated nephropathy. Klin. Wochenschr. 65 (1987) 1
Stillman, M.T.: Interaction and selection of therapeutic agents in the elderly: NSAIDs and the ageing kidney. Scand. J. Rheumatol. Suppl. 82 (1989) 33
Vanecek, J.: Antipyretic analgesics. In: Side effect of drugs, Ann. 6, edited by M.N.G. Dukes, Excerpta Medica Foundation, Amsterdam (1982) (p. 80)
Webster, J.: Interactions of NSAIDs with diuretics and β-blockers: Mechanisms and clinical implications. Drugs 30 (1985) 32

4.3.3. Hör- und Gleichgewichtssinn

Eine pharmakoninduzierte Ototoxizität ist am längsten für Aminoglykoside bekannt, allerdings auch für zahlreiche andere Medikamente beschrieben (Griffin, 1988). Salicylate sind ebenfalls potentiell ototoxisch und können folgende Störungen auslösen: Bilateral symmetrische und reversible Hörstörungen, Tinnitus und eventuell Störungen des Gleichgewichtssinns (Nystagmus, Drehschwindel, Gleichgewichtsstörungen).

Hörstörung: Salicylate können in therapeutischer Dosierung Hörverluste bis zu 40 dB, in der Regel aber weniger als 20 dB, auslösen. Die erheblichen interindividuellen Variationen (Boettcher u. Salvi, 1991) werden z.T. mit unterschiedlichen Salicylat-Plasmaspiegeln erklärt: Bei Spiegeln von <50 µg/ml bis zu 400 µg/ml läßt sich eine hochsignifikante lineare Korrelation zwischen Hörverlust und Salicylatkonzen-

Tabelle 15 Ototoxizität (Hörstörungen, Tinnitus) in Relation zum Plasmaspiegel von Salicylsäure nach 7-tägiger Einnahme von Acetylsalicylsäure durch 8 gesunde Probanden

tägl. ASS-Dosis [g]	Plasma-Salicylsäure [µg/ml]			Hörverlust [dB]	Tinnitus [dB]
	total	frei	% frei		
1,95	43,5± 4,7	1,7±0,3	4	4,4± 4,9	25,5±6,0
3,25	110,6±15,1	6,6±1,6	6	11,6± 3,3	36,4±6,5
4,55	216,1±15,1	22,5±2,9	10	46,6± 9,0	51,0±3,8
5,85	325,1±20,5	46,2±6,6	14	112,5±17,6	62,1±5,2

Randomisierte, doppelblinde, plazebo-kontrollierte Studie einer „slow-release" ASS-Präparation (SRA, Boots) (nach Day u. Mitarb., 1989)

tration im Serum nachweisen (Bernstein u. Weiss, 1967; Day u. Mitarb., 1989). Weiterer Anstieg der Plasmakonzentration verstärkt die Hörstörung nicht wesentlich, allerdings scheint auch keine untere Schwellenkonzentration zu existieren. Die für diesen Effekt erforderlichen Salicylsäurekonzentrationen der Perilymphe zeigen keine direkte Korrelation zu den Salicylatkonzentrationen im Plasma (Rybak, 1987). Die Hörstörung ist bilateral symmetrisch und in der Regel innerhalb von 1−3 Tagen nach Absetzen der Substanz reversibel. Ob die Funktionsstörung durch gleichzeitige Schallbelastung verstärkt wird, ist unklar (Huang u. Schacht, 1989; Boettcher u. Salvi, 1991).

In einer plazebokontrollierten Doppelblind-Crossover-Studie (Day u. Mitarb.) wurde an freiwillige Probanden ASS in Dosen von 2−6 g/die über eine Woche verabfolgt. Dies führte zu dosisabhängigen Hörstörungen sowie Tinnitus. Dabei kam es zu einem überproportionalen Anstieg des Anteils freier Salicylsäure im Plasma. Dies korrelierte mit dem Hörverlust, während der Schweregrad des Tinnitus sich linear zur Gesamt-Plasmakonzentration der Salicylsäure verhielt (Day u. Mitarb., 1989) (Tab. 15).

Tinnitus: Zwischen Auftreten von Tinnitus (lat. tinnere = klingeln; „Ohrensausen") und Hörstörungen scheint keine direkte Korrelation zu bestehen. Tinnitus ist eine typische ASS-Nebenwirkung bei Salicylatplasmaspiegeln von ≥200 µg/ml und Begleiterscheinung einer Salicylatintoxikation (s. 4.1.1.). Entsprechend besteht (nach Überschreiten der Schwellenkonzentration) keine Korrelation zwischen Salicylatplasmaspiegeln und Tinnitus (Halla u. Hardin, 1988). Dies gilt vor allem für Patienten mit Rheumatoidarthritis (Halla u. Mitarb., 1991), da schon die Erkrankung selbst mit einer Hörstörung einhergehen kann (Heyworth u. Liyange, 1972). Bei der Bewertung des Tinnitus ist auch zu berücksichtigen, daß dessen Prävalenz in der Normalbevölkerung ständig zunimmt. Sie wird zur Zeit in den USA mit 32% (!) der Erwachsenen angegeben (Sataloff, 1989).

Mongan u. Mitarb. verglichen das Auftreten von Tinnitus nach ASS bei normalhörenden und schwerhörigen Patienten. Alle Patienten erhielten ASS in steigender Dosierung bis zum Auftreten einer Tinnitussymptomatik. Insgesamt 52 der 67 Patienten entwickelten einen Tinnitus unter ASS. Dabei betrug der Salicylatplasmaspiegel mindestens 200 µg/ml. Interessanterweise kam es bei allen normalhörenden Patienten zum Auftreten von Tinnitus. Dagegen trat Tinnitus nur bei 7 der 22 schwerhörigen Patienten auf. Aufgrund dieser Befunde empfahlen die Autoren Tinnitus als Parameter für die Salicylatplasmakonzentration, allerdings nur bei Personen ohne Hörstörung (Mongan u. Mitarb., 1973).

Störungen des Vestibularapparates: Störungen des Gleichgewichtssinns (Drehschwindel, Dizziness, Gleichgewichtsstörungen) wurden als Nebenwirkung bei mehreren klinischen Untersuchungen über Salicylatwirkungen beschrieben. In der einzigen vorliegenden systematischen Untersuchung zu dieser Fragestellung (Bernstein u. Weiss, 1967) wurden bei Patienten mit Rheumatoidarthritis nach Einnahme von 6–8 g ASS/die Vestibularisstörungen nachgewiesen und eine Funktionsstöung im Innenohr (Labyrinth) angenommen.

Anatomische und funktionelle Korrelate der Salicylattoxizität: Autoptische Untersuchungen von Gehörknöchelchen und Innenohr post mortem bei Personen mit bekanntem, hohen (5–10 g/die) ASS-Konsum über mindestens mehrere Monate ergaben keine morphologisch nachweisbaren Veränderungen von Gehörknöchelchen oder Innenohr (Corti'sches Organ, Schnecke, Haarzellen). Im Tierversuch führte Natrium-Salicylat in hoher Dosierung (375 mg/kg für 5–7 Tage) ebenfalls zu keiner makroskopischen oder lichtmikroskopisch nachweisbaren Veränderung der Sinneszellen. Dagegen fanden sich im Elektronenmikroskop Zeichen eines Zellunterganges der äußeren Haarzellen (Douek u. Mitarb., 1983). Funktionelles Korrelat dieser morphologischen Veränderungen sind reduzierte Cochleapotentiale für tiefe Frequenzen. Dies führt zu einer Hörstörung nach überschwelligen Schallreizen mit Störung des zeitlichen Auflösungsvermögens und der räumlichen Zuordnung (McFadden u. Plattsmier, 1984; Long u. Tubis, 1988).

Bedeutung einer Prostaglandinsynthesehemmung für die Ototoxizität von Salicylaten: Schon früh wurde die Vermutung geäußert, daß eine Prostaglandinsynthesehemmung Ursache der Ototoxizität von Salicylaten sei (s. Boettcher u. Salvi, 1991). Erwartungsgemäß führte ASS bei Versuchstieren (350 mg/kg (!) i.p.) zu einer Abnahme der Prostaglandin- und Thromboxanspiegel in den Gefäßen des Innenohrs, die innerhalb von 3 Tagen voll reversibel war. Daraus wurde geschlossen, daß ASS-induzierte Innenohrschäden auf einer Durchblutungsstörung der Cochlea infolge Hemmung der dortigen Prostaglandinsynthese beruhen (Escoubet u. Mitarb., 1985). Spätere Untersuchungen an der gleichen Tierspezies (Meerschweinchen) ergaben ähnliche Hörstörungen (Abnahme der Cochleapotentiale) an der perfundierten Cochlea auch nach Na-Salicylat, dagegen nicht nach Hemmung der Prostaglandinbildung durch Syntheseinhibitoren vom Indometazintyp (Mefenamat, Meclofenamat) (Puel u. Mitarb., 1990). Dies führte zu der Hypothese, daß die ototoxische Wirkung von ASS auf dem Salicylatanteil beruht und unabhängig ist von einer Hemmung der Prostglandinsynthese. Weitere Untersuchungen bestätigten allerdings, daß Salicylate die Durchblutung der Cochlea reduzieren, ein Effekt, der durch α_1-antiadrenerge Substanzen (Rauwolfiaalkaloide) antagonisiert werden kann (Cazals u. Mitarb., 1988) und eventuell auf einer verstärkten Bildung vasokonstriktorischer Leukotriene beruht (Didier u. Mitarb., 1990; Jung u. Mitarb., 1992). Auch ist die Reaktion der Cochlea auf vasoaktive Substanzen nach Salicylaten herabgesetzt. Nicht-steroidale Antiphlogistika vom kompetitiven Typ (Ibuprofen, Naproxen, Indometazin) zeigen einen solchen Effekt nicht. Gegen die Prostaglandinhypothese des Tinnitus spricht außerdem, daß Prostaglandinmimetika (Misoprostol) das Auftreten von Tinnitus unter ASS-Therapie nicht reduzieren (Jiranek u. Mitarb., 1989). Insgesamt liegen zum Mechanismus der Salicylatototoxizität zu wenige und zu widersprüchliche Daten vor, um eine klare Aussage zur Pathophysiologie machen zu können.

Zusammenfassung: Ototoxische Effekte (Hörstörungen, Tinnitus, sowie ggf. Störungen des Vestibularapparates) gehören zu den häufigsten ASS-assoziierten Nebenwirkungen und sind bei Salicylatplasmaspiegeln ab etwa 50 µg/ml (Hörstörung) bzw. 200 µg/ml (Tinnitus) zu erwarten. Die Hörstörungen sind vor allem in den äußeren Haarzellen lokalisiert, bilateral symmetrisch und reversibel. Mögliche Ursache ist eine Abnahme der Cochleadurchblutung. Die Funktionsstörungen werden wahrscheinlich durch den Salicylsäureanteil des ASS ausgelöst und stehen in keiner direkten Beziehung zur Prostaglandinsynthesehemmung.

Literatur 4.3.3.

Bernstein, J.M., A.D, Weiss: Further observations on salicylate ototoxicity. J. Laryng. Otol. 89 (1967) 915

Boettcher, F.A., R.J. Salvi: Salicylate ototoxicity: review and synthesis. Am. J. Otolaryngol. Head Neck Med. Surg. 12 (1991) 33

Cazals, Y., X.Q. Li, C. Aurouessean u. Mitarb..: Acute effects of noradrenaline related vasoactive agents on the ototoxicity of aspirin. An experimental study in guinea pigs. Hear. Res. 36 (1988) 89

Day, R.O., G.G. Graham, D. Bieri, M. Brown, D. Cairns: Concentration-response relationships for salicylate-induced ototoxicity in normal volunteers. Br. J. Clin. Pharmacol. 28 (1989) 695

Didier, A.,A.L. Nutall, J.M. Winter: Sodium salicylate-induced blood flow changes and hearing losses in the guinea pig cochlea. Abstr. 13. Midwinter Meeting of the Association for Research in Otolaryngology, (1990) p. 310

Douek E.E., H.C. Dodson, and L.H. Bannister: The effects of sodium salicylate on the cochlea of guinea pigs. J. Laryng. Otol. 93 (1983) 793

Escoubet, B., P. Amsallem, E. Ferrary, and P. Tran Ba Huy: Prostaglandin synthesis by the cochlea of the guinea pig. Influence of aspirin, gentamycin, and acoustic stimulation. Prostaglandins 29 (1985) 589

Griffin, J.P.: Drug-induced ototoxicity. Br. J. Audiol. 22 (1988) 195

Halla, J.T., J.G. Hardin: Salicylate: ototoxicity in patients with rheumatoid arthritis: a controlled study. Ann. Rheum. Dis. 47 (1988) 134

Halla, J.T., S.L. Atchison, J.G. Hardin: Symptomatic salicylate ototoxicity – a useful indicator of serum salicylate concentration. Ann. Rheum. Dis. 50 (1991) 682

Heyworth, T., S.P. Liyange: A pilot survey of hearing loss in patients with rheumatoid arthritis. Scand. J. Rheumatol. 1 (1972) 81

Huang, M.Y., J. Schacht: Drug induced ototoxicity: pathogenesis and prevention. Med. Toxicol. Adverse Drug Exper. 4 (1989) 452

Jiranek, G.C., M.B. Kimmey, D.R. Saunders, R.A. Willson, W. Shanahan: Misoprostol reduces gastroduodenal injury from one week of aspirin – an endoscopic study. Gastroenterology 96 (1989) 656

Jung, T.K.K., S.K. Miller, S. Rozehnal, H.Y. Woo, Y.M. Park, W. Baer: Effect of round window membrane application of salicylate and indomethacin on hearing and levels of arachidonic acid metabolites in perilymph. Acta otolaryngol. 493 (suppl) (1992) 81

Long, G.R., Tubis, A.: Modification of spontaneous and evoked aotoacoustic emissions and associated psychoacoustic microstructure by aspirin consumption. J. Acoust. Soc. Am. 84 (1988) 1343

McFadden, D., Plattsmier H.S.: Aspirin abolishes spontaneous otoacoustic emissions. J. Acoust. Soc. Am. 76 (1984) 443

Mongan, K., P. Kelly, K. Nies u. Mitarb.: Tinnitus as an indication of therapeutic serum salicylate levels. J. Am. Med. Ass. 226 (1973) 142

Puel, J.L., R.P. Bobbin, M. Fallon: Salicylate, mefenamate, meclofenamate, and quinine on cochlear potentials. Otolaryngol. Head Neck Surg. 102 (1990) 66

Rybak, L.P.: Organic acid transport into the cochlear perilymph. Arch. Oto. rhino. Laryngol. 244 (1987) 204

Sataloff, R.T.: Tinnitus: Progress and problems in research. Hearing Instruments 40 (1989) 22

4.4. Interaktionen mit Arzneimitteln und Alkohol

4.4.1. Interaktionen von ASS mit anderen Arzneimitteln

Arzneimittelinteraktionen zwischen ASS und anderen Präparaten sind vor allem bei Langzeitgebrauch und hier vor allem bei älteren Patienten zu berücksichtigen. Sie beinhalten Interaktionen mit Antikoagulantien vom Cumarintyp (Warfarin, Cumarin), oralen Antidiabetika vom Typ der Sulfonylharnstoffe und Insulin, Methotrexat, Diuretika (Furosemid, Spironolacton) (s. 3.3.2.), Antazida, Urikosurika (Probenecid) u.a. Die Interaktion führt in der Regel zu einer verminderten Wirkungsstärke oder erhöhten Toxizität von einer oder beider Substanzen der Pharmakonkombination (Karsh, 1990).

Nikotinsäure: ASS hemmt den Schweregrad eines flush nach Nikotinsäuregabe in Dosen von 300–600 mg, ohne die Dauer des flush zu beeinflussen (Jay u. Mitarb., 1990). Außerdem wird bei gleichzeitiger ASS-Gabe (1 g) der Plasmaspiegel von Nikotinsäure erhöht und die totale Clearance von Nikotinsäure reduziert. Dies beruht wahrscheinlich auf einer Sättigung der Nikotinsäuremetabolisierung zu Nikotinursäure durch Glyzinadduktion, ein Stoffwechselweg, mit dem Salicylsäure kompetiert (s. Abb. 6).

Glyceryltrinitrat (GTN): ASS wirkt synergistisch mit i.v. GTN bei der Hemmung der Thrombozytenaggregation (Karlberg u. Mitarb., 1990).

Orale Antidiabetika und Insulin: Salicylate können in höherer Dosierung zu einer Hypoglykämie führen. Grund ist eine Erhöhung der Sensitivitität der β-Zellen des Pankreas für Glukose und eine Potenzierung der Insulinwirkung (s. 2.2.3.). Außerdem haben Salicylate eine schwache insulinartige Wirkung in der Peripherie (Kahn u. Shechter, 1990). Salicylate können über diesen Mechanismus sowie die Verdrängung oraler Antidiabetika (Sulfonylharnstoffe) aus ihrer Proteinbindung die blutzuckersenkende Wirkung verstärken (Ferner u. Neil, 1988).

Urikosurika: Salicylate in niedrigen Dosen hemmen die urikosurische Wirkung von Probenecid durch Hemmung der Harnsäuresekretion. In hohen Konzentrationen hemmen Salicylate die Harnsäureabsorption.

Zusammenfassung: ASS kann mit zahlreichen Pharmaka interagieren. Hierzu gehören blutungszeitverlängernde Mittel (z. B. Cumarine), deren Wirkung verstärkt wird. Auch die Wirkung von Insulin und oralen Antikoagulantien kann verstärkt werden. Ein biphasischer Effekt zeigt sich hinsichtlich der Harnsäureausscheidung durch Urikosurika, die durch geringe Salicylatkonzentrationen gehemmt, durch höhere gesteigert wird.

Literatur 4.4.1.

Chang, D.M., P. Baptiste, P.H. Schur: The effect of antirheumatic drugs on interleukin 1 (IL-1) activity and IL-1 and IL-1 inhibitor production by human monocytes. J. Rheumatol. 17 (1990) 1148

Ding, R.W., K. Kolbe, B. Merz, J. de Vries, E. Weber: Pharmacokinetics of nicotinic acid-salicylic acid interaction. Clin. Pharmacol. Ther. 46 (1989) 642

Ferner, R.E., H.A.W. Neil: Sulphonylureas and hypoglycaemia. Br. J. Med. 296 (1988) 949

Jay, R.H., A.C. Dickson, D.J. Betteridge: Effects of aspirin upon the flushing reaction induced by niceritrol. Br. J. Clin. Pharmacol. 29 (1990) 120

Kahn, R.C., Y. Shechter: Insulin, oral hypoglycemic agents, and the pharmacology of the endocrine pancreas. In: The Pharmacological Basis of Therapeutics edited by L.S. Goodman, A.G. Gilman, T.W. Rall, A.S. Nies, P. Taylor, 8th Edition. Pergamon Press, New York (1990) (p. 1463)

Karlberg, K.E., O. Edhag, P. Henriksson, C. Wredlert, C. Sylven: Nitroglycerine reduces platelet aggregation to the same extent as acetylsalicylic acid in man, the effects are additive. Circulation 82 (1990) 82

Karsh, J.: Adverse reactions and interactions with aspirin — considerations in the treatment of the elderly patient. Drug Safety 5 (1990) 317

4.4.2. ASS und Alkohol

Synergismus von ASS und Alkohol: Akuter und chronischer Alkoholgenuß hemmen die Thrombozytenaggregation ex vivo und verlängern die Blutungszeit (Mikhailidis u. Mitarb., 1990). Bei mäßiger Alkoholzufuhr (1 ml/kg Körpergewicht) läßt sich ein solcher Effekt innerhalb von 30 min bei gesunden Probanden nachweisen (Mikhailidis u. Mitarb., 1987). Akute Alkoholzufuhr (50 ml) potenziert die blutungszeitverlängernde und plättchenfunktionshemmende Wirkung einer vorher oder gleichzeitig erfolgenden ASS-Einnahme bei gesunden Probanden (Deykin u. Mitarb., 1982). Needham u. Mitarb. (1971) hatten schon früher bei Patienten, die wegen akuter Magen-Darm-Blutung stationär aufgenommen wurden, eine signifikant stärkere Blutungsinzidenz nach ASS und Alkohol, aber nicht nach Alkohol allein gefunden. Die ASS-Einnahme lag bis zu 72 h vor der Aufnahme zurück. Damit bestehen klinisch relevante synergistische Wirkungen zwischen ASS und Alkohol auf die Blutungszeit, die auch zu schwerwiegenden unerwünschten Wirkungen, wie Hämatemesis und Hämatorrhoe führen können (Needham u. Mitarb., 1971).

Wirkungsmechanismus: Mehrere mögliche Wirkungsmechanismen sind in Diskussion. Die potenzierende Wirkung von ASS auf die Alkoholeffekte wurde ursprünglich auf eine Verstärkung der plättchenfunktionshemmenden Wirkung zurückgeführt (Deykin u. Mitarb., 1982). Dagegen konnten Roine u. Mitarb. (1990) auch erhöhte Salicylatspiegel unter Alkoholeinnahme nachweisen (Abb. 21).

Die Autoren untersuchten bei 5 gesunden Probanden den Einfluß von ASS auf die Alkoholdehydrogenaseaktivität der Magenmukosa und auf den Blutalkoholspiegel. Die Probanden erhielten 1 g ASS während eines Standardfrühstückes und 1 h später 0,3 g/kg Alkohol innerhalb von 10 min.

Es kam bei ASS-Medikation zu einem signifikant höheren Blutalkoholspiegel (7,56 mM) als bei Probanden ohne ASS (5,44 mM). Auch war die Gesamtalkoholmenge im Blut (AUC) von 8,8 mM/h auf 11,1 mM/h signifikant um 26% erhöht. In Biopsieproben der Magenmukosa wurde bei Zusatz vergleichbarer ASS-Konzentrationen (1 und 10 mM) eine signifikante Hemmung der ADH-Aktivität um 50% gefunden. Die Befunde sprechen für eine erhöhte orale Bioverfügbarkeit von Alkohol in Gegenwart von ASS, die mit einem reduzierten Alkoholabbau durch die Alkoholdehydrogenase der Magenschleimhaut erklärt wurde (Roine u. Mitarb., 1990).

Ähnliche Befunde wurden auch an der Magenmukosa von Ratten erhoben (Hemmung um 41−55%). Dagegen wurde die Alkoholdehydrogenase-Aktivität der Rattenleber nicht beeinflußt. Auch wurde bei i.v.-Infusion an Ratten der Blutalkoholspiegel durch ASS nicht erhöht (Roine u. Mitarb., 1990). Diese Befunde sprechen

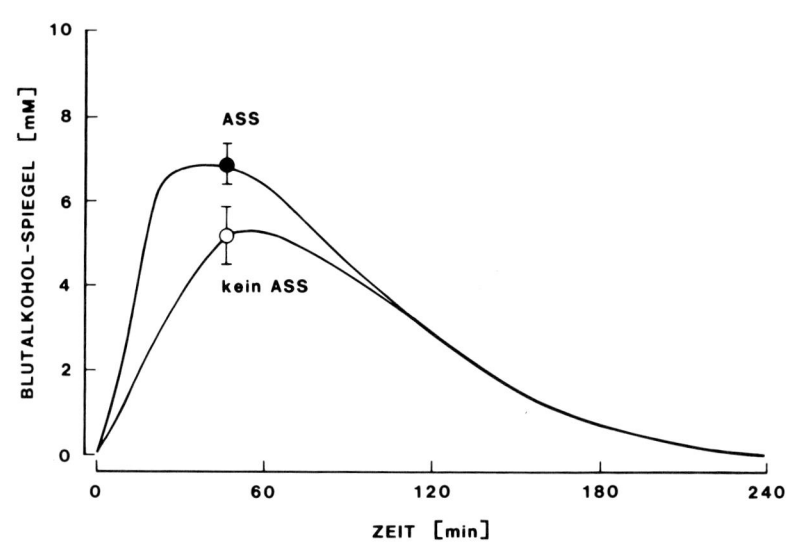

Abb. 21 Blutalkoholspiegel nach 0,3 g/kg Alkohol ohne und mit vorheriger ASS-Einnahme (1 g) 1 h vor Alkoholzufuhr.
Nach ASS war der maximale Blutalkoholspiegel um 39%, die Gesamtalkoholmenge im Blut (AUC) um 26% gegenüber nicht ASS-behandelten Kontrollen erhöht (nach Roine u. Mitarb., 1990)

gegen eine Beteiligung der Alkoholdehydrogenase aus der Leber für die Erhöhung des Blutalkoholspiegels durch ASS und machen einen (spezifischen) Effekt auf das Enzym der Magenschleimhaut wahrscheinlich.

Zusammenfassung: ASS potenziert die Verlängerung der Blutungszeit durch Alkohol, wenn die Substanzeinnahme vor oder gleichzeitig mit der Alkoholeinnahme erfolgt. Als Mechanismen werden eine synergistische Verstärkung der Plättchenfunktionshemmung, eventuell kombiniert mit einer Leberfunktionsstörung bei chronischem Alkoholismus, und/oder eine Hemmung der Alkoholdehydrogenase-Aktivität der Magenmukosa angenommen.

Literatur 4.4.2.

Deykin, D., P. Janson, L. McMahon: Ethanol potentiation of aspirin-induced prolongation of the bleeding time. New Engl. J. Med. 306 (1982) 852

Needham, C.D., J. Kyle, P.F. Jones, S.J. Johnston, D.F. Kerridge: Aspirin and alcohol in gastrointestinal haemorrhage. Gut 12 (1971) 819

Mikhailidis, D.P., M.A. Barradas, O. Epemolu, P. Dandona: Ethanol ingestion inhibits human whole blood impedance aggregation. Am. J. Clin. Path. 88 (1987) 342

Mikhailidis, D.P., M.A. Barradas, J.Y. Jeremy: The effect of ethanol on platelet function and vascular prostanoids. Alcohol 7 (1990) 171

Roine, R., R.T. Gentry, R. Hernandez Munoz, E. Baraona, C.S. Lieber: Aspirin increases blood alcohol concentrations in humans after ingestion of ethanol. JAMA 264 (1990) 2406

Sachregister

A

Acetylsalicylsäure
- adrenerges System
  (s. Katecholamine)
- Alkohol 144 ff.
- allergische Nebenwirkungen 126
- analgetische Wirkung
  (s. Schmerz)
- Angina pectoris (s. kardiovaskuläre Erkrankungen)
- antiphlogistische Wirkung
  (s. Entzündung)
- Arzneimittelinteraktionen 24, 143
- Ausscheidung (s. Exkretion)
- Biotransformationen
  (s. Stoffwechsel)
- Bypass (s. Bypassoperationen)
- Bioverfügbarkeit 17 ff.
- Chemie 11 ff.
- Dosierung 32 ff.
- Erektion 50
- Exkretion 24
- Fibrinolyse 51 ff.
- Fieber 57
- Galenik 18, 34
- Geschichte 1 ff.
- Gewebespiegel 19
- Granulozytenfunktion 44
- Halbwertszeit 15 f., 23
- Hämostase 47 ff.
- Herzinfarkt (s. kardiovaskuläre Erkrankungen)
- Hydrolyse 15
- Hypoglykämie 43 (s.a. Diabetes)
- Intoxikation 113 ff (s.a. Intoxikation)
- Koagulation 51
- Lipoxygenasen 41
- Knochen (s. Mesenchymzellen)
- Magen-Darm-Schädigung 132 ff. (s.a. Magen)
- Mesenchymzellen 43
- Migräne 64 f.
- Niere 137 ff. (s.a. Niere)
- Pharmakokinetik 15 ff., 25
- Plazentapassage 104
- Präeklampsie 103 ff.
- Proteinbindung 19
- Proteinsynthese 29
- Resorption 16 ff.
- Schlaganfall (s. zerebrovaskuläre Erkrankungen)
- Schwangerschaft 118
- Stoffwechsel 23 ff.
- Thromboxansynthese 31, 48 ff.
- Thrombozytenfunktion 48 ff.
- Tumoren 110 f.
- Verteilung 19
- Wirkungsmechanismus 27 ff.
- Zellstoffwechsel 43
- Zytokine 45

Analgetika-Asthma 122 ff.
Analgetika-Nephropathie 137 f.
- Coffein 66
Angina pectoris (s. kardiovaskuläre Erkrankungen)
Antikoagulantien (s.a. Warfarin)
- zerebrovaskuläre Erkrankungen 98
- Venenthrombose 101
Aspisol 13
Asthma (s. Analgetika-Asthma)

C

Colfarit 12

D

Diabetes mellitus 107 ff.
- Antidiabetika und ASS 145

E

Endothel
- Zyklooxygenasehemmung durch ASS 30, 34
- Prostazyklinsynthese 34
- Selektivität der ASS-Wirkung 35 ff.
Entzündung 57 ff.
- Rheumatherapie 68 f.
- Salizylate 68

F

Fibrinolyse 51 ff.
Fieber 57

H

Herzinfarkt (s. kardiovaskuläre Erkrankungen)
12-Hydroxyeikosatetraensäure (12-HETE) 41
13-Hydroxyoktadekadiensäure (13-HODE) 41
Hypertonie 137

I

Intoxikation 113 ff.
- akut 113 f.
- Altersabhängigkeit 119
- Behandlung 114 f.
- chronisch 115
- Hör- und Gleichgewichtssinn 141
- Leber 120
- Niere 137

K

Kardiovaskuläre Erkrankungen
- Angina pectoris 77 ff.
- Blutungen im Magen-Darm-Trakt nach ASS 131 f.
- Bypassoperationen 86
- Fibrinolyse 81 ff.
- Herzinsuffizienz 139 f.
- Hypertonie 138
- Myokardinfarkt 78 ff.
- primäre Prävention 71 ff.
- PTCA 87 ff.
Katarakt 108
Katecholamine 50, 63
Kawasaki-Syndrom 68 f.

L

Lyell-Syndrom 126

M

Magen-Darm-Trakt
- Blutungen 131 f.
- Dosisabhängigkeit toxischer ASS-Wirkungen 133 f.
- Therapie toxischer ASS-Wirkungen 134 f.
- Vergleich mit anderen Antiphlogistika 133

Sachregister

– Verträglichkeit unterschiedlicher Zubereitungen 16f., 131f.
Methylsalizylat 11
Migräne 65, 74

N

Niere 137ff.
– Analgetikanephropathie 137f.

P

Periphere arterielle Verschlußkrankheit 100f.
PGH-Synthase (s. Zyklooxygenase)
Präeklampsie 103ff.
Prostaglandine
– Synthesehemmung durch ASS 31ff.
– Synthesehemmung durch Salicylsäure 31f.

R

Reye-Syndrom 128ff.

S

Salicin 1
Salicylsäure
– Abwehrmechanismus in Pflanzen 1
– Asthma 122
– Bioverfügbarkeit 17
– chemische Struktur 11

– Gewebespiegel 19
– Granulozyten 44
– Halbwertszeit 24
– Plasmaspiegel 16ff.
– Stoffwechsel 23
– Thrombozyten 44
Salicylursäure 23f.
Salsalat
– Asthma 124
– chemische Struktur 12
– Magenschleimhaut 133
Schlaganfall (s. zerebrovaskuläre Erkrankungen)
Schmerz 58ff.
– analgetische Mischpräparate 66
– Blutungen im Magen-Darm-Trakt nach ASS 131f.
– Prostaglandine 58f.
– Salicylate 59f., 64
Schwangerschaft 118

T

Thromboxan
– Thrombozytenfunktion 35
– Synthesehemmung durch ASS 31
– Synthesehemmung durch Salicylsäure 31
Thrombozyten
– ASS-Dosierung 33f.
– Diabetes mellitus 108
– Funktionshemmung 31
– endotheliale Prostazyklinsynthese 35f.
– kardiovaskuläre Erkrankungen 77ff.
– Thromboxan A_2 30ff.
– zerebrovaskuläre Erkrankungen 94
– Zyklooxygenasehemmung durch ASS 30ff.

Ticlopidin
– zerebrovaskuläre Erkrankungen 98f.
Tinnitus 142
Tumoren 110ff.

V

Venenthrombose 100
Vergiftung (s. Intoxikation)

W

Warfarin
– Myokardinfarkt 83f.
– Venenthrombose 101
– zerebrovaskuläre Erkrankungen 98
Wintergrünöl 11

Z

Zerebrovaskuläre Erkrankungen 94ff.
– Antikoagulantien und ASS 98
Zyklooxygenase
– Hemmung durch ASS 27ff.
– Hemmung und Magenschleimhautschäden 132f.
– Schmerz 59f.
– Thrombozyten 30
– Zellspezifität der Hemmung durch ASS 29f.
Zytokine
– Salicylate 45